教孩子学编程

C++入门图解

党松年 方泽波 著

人 民 邮 电 出 版 社
北 京

图书在版编目（CIP）数据

教孩子学编程 ：C++入门图解 / 党松年，方泽波著
. -- 北京 ：人民邮电出版社，2023.9
ISBN 978-7-115-61512-1

Ⅰ. ①教… Ⅱ. ①党… ②方… Ⅲ. ①C++语言—程序
设计—教材 Ⅳ. ①TP312.8

中国国家版本馆CIP数据核字(2023)第057411号

内 容 提 要

本书通过 C++知识点图解，翔实的编程案例和充满趣味性的编程训练，循序渐进地介绍如何用 C++编程，旨在帮助青少年锻炼逻辑思维，培养分析问题、解决问题的能力。本书主要包括计算机程序的奥秘、数据处理、顺序结构、选择结构、循环结构、函数、数组、指针、结构体与共用体、文件等内容。

本书可作为编程爱好者，特别是青少年爱好者学习 C++编程的入门图书，也可作为青少年编程培训机构、兴趣班的教材，还可作为青少年准备信息学奥林匹克竞赛的参考书。

◆ 著　　　党松年　方泽波
　责任编辑　赵祥妮
　责任印制　陈　犇

◆ 人民邮电出版社出版发行　　北京市丰台区成寿寺路 11 号
　邮编　100164　　电子邮件　315@ptpress.com.cn
　网址　https://www.ptpress.com.cn
　北京九州迅驰传媒文化有限公司印刷

◆ 开本：880×1230　1/32
　印张：11.25　　　　2023 年 9 月第 1 版
　字数：327 千字　　　2023 年 9 月北京第 1 次印刷

定价：69.90 元

读者服务热线：(010)81055410　印装质量热线：(010)81055316
反盗版热线：(010)81055315
广告经营许可证：京东市监广登字 20170147 号

前言

2019年，我们写的《教孩子学编程（信息学奥赛C语言版）》出版以后，收到许多读者的反馈，我们在以它为教材进行教学的过程中，也发现许多内容需要改进升级。自NOIP 2022开始，全国青少年信息学奥林匹克竞赛（National Olympiad in Informatics，NOI）系列赛事将仅支持C++。因此，我们决定将其升级为C++版本。

要学习编程，先要选择一种编程语言。当前流行的编程语言有很多，如C++、Python、Java等。C++是在C语言的基础上发展而来的，是一种面向对象的高级语言，具有语法结构严谨清晰、功能灵活强大、运行效率高等优点，比较适合作为学习计算机编程的入门语言。

本书作为C++编程的入门图书，主要介绍了计算机程序的奥秘、数据处理、顺序结构、选择结构、循环结构、函数、数组、指针、结构体与共用体、文件等内容。

本书尽量用通俗的语言和形象的比喻来解释各种编程术语，同时用大量的图示来帮助读者理解和分析编程问题。本书的大部分章节在讲解各个知识点之后，都配有若干编程案例，同时还配有充满趣味性的编程训练，供读者自己动手实践。

本书配套资源中含有各章配套的课件，以及全部编程案例和编程训练的源代码，源代码文件编号与书中编程案例和编程训练编号一一对应；配套资源中提供了5个扩展阅读文档，“编程训练问题分析”包含书中所有编程训练的分析，读者可以参考该文档进行编程练习，“揭开计算机的神秘面纱”“类和对象”供感兴趣的读者阅读，

“ASCII 标准码表”“C++ 常见保留字”方便读者使用时查找。

读者可登录异步社区，在本书页面中的【配套资源】处下载配套资源。

同时可查看课件的在线演示文稿（https://slides.com/dangsn/c-01）。

我们在编写本书的过程中参考了大量的资料，谨向这些资料的作者表示感谢，同时也感谢人民邮电出版社的各位编辑在本书出版过程中的大力支持和帮助。

由于水平有限，书中难免存在疏漏和不足之处，敬请各位读者批评指正。

党松年　方泽波

资源与支持

资源获取

本书提供如下资源：

- 编程案例源代码、编程训练源代码、课件、扩展阅读
- 本书思维导图
- 异步社区 7 天 VIP 会员

要获得以上资源，您可以扫描下方二维码，根据指引领取。

提交勘误

作者和编辑尽最大努力来确保书中内容的准确性，但难免会存在疏漏。欢迎您将发现的问题反馈给我们，帮助我们提升图书的质量。

当您发现错误时，请登录异步社区（https://www.epubit.com/），按书名搜索，进入本书页面，点击“发表勘误”，输入勘误信息，点击“提交勘误”按钮即可（见下图）。本书的作者和编辑会对您提交的勘误进行审核，确认并接受后，您将获赠异步社区的 100 积分。积分可用于在异步社区兑换优惠券、样书或奖品。

与我们联系

我们的联系邮箱是 contact@epubit.com.cn。

如果您对本书有任何疑问或建议，请您发邮件给我们，并请在邮件标题中注明本书书名，以便我们更高效地做出反馈。

如果您有兴趣出版图书、录制教学视频，或者参与图书翻译、技术审校等工作，可以发邮件给我们。

如果您所在的学校、培训机构或企业，想批量购买本书或异步社区出版的其他图书，也可以发邮件给我们。

如果您在网上发现有针对异步社区出品图书的各种形式的盗版行为，包括对图书全部或部分内容的非授权传播，请您将怀疑有侵权行为的链接发邮件给我们。您的这一举动是对作者权益的保护，也是我们持续为您提供有价值的内容的动力之源。

关于异步社区和异步图书

“异步社区”(www.epubit.com) 是由人民邮电出版社创办的 IT 专业图书社区，于 2015 年 8 月上线运营，致力于优质内容的出版和分享，为读者提供高品质的学习内容，为作译者提供专业的出版服务，实现作者与读者在线交流互动，以及传统出版与数字出版的融合发展。

“异步图书”是异步社区策划出版的精品 IT 图书的品牌，依托于人民邮电出版社在计算机图书领域 30 余年的发展与积淀。异步图书面向 IT 行业以及各行业使用 IT 技术的用户。

目 录

第 4 章

第 5 章

第 6 章

第 1 章

计算机程序的奥秘

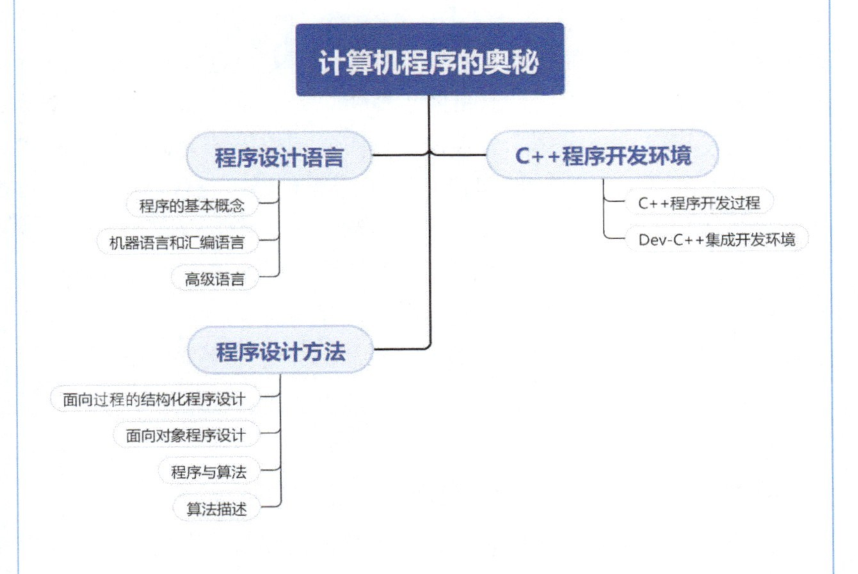

计算机是 20 世纪以来人类最伟大的发明之一，它对人类的生产和生活产生了极其重要的影响。计算机在诞生之初主要应用于军事领域，随着时间发展，其应用范围越来越广，并且推动了各个领域的技术进步。时至今日，计算机已遍及人类生产和生活的各个方面，成为人类社会必不可少的工具。计算机程序是计算机至关重要的组成部分，本章将对计算机程序进行简单的介绍。

1.1 程序设计语言

1.1.1 程序的基本概念

程序（Program）就是控制计算机各个部件运行的**指令和相关数据的集合**。计算机完成的各种复杂运算任务，都是由存储在计算机存储器中的各种程序来控制的。这里的运算可以是数学运算，如求两个数的和；也可以是符号运算，如查找和替换文档中的某个词等。从根本上讲，计算机是由数字电路组成的电子运算机器，只能做数字运算。计算机之所以能够做符号运算，是因为符号在计算机内部是用数字表示的。此外，计算机还可以处理声音和图像，因为声音和图像在计算机内部也是用数字表示的，这些数字最终都通过专门的计算机硬件和软件（多个程序的集合）转换成人可以听到的声音和看到的图像。

计算机程序都是由一系列基本操作组成的。这些基本操作可分为以下几类。

☑ 输入（input）：从文件或输入设备获取数据。

☑ 输出（output）：把数据显示到屏幕，或存入一个文件，或发送到其他输出设备。

☑ 基本运算：最基本的数据访问和数学运算（加、减、乘、除等）。

☑ 判断和分支：判断某个条件，然后根据不同的判断结果执行不同的后续操作。

☑ 循环：重复执行一系列操作。

任何一个计算机程序，不管多么复杂，都是按这几类基本操作一步步执行的。

编写程序就是把复杂的任务分解成多个子任务，再把每一个子任务进一步分解成更简单的任务，层层分解，直到任务可以用以上几类基本操作来完成。

1.1.2　机器语言和汇编语言

编写程序必须遵循一定的规则和方法，这些规则和方法称为程序设计语言。由于计算机内部只能进行二进制数据的识别和运算，因此最初的计算机程序都是用二进制代码来表达指令和数据，这种**计算机硬件可以直接识别并执行**的、由二进制代码组成的程序设计语言称为**机器语言**。例如执行数字 2 和 3 的加法，16 位计算机上的机器语言指令如下：

```
11010010 00111011                        // "2+3" 的机器语言指令
```

机器语言是最底层的计算机语言，可以看作计算机的母语。用机器语言编写的程序都是由 8 位二进制数构成的，每个 8 位的二进制数都是有特定含义的指令或数据。可是人类看到的都是 0 和 1 的组合，很难判断出各个组合表示什么。于是就有人发明了另一种编程方法，根据表示指令功能的英语单词给每一种指令起一个相似的名字，并用这个名字来代替表示指令的 0 和 1 的二进制数组合，而数据则用人类更容易接受的十进制数或十六进制数来表示。这种类似英语单词的名字叫作助记符，使用助记符的编程语言称为**汇编语言**。例如执行数字 2 和 3 的加法，汇编语言指令如下：

```
mov result, 2                      ; 将数值 2 存入 result 寄存器中
add result, 3                      ; 将 result 中的数值加 3
```

汇编语言的助记符、数据与机器语言的二进制代码都是一一对应的，两者都是针对计算机硬件的，也就是说都是面向机器的语言。因

为不同计算机硬件所用的助记符和二进制代码是不一样的，所以这样的程序通用性不好，如果把它移植到其他计算机上就无法正常运行了。机器语言和汇编语言通常称为**低级语言**，这种语言直接使用计算机硬件可以识别的指令和数据来编写程序，编写的程序可以在相应的计算机系统中直接运行。

1.1.3 高级语言

与低级语言相比，高级语言是更加接近自然语言的程序设计语言，使用人类易于接受的文字（通常用英文）和数学公式来编写程序。例如执行数字 2 和 3 的加法，用高级语言编写的代码如下：

```
result = 2 + 3;                    //结果存放在 result 中
```

源代码（Source Code）指未编译的按照一定程序设计语言规范书写的人类可读的文本文件。源代码使用高级语言编写，书写规范只与编程语言有关，与计算机的体系结构无关，同一种编程语言在不同计算机上的表达方式是一致的。

高级语言并不特指某一种具体的语言，而是包括很多种编程语言，如 C、C++、C#、Pascal、BASIC、Java、Python、Lisp、PHP 等。使用这些编程语言编写程序代码所要遵循的书写规范（语法、命令格式）各不相同。

用高级语言编写的源代码不能直接被计算机的中央处理器（Central Processing Unit，CPU）识别和执行，必须要转换成对应的目标代码（机器语言），这种转换过程称为**编译**（Compile）。编译任务实际上是由一种特定的程序来执行的，这种执行源代码编译任务的程序称为**编译器**（Compiler）。因为不同的高级语言的语法与命令格式都不一样，将源代码转换为目标代码（机器语言）的方式也不一样，所以每一种高级语言都有对应的编译器。

以 C++ 为例，C++ 源代码（文件扩展名为 cpp）在执行前，必须经过 C++ 编译器转换为由机器指令表示的目标程序（文件扩展名为

obj），然后将目标程序与相关的 C++ 库函数链接，形成完整的可在操作系统中独立执行的程序，即可执行程序（文件扩展名为 exe），如图 1.1 所示。

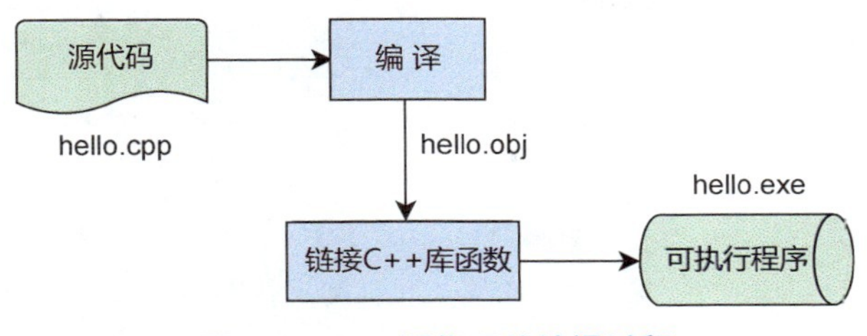

图 1.1　C++ 源代码的编译过程

1.2 程序设计方法

1.2.1 面向过程的结构化程序设计

程序设计是指设计、编写、调试程序的方法和过程。程序设计方法有两种：一种是面向过程的结构化程序设计，另一种是面向对象程序设计。

面向过程的结构化程序设计的主要思想是分解功能并自顶向下逐步求解。简单地说，过程就是程序中执行某项操作的一段代码。面向过程的结构化程序设计是指把一个复杂的程序按照不同的功能分解成若干相对简单的独立过程（代码段），即模块，而每个模块的结构可以由顺序结构、选择结构和循环结构这 3 种基本结构组成。使用这样的程序设计方法可降低程序的复杂性。

顺序结构、选择结构和循环结构这 3 种基本结构如图 1.2 所示。

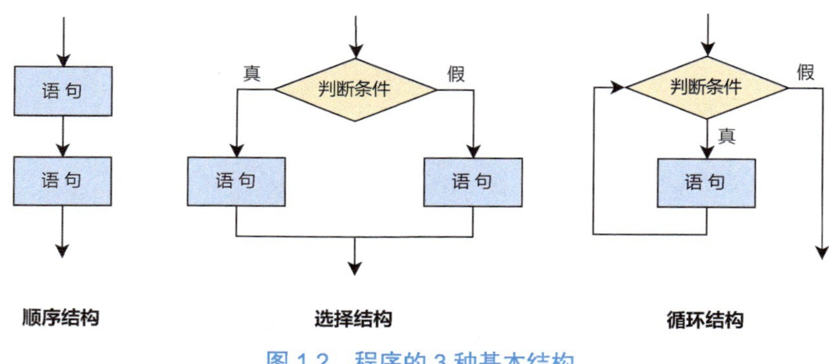

图 1.2　程序的 3 种基本结构

1.2.2　面向对象程序设计

与面向过程的结构化程序设计相比，面向对象程序设计是一种更优秀的程序设计方法。

面向对象程序设计的主要思想是把问题分解成各种独立而又可以互相调用的对象。这与传统的面向过程的结构化程序设计的思想不同：面向过程的结构化程序设计将程序看作一系列独立过程（模块）的集合，而各个过程所实现的功能一般都是单一且独立的；面向对象程序设计中的每一个对象都应该能够接收数据、处理数据并将数据传递给其他对象，因此每一个对象都可以被看作一个小型且功能完备的“机器”。

面向对象程序设计中的主要概念是**对象**和**类**。对象是一个具有各种属性值和方法（某种操作功能）的实体，类是对象的抽象定义。可以把类理解为建造某种东西的设计图，那么对象就是依据这张设计图建造的一个实物。

开发人员在设计对象和类时尽可能地模拟了人类的思维，也就是将抽象的问题转换为具体的对象，这使得程序设计更加符合人类的认知。

C++ 是当今应用最广泛的面向对象程序设计语言之一，它对 C 语言进行了扩充和完善。C 语言是一种面向过程的结构化程序设计语言，C++ 与 C 语言最大的区别就是 C++ 增加了类和对象。事实上，任何合法的 C 语言程序都是合法的 C++ 程序。虽然 C++ 源于 C 语言，但 C++ 并不只是简单地增加了类和对象，所以应该把 C++ 当作一门新的面向对象程序设计语言来学习。

1.2.3 程序与算法

编程是为了让计算机解决特定的问题，编程之前需要先明确计算机解决该问题的具体步骤。这里的步骤就是编写该程序所需要的**算法**。

编程就是通过某一种程序设计语言（如 C++）来实现算法。

算法如同菜谱，但是仅有菜谱是做不出美味佳肴，还需要各种食材，程序所需的食材就是需要用到的各种数据。可以把一个程序简单地理解为算法与各种关联的数据的和。图 1.3 所示为程序、算法、数据之间的关系。

图 1.3　程序、算法、数据之间的关系

解决同一问题的算法有多种（见图 1.4），编程时需要选择运行效率最高的算法。程序运行效率的高低用两个指标来衡量：一个是程序运行时占用的内存，占用的内存越少，运行效率越高；另一个是程序运行时间，运行时间越短，运行效率越高。

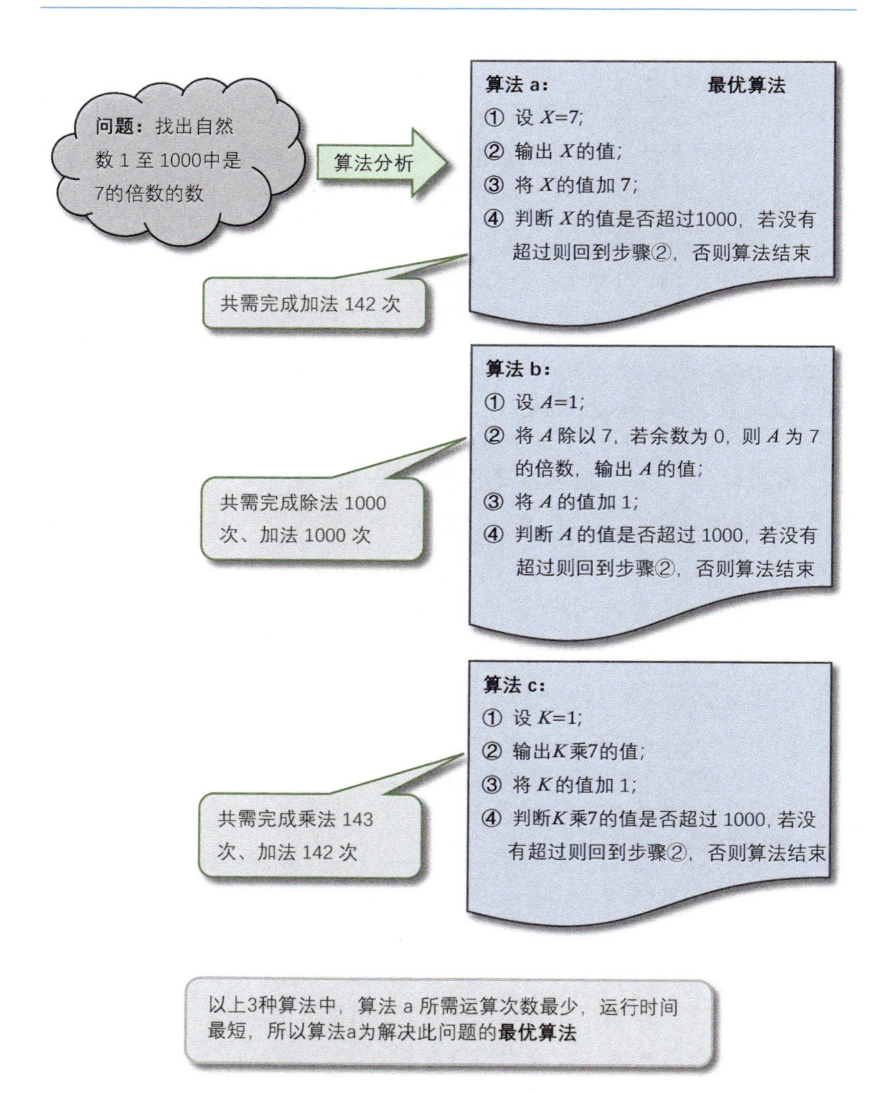

图 1.4 解决同一问题的不同算法

1.2.4 算法描述

设计好一种算法后，必须清楚、准确地将所设计的求解步骤记录下来，即生成算法描述。可以用自然语言、流程图、N-S 图（又称盒图）、伪代码和问题分析图（Problem Analysis Diagram，PAD）等来描述算法，本书只介绍最常见的用流程图描述算法的方法。用流程图描述算法需采用一组特定的图形符号（见表 1.1），这些图形符号的主要优点是直观易懂，能表示程序的控制流程。

表 1.1　流程图中的常见图形符号及其含义

图形符号	名称	含义
	起止框	表示算法的开始或结束
	处理框	表示对数据的各种处理和运算操作
	输入和输出框	用于描述数据的输入和输出
	判断框	表示条件判断，可决定如何进行后续的操作（用于选择结构和循环结构中）
	连接点	用于连接断开的流程线。当流程图较大时，如果因跨页而中断，则用连接点连接
	流程线	表示程序的运行方向

结构化程序设计中常用的 3 种程序结构分别是顺序结构、选择结构和循环结构，这 3 种结构的流程图描述如图 1.5 所示。

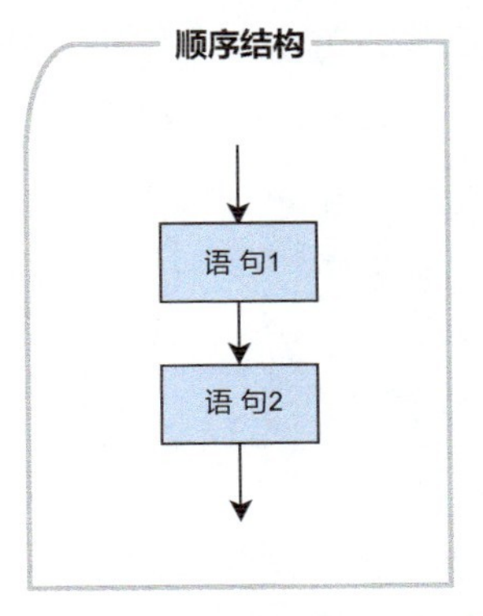

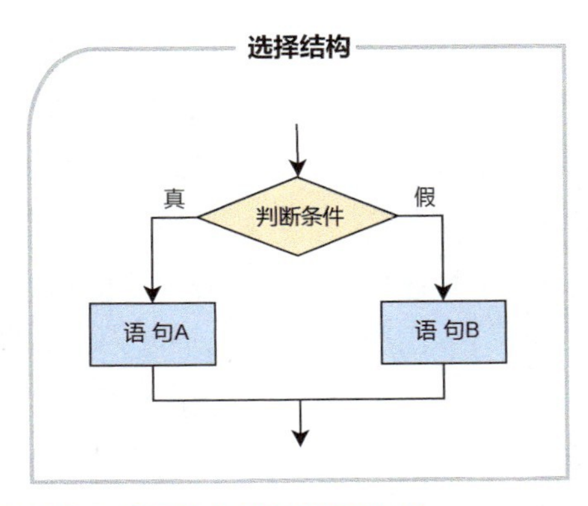

图 1.5　顺序结构、选择结构和循环结构的流程图描述

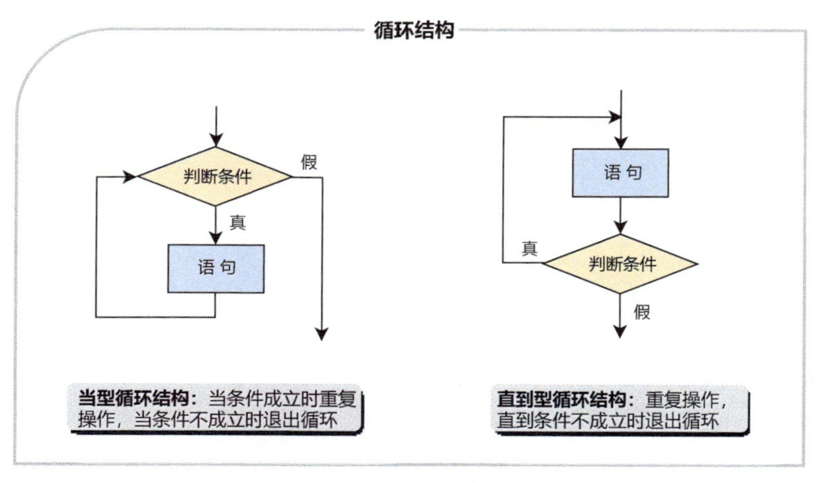

图 1.5　顺序结构、选择结构和循环结构的流程图描述（续）

1.3　C++程序开发环境

1.3.1　C++ 程序开发过程

一个 C++ 程序从编写代码到生成可执行文件，再到正确运行，需要经过编辑、编译、链接、运行和调试等几个阶段。

☑ **编辑阶段**：在 C++ 程序开发环境的代码编辑窗口中输入和编辑源代码，检查无误后将其保存为扩展名为 cpp 的 C++ 源文件。

☑ **编译阶段**：对源代码进行编译，生成扩展名为 obj 的目标文件，该目标文件是由机器语言指令组成的目标代码。

☑ **链接阶段**：将编译生成的目标文件与相关的库文件链接（调用库函数），生成扩展名为 exe 的可执行文件。

☑ **运行阶段**：运行生成的可执行文件（程序）。

☑ **调试阶段**：如果在编译阶段或链接阶段出错，就需要重新编辑源代码，修正错误后，再进行编译和链接；另外，如果程序的运行结果出错，那么也需要重新编辑源代码。

C++ 程序开发过程如图 1.6 所示。

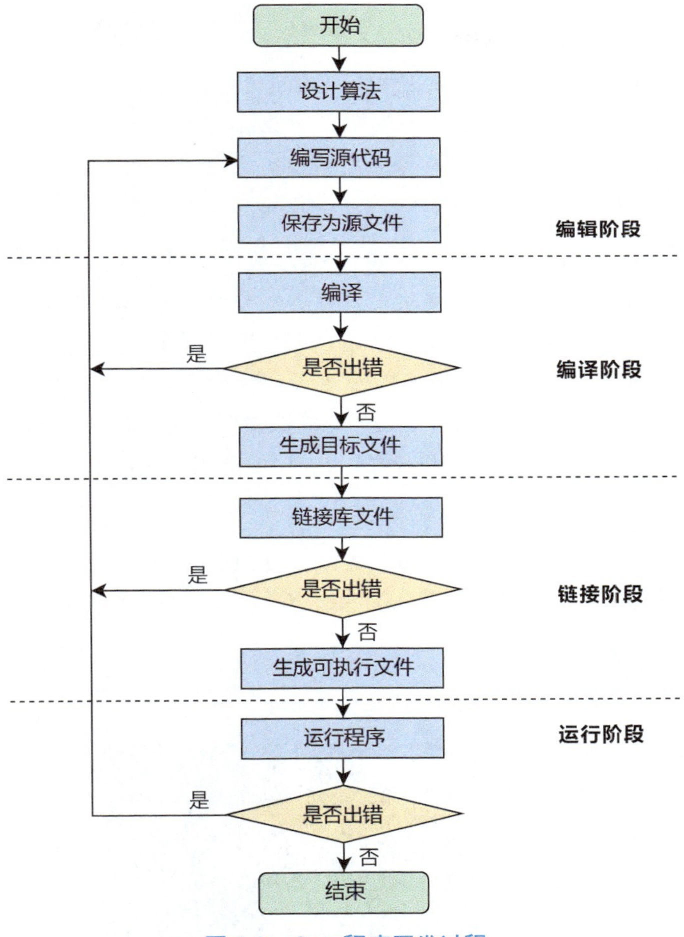

图 1.6　C++ 程序开发过程

1.3.2　Dev-C++ 集成开发环境

“工欲善其事，必先利其器”，要学习编程，必须有一个合适的编程工具，这个编程工具就是程序的开发环境。对程序设计语言的初学者来说，找到一个标准化程度高、兼容性好和可移植性强的程序开发环境是非常重要的。

C++ 开发环境就是编写和运行 C++ 程序的平台，又称为 C++ 编译器。常见的 C++ 编译器有 Dev-C++、Visual C++、Code::Blocks 等。这些编译器都提供了强大且易于编写、修改、编译、调试 C++ 程序的环境，因为它们把编程所需的各种功能都集成在了一起，所以被称为**集成开发环境**（Integrated Development Environment，IDE）。

Dev-C++ 是一个适用于 Windows 系统的、轻量化（内存占用率低）但功能齐全的 C/C++ 集成开发环境。它有很多版本，使用较多的是 Embarcadero Dev-C++ 6.3，但它在输出中文时会出现乱码，目前还没有较好的解决办法。本书使用的是 RedPanda Dev-C++，它能提供高亮语法显示、代码自动补全和完善的调试功能，特别适合 C++ 初学者。下面对它的下载、安装、用户配置及使用做简单介绍。

1. 下载和安装

访问 SourceForge 官网，搜索“RedPanda C++”，找到图 1.7 所示的安装包（https://sourceforge.net/projects/redpanda-cpp/），单击【Download】按钮下载该安装包。

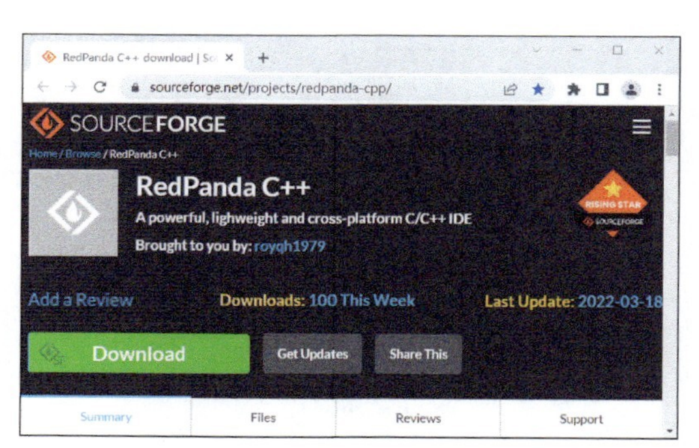

图 1.7　从 SourceForge 官网下载 RedPanda C++ 的安装包

下载以后的安装过程如下。

第一步：双击下载的文件，打开图 1.8 所示的对话框，在对话框的下拉列表中选择【中文（简体）】选项，单击【OK】按钮。

图 1.8　在下拉列表中选择【中文（简体）】选项

第二步：在弹出的【许可证协议】界面中单击【我接受】按钮，如图 1.9 所示。

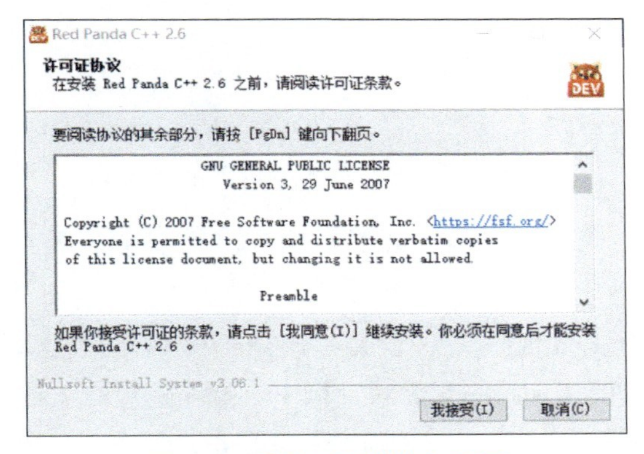

图 1.9　【许可证协议】界面

第三步：在弹出的【选择组件】界面中的【选定的安装的类型】下拉列表中选择【Full】选项，如图 1.10 所示，然后单击【下一步】按钮。

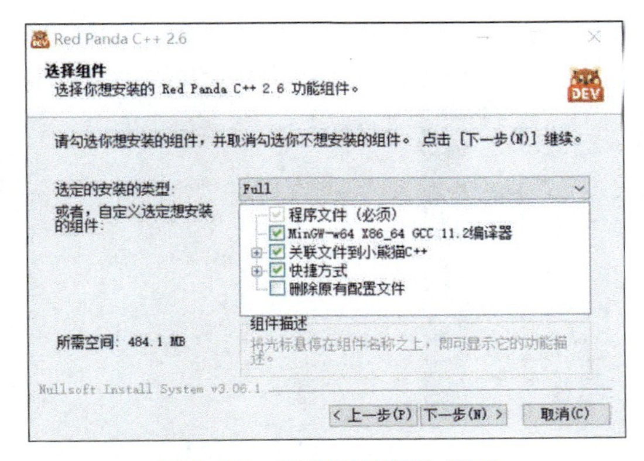

图 1.10　【选择组件】界面

第四步：在弹出的【选择安装位置】界面中，单击【浏览】按钮选择安装目录，如图 1.11 所示，然后单击【安装】按钮。

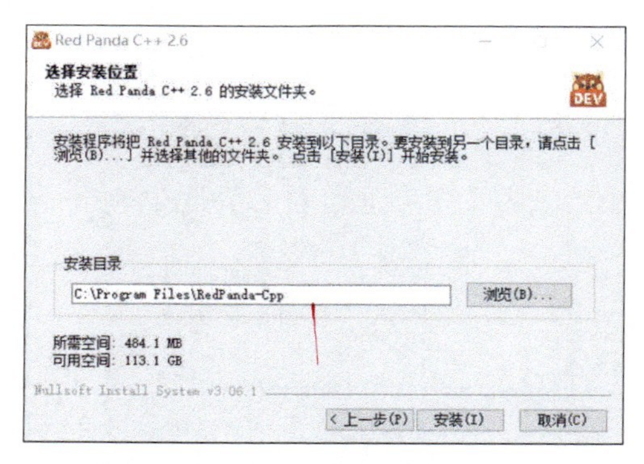

图 1.11　【选择安装位置】界面

第五步：程序安装结束，弹出图 1.12 所示的界面，勾选【运行 Red Panda C++ 2.6】复选框，单击【完成】按钮。

首次运行 RedPanda C++，会弹出图 1.13 所示的【选择主题】对话框。在弹出的【选择主题】对话框中选择编辑器的主题颜色，【缺省语言】选择 C++，然后单击【确定】按钮，打开图 1.14 所示的源代码编辑窗口。在菜单栏中，选择【视图】→【显示全部工具面板】选项，可以打开或关闭源代码编辑窗口左侧和底部的工具面板；也可以选择【视图】→【工具面板】选项，在打开的子菜单中选择打开或关闭对应的工具面板。

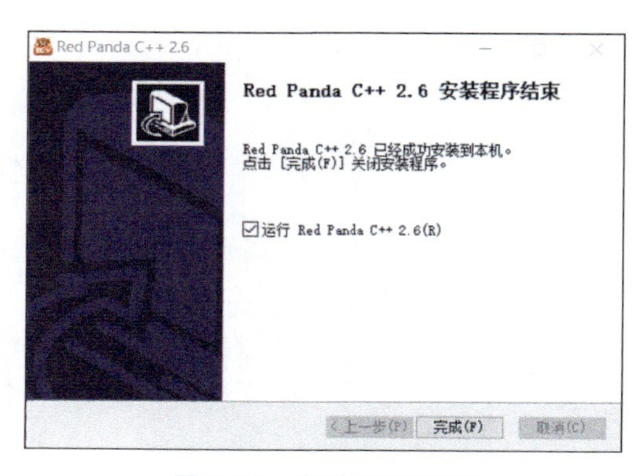

图 1.12　程序安装结束

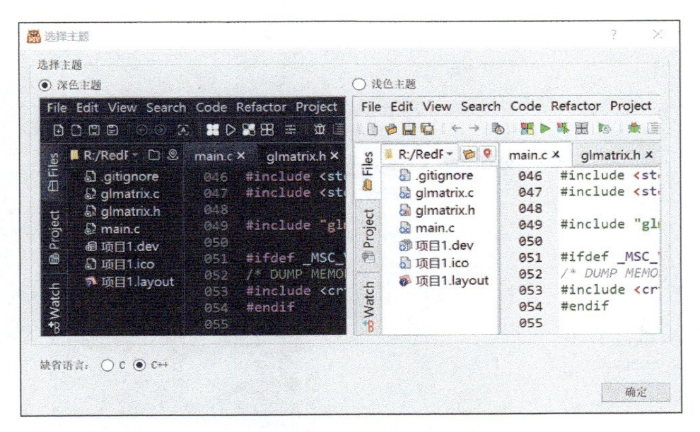

图 1.13　【选择主题】对话框

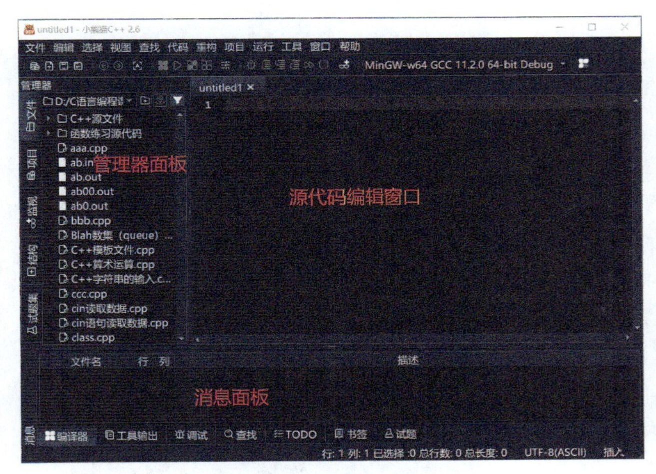

图 1.14　源代码编辑窗口

2. 用户配置（可选）

配置一：更改编辑器的配色方案

首次运行 RedPanda C++ 时，已经设置了编辑器的主题颜色。如果要更改配色方案，可以在菜单栏中选择【工具】→【选项】选项，打开【选项】对话框，在左侧列表中选择【编辑器】→【配色】选项，在右侧出现的【配色方案】下拉列表中选择自己喜欢的配色方案，如图 1.15 所示，单击【应用】按钮使更改生效。

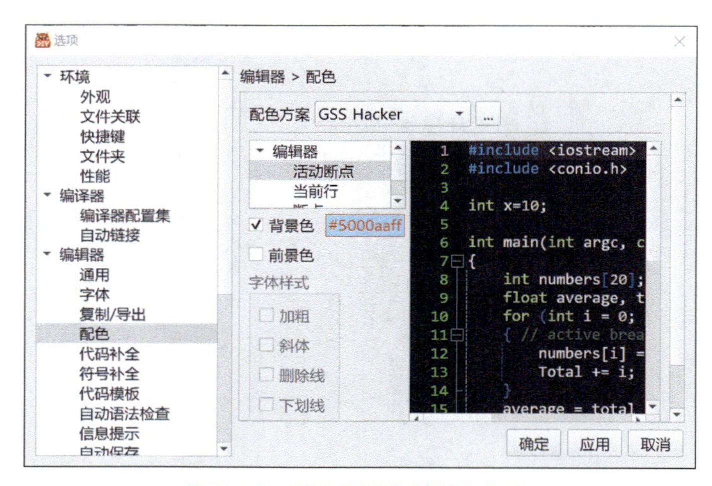

图 1.15　更改编辑器的配色方案

配置二：添加缺省代码

在【选项】对话框左侧的列表中选择【编辑器】→【代码模板】选项，在右侧单击【新文件模板】选项卡，在下面的编辑框中输入缺省代码片段，如图 1.16 所示，单击【应用】按钮即可使更改生效。这样设置后，每次新建的源代码文件中都会包含这段缺省代码。

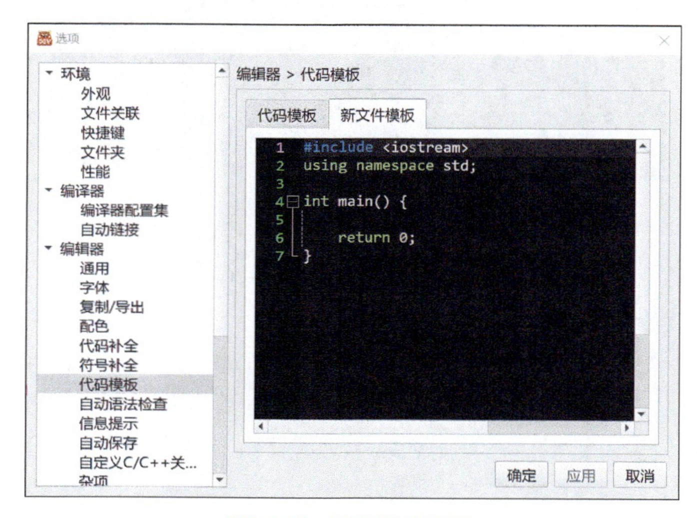

图 1.16　添加缺省代码

配置三：启用自动保存功能

在【选项】对话框左侧的列表中选择【编辑器】→【自动保存】选项，在右侧勾选【启用自动保存】复选框，设置自动保存的时间间隔，如图 1.17 所示，单击【应用】按钮，启用自动保存功能。

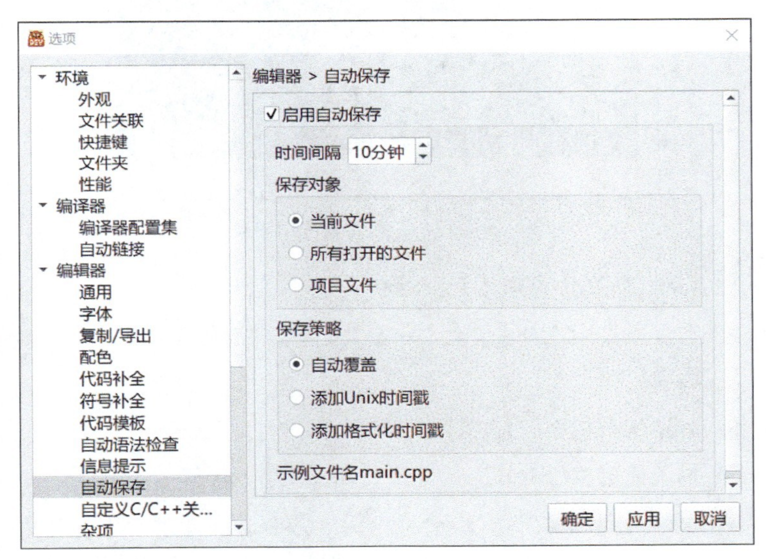

图 1.17　启用自动保存功能

3. 创建、编译和运行程序

（1）新建、保存和打开源程序。

在 RedPanda C++ 中，新建一个源代码文件[1]有以下几种途径。

☑ 在菜单栏中选择【文件】→【新建】→【新建源代码文件】选项。

☑ 单击工具栏中的 图标。

☑ 按快捷键“Ctrl+N”。

新建一个无标题的源代码文件后，可以在源代码编辑窗口中进行代码的编辑与修改，如图 1.18 所示。

1　源代码文件在其他资料中也称为源文件。

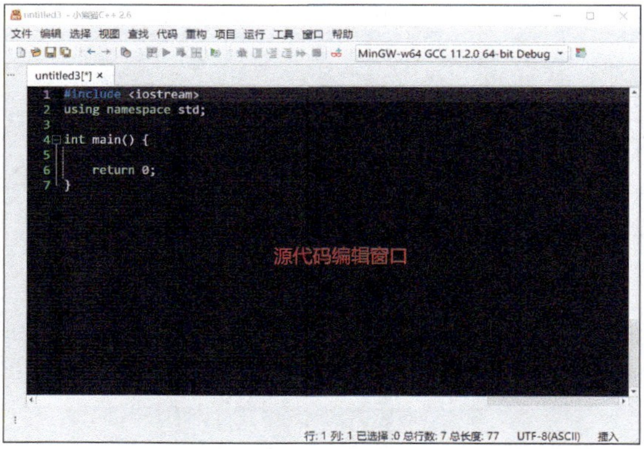

```
1  #include <iostream>
2  using namespace std;
3
4  int main() {
5
6      return 0;
7  }
```

源代码编辑窗口

图 1.18　无标题的源代码文件

保存源代码文件有以下几种途径。

☑ 在菜单栏中选择【文件】→【保存】选项或【文件】→【另存为】选项。

☑ 单击工具栏中的💾图标。

☑ 按快捷键“Ctrl+S”。

首次保存源代码文件时，会弹出图 1.19 所示的【另存为】对话框，选择保存路径，在【文件名】文本框中输入文件名，【保存类型】下拉列表中默认选择【C++ 语言文件 (*.cpp*.CC*.CXX)】选项，单击【保存】按钮即可。

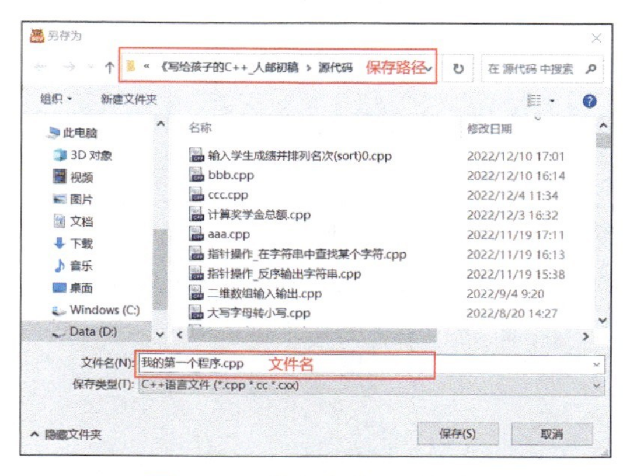

图 1.19　【另存为】对话框

打开一个已经创建的 C++ 源代码文件有以下几种途径。

☑ 在菜单栏中选择【文件】→【打开】选项。

☑ 单击工具栏中的图标。

☑ 按快捷键“Ctrl+O”。

在弹出的【打开】对话框中，选择要打开的文件，如图 1.20 所示，单击【打开】按钮。

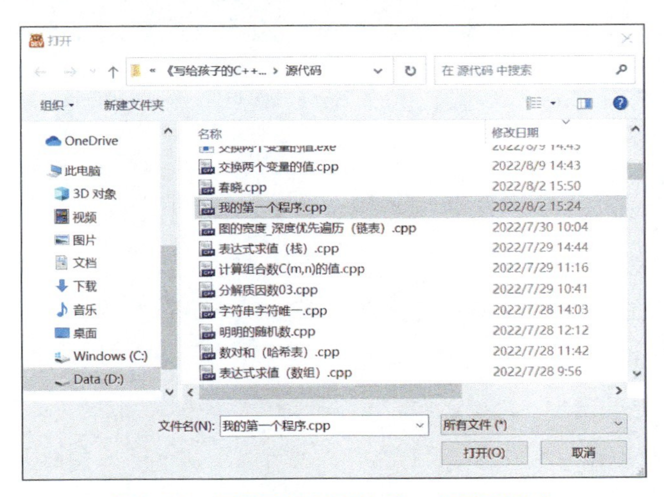

图 1.20　打开已经创建的 C++ 源代码文件

（2）编译、链接和运行源程序。

源程序创建完毕，还需要编译、链接、运行，才能输出结果。

编译和链接源程序有以下几种途径。

☑ 在菜单栏中选择【运行】→【编译】选项。

☑ 单击工具栏中的图标。

☑ 按快捷键“F9”。

如果源程序编译出错，源代码编辑窗口下面的【编译器】选项卡中就会列出具体错误及其位置（行、列等）；同时，在源代码编辑窗口中，出错代码的行号左侧会出现红色错误标识，如图 1.21 所示。编译完成后，如果没有错误，就可以运行程序。

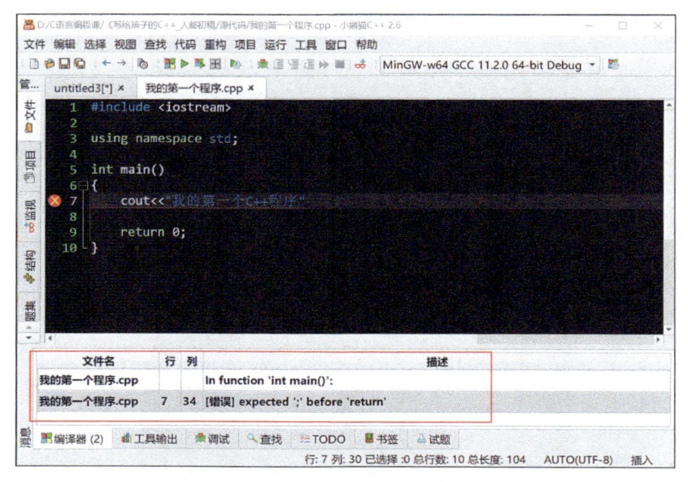

图 1.21 源代码编辑窗口提示出错代码信息

运行程序有以下几种途径。

☑ 在菜单栏中选择【运行】→【运行】选项。

☑ 单击工具栏中的 ▶ 图标。

☑ 按快捷键“F10”。

运行编译后生成的可执行文件，就可以在 Windows 的命令行界面中输出结果，如图 1.22 所示。

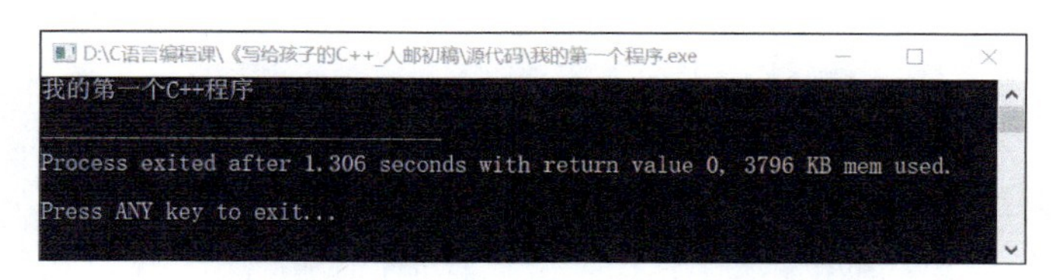

图 1.22 在 Windows 的命令行界面输出结果

第 2 章

数据处理：输出、输入及运算

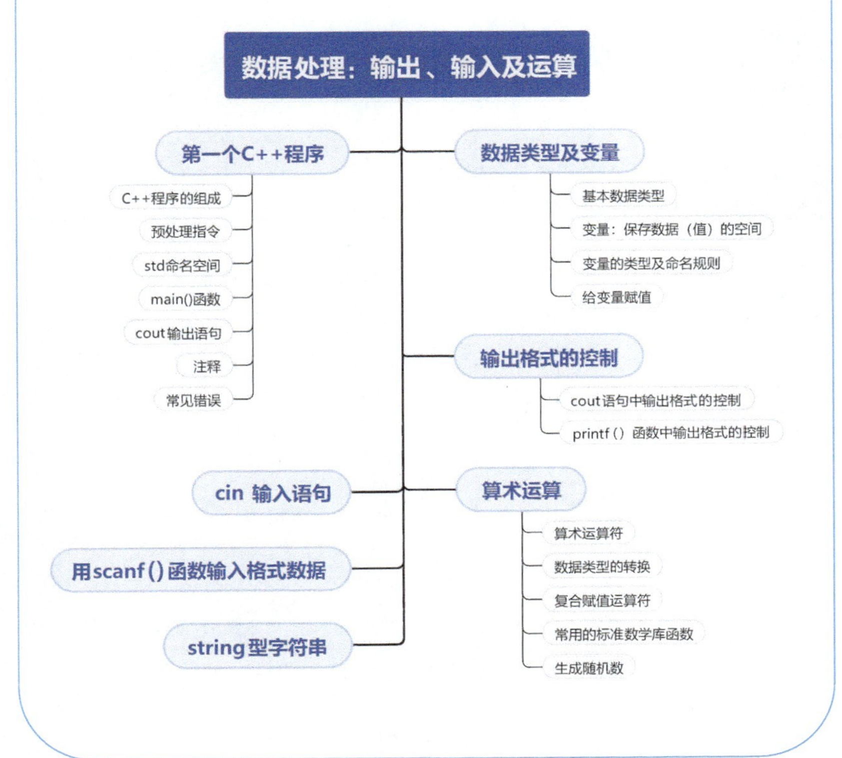

编程简单来说就是让计算机处理数据，而要达到这个目的，就要先把数据输入计算机，然后让计算机对这些数据进行处理，也就是数据的运算，最后把运算结果按一定的方式输出。因此，可以把计算机简单地看作只会执行输入、运算、输出 3 种操作的机器，如图 2.1 所示。本章将介绍在 C++ 程序中如何输入和输出数据，以及如何对数据进行简单的处理（算术运算）。

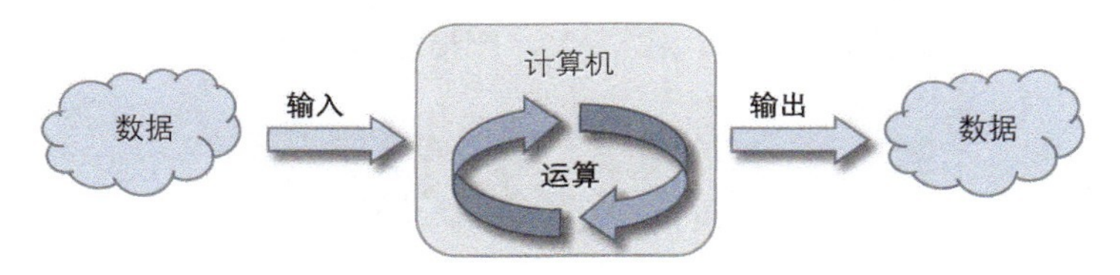

图 2.1　把计算机简单地看作只会执行输入、运算、输出 3 种操作的机器

2.1 第一个C++程序

2.1.1 C++ 程序的组成

C++ 源自 C 语言，因此，一个完整的 C++ 程序跟 C 语言程序一样，通常由预处理指令部分、全局变量和函数声明部分、主程序部分 [main() 函数] 这 3 个部分组成，如图 2.2 所示。所有的 C++ 程序都是从 main() 函数开始执行的。

```
01 预处理指令部分（可无）
02 using namespace std;//命名空间
03 全局变量和函数声明部分（可无）
04 int main()
05   {
06     …
07     return 0;
08   }
```

主程序部分 [main() 函数]

图 2.2　C++ 程序的组成

除此之外，为了方便阅读、理解和使用代码，可以给代码添加注释，注释部分不会被执行，也不会对程序造成任何影响。与 C 语言程序不同，C++ 程序的预处理指令部分多了一个命名空间的指令。

编程案例

案例 2.1

编写程序，输出一行文本“我的第一个 C++ 程序！”。

程序代码 2.1

```
01  /*
02      输出一行文本“我的第一个 C++ 程序！”。
03  */
04  #include <iostream>           // 预处理指令部分，包含头文件 icstream
05  using namespace std;          // 使用标准命名空间 std
06  int main()                    // 定义 main() 函数
07  {
08      cout <<" 我的第一个 C++ 程序！ "<< endl;  // 输出并换行
09      return 0;
10  }
```

以上程序代码中，第 01 ～第 03 行是用“/*”和“*/”围起来的注释部分；第 04 行是预处理指令部分，包含了头文件 iostream；第 05 行使用了标准命名空间 std；第 06 ～第 10 行是主程序部分，它是一个 main() 函数，任何一个 C++ 程序都必须包含一个 main() 函数。

程序运行结果如图 2.3 所示。

```
我的第一个C++程序!

--------------------------------
Process exited after 2.217 seconds with return value 0
请按任意键继续. . .
```

图 2.3　程序运行结果

2.1.2　预处理指令

预处理指令是出现在 C++ 程序开始位置、以“#”开头的内容。

C++ 程序中常用的预处理指令有两种：一种是 #define，用于定义常量；另一种是 #include，用于导入文件。

#define 指令的常用形式如下：

```
#define 标识符 字符串
```

例如，下面的代码用 #define 指令定义了一个常量 PI：

```
#define PI 3.1415926                //定义一个常量PI,其值为3.1415926
```

#include 指令的常用形式如下：

```
#include <文件名>                   //一般用来导入库文件
#include "文件名"                   //常用来导入用户自己编写的文件
```

例如，下面的代码用 #include 指令在程序中包含头文件 iostream：

```
#include <iostream>                 //包含头文件iostream
```

C++ 程序中最常用的文件包含命令为 `#include <iostream>`。C++ 在 iostream 中设置了常用的输入输出环境、输入输出流对象（cin、cout 等）。头文件 iostream 把 C++ 标准程序库中的所有标识符都定义在一个名为 std 的命名空间里面，所以要使用头文件 iostream，需要在程序中添加命名空间，代码为“`using namespace std;`”。

2.1.3 std 命名空间

命名空间即 namespace，也可以称为名称空间。它的主要作用是解决名字冲突。命名空间实际上是由程序设计者定义的一个内存区域，其中定义了许多名称（标识符），分别表示不同的含义和功能，如果要在程序中使用这些名称，就需要添加该命名空间。

由于 C++ 标准程序库中所有的标识符都定义在一个名为 std 的命名空间中，因此 C++ 程序通常都要添加代码“`using namespace` std;”，这样 std 命名空间中定义的所有标识符在该程序中就都有效。常用的标准输入输出流对象 cin 和 cout 就被定义在 std 命名空间中。

2.1.4　main() 函数

使用 C++ 编程时，我们可以把执行某个特殊任务的指令和数据从程序的其余部分分离出去，使其单独成为一个程序块，为其取一个名字，通常把这种程序块称为**函数**，给它取的名字就是函数名。可以在程序其余部分用函数名多次重复调用对应的函数。

所有的 C++ 程序实际上都是由一个或多个函数构成的。C++ 程序中最重要的部分就是 main() 函数，在需要的时候可在 main() 函数中调用其他函数。下面的程序代码展示了在 main() 函数中调用其他函数的过程：

```
int main()                          //main() 函数(每一个C++程序都必须包含它)
{                                                    // 函数体开始符
    float pi;
    scanf("%f",&pi);                                 // 调用 scanf() 函数
    printf("圆周率约等于 %.2f\n",pi);                  // 调用 printf() 函数
    pi = round(pi);                                  // 调用 round() 函数
    return 0;                                        // 函数返回值 0
}                                                    // 函数体结束符
```

计算机会从 main() 函数开始运行程序代码。如果一个 C++ 程序中没有 main() 函数，程序就无法启动。

上面的程序代码中 main() 前面的 **int** 是指 main() 函数返回值的类型是整数。这是什么意思呢？当计算机在运行程序时，它需要一些方法来判断程序是否运行成功，计算机正是通过检查 main() 函数的返回值来判断的。如果 main() 函数返回整数 0，就表明程序运行成功；如果返回其他整数值，就表示程序在运行时出了问题。main() 函数的返回值是由程序中的 return 语句实现的，通常情况下，一个 C++ 程序的 main() 函数的最后一条语句就是“**return** 0;”。

函数名“main”在返回值类型 int 之后出现。如果函数在被调用

时需要事先提供一些数据（参数），那么可以写在函数名后面的括号里面。最后是**函数体**，也就是该函数要执行的各条指令和用到的数据，函数体必须用花括号“{”和“}”围起来。

C++ 程序中最主要的部分就是 main() 函数，那么 main() 函数内部是什么样子的呢？

main() 函数内部其实就是按顺序排列的一条条指令和相关数据，在程序设计语言中，这样的内容称为语句。C++ 程序为了区分每一条语句，避免计算机混淆，在每一条语句末尾加上“;”表示结束。当把多条语句组合在一起，用来完成某一项任务时，这些语句被称为语句块。语句块和 main() 函数的函数体一样，要用花括号“{”和“}”围起来。

2.1.5 cout 输出语句

cout 语句是 C++ 的输出语句，C++ 的输出和输入是用“流”（Stream）的方式实现的。看到“流”我们自然会想到水流，水在一个长长的玻璃管中总是以一种“先进先出”的方式流进流出。C++ 在处理输出和输入内容时，也以“先进先出”的方式按其字节序列的先后顺序进行处理，这个过程分别称为流输出和流输入，输出和输入内容的字节序列称为字节流。

如果字节流从设备（如键盘、磁盘驱动器等）流向内存，就叫作输入操作（流输入）。如果字节流从内存流向设备（如显示器、打印机、磁盘驱动器等），就叫作输出操作（流输出）。

要在程序中使用 cout 语句，必须在预处理指令部分添加代码“#include <iostream>”。cout 在头文件 iostream 中被定义为标准输出流，其作用是将字节流输出到标准输出设备（通常是显示器）。cout 语句和流插入运算符“<<”结合使用，如图 2.4 所示。

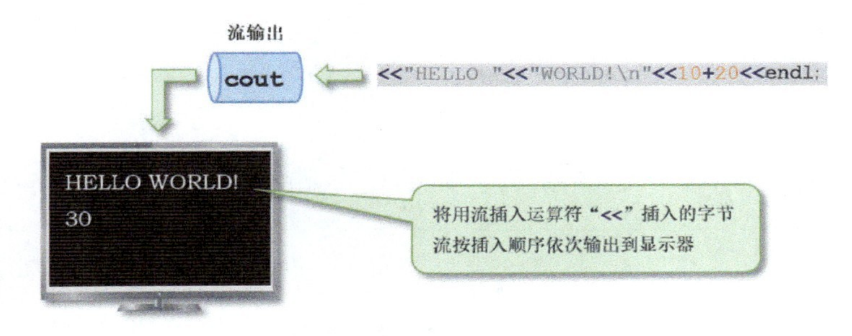

图 2.4　cout 语句和流插入运算符

cout 语句的一般格式如下：

```
cout << 项目 1 << 项目 2 << … << 项目 n;
```

如果“<<”后面的项目是加引号的，则输出引号内的内容；如果“<<”后面是 endl，则输出换行，作用等同于加引号的“\n”。例如：

```
cout <<"我的第一个 C++ 程序！ \n";  // 输出“我的第一个 C++ 程序！”并换行
```

输出内容如下：

```
我的第一个 C++ 程序！
```

如果“<<”后面的项目是某种表达式，则输出该表达式的值。例如：

```
cout << 10+20 << endl;           // 输出“30”并换行
```

输出内容如下：

```
30
```

2.1.6　注释

注释是程序员为代码标注的解释或提示，以便自己和其他程序员能够快速看懂代码。编程时为代码添加详细的注释可以提高代码的可读性。注释中的所有内容都会被 C++ 编译器忽略。

C++ 支持单行注释和多行注释。

单行注释以“//”开始，直到该行结束。例如：

```
cout <<" 我的第一个 C++ 程序！ "<< endl;   // 输出并换行
```

多行注释以“/*”开始，以“*/”结束，它们之间的所有内容都是注释内容。例如：

```
/*
    输出一行文本“我的第一个 C++ 程序！”。
    曙光工作室 版权所有
    2021-11-12
*/
```

2.1.7 常见错误

对初学者来说，由于刚接触 C++ 编程，写出的程序代码难免会出现一些错误，并且当错误出现时还不知道是怎么回事，也不知道该怎么修改。下面对初学者经常遇到的一些错误进行说明。

（1）语句中出现中文符号。

C++ 程序代码是用英文编写的，代码中的所有命令符号都必须是英文符号（半角），不能是中文符号（全角），中文符号只能作为字符串出现在半角双引号中。例如：

```
cout << “HELLO” ;                    // 错误代码
cout << " 我的第一个 C++ 程序！ " ;
```

对比上面两行代码，可以发现第一行中的引号为中文符号，这在 C++ 程序中是不允许的，编译器对此无法识别，编译时会出现图 2.5 所示的错误提示。

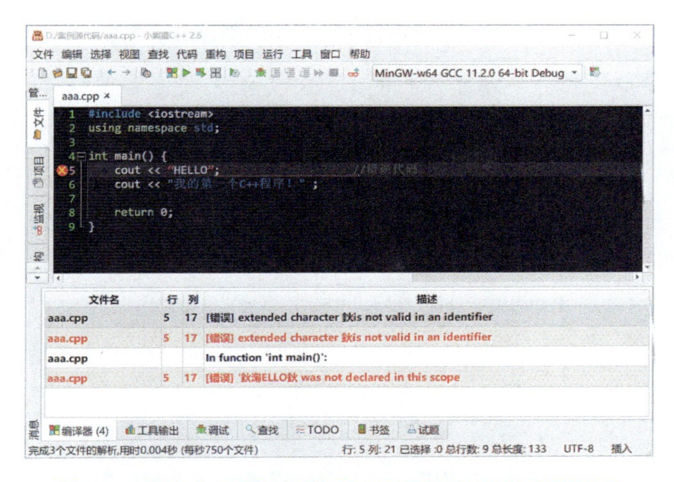

图 2.5　语句中出现中文符号时编译器出现的错误提示

（2）语句末尾缺少分号。

C++ 语法规定每条语句必须以分号结束，分号是 C++ 语句中不可缺少的一部分。如果语句末尾缺少分号，编译时就会出错。例如：

```
cout << "HELLO"              // 错误代码
```

对以上代码进行编译，会出现图 2.6 所示的错误提示。

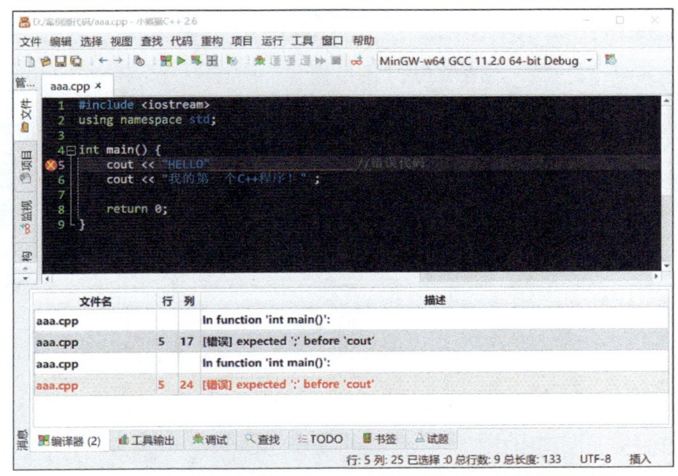

图 2.6　语句末尾缺少分号时编译器出现的错误提示

（3）程序预处理指令部分缺少某个头文件。

C++ 提供了许多功能各异的函数和方法，要使用它们，就必须在程序预处理指令部分包含相应的头文件。例如：

```
pi = round(3.1415926);        // 调用数学函数 round() 进行四舍五入
```

上面的代码中使用了数学函数 `round()`，必须用"`#include <cmath>`"包含 cmath 头文件，如果没有包含该头文件，编译时会出现图 2.7 所示的错误提示。

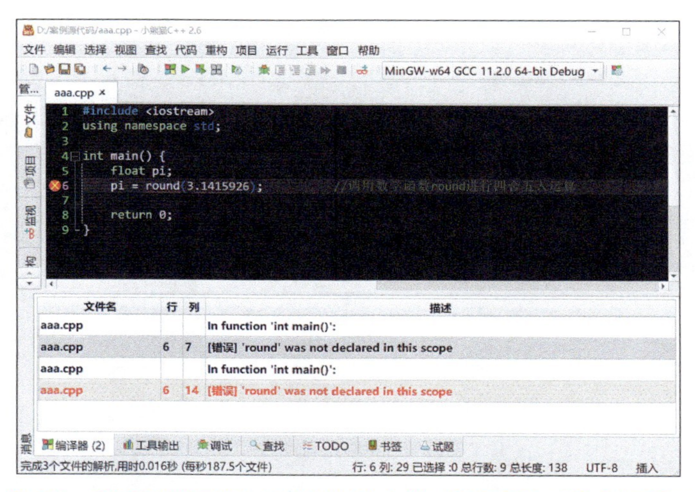

图 2.7　程序预处理指令部分缺少头文件时编译器出现的错误提示

此处提示 `round()` 函数没有被声明，因为 `round()` 函数声明在 cmath 头文件中，所以程序中必须包含 cmath 头文件。另外，此处的错误提示和变量没有被声明时的错误提示是一样的。本书将在后面的章节详细讲解什么是变量。C++ 规定程序中所有的变量都要被声明过才可以使用。

编程案例

案例 2.2

编写程序，输出由"*"组成的图 2.8 所示的图案。

```
*
**
***
****
*****
```

图 2.8　输出由"*"组成的图案

程序代码 2.2

```
01  /*
02      输出由“*”组成的图案。
03  */
04  #include <iostream>
05  using namespace std;
06  int main()
07  {
08      cout << "*" <<endl;
09      cout << "**" <<endl;
10      cout << "***" <<endl;
11      cout << "****" <<endl;
12      cout << "*****" <<endl;
13      return 0;
14  }
```

以上程序代码中，第 08 ～第 12 行中的每一行都用 cout 语句输出一串“*”，并用 endl 换行。

程序运行结果如图 2.9 所示。

```
*
**
***
****
*****

--------------------------------
Process exited after 1.11 seconds with return value 0
```

图 2.9　程序运行结果

编程训练

练习 2.1

编写程序，按如下格式输出古诗《春晓》。

春　晓

[唐] 孟浩然

春眠不觉晓，处处闻啼鸟。

夜来风雨声，花落知多少。

2.2 数据类型及变量

2.2.1 基本数据类型

C++ 中有以下 3 种常见的数据。

☑ **数字**：0、100、-123、1.23、3.14159、-99.9。

☑ **字符**：'A'、'z'、'5'、'0'、'+'、'*'、'%'。

☑ **字符串**："ABC"、"china"、"C++ 语言 "、"main"、"12+3"。

C++ 中的数字与数学中的数字的表示方法是一样的。

C++ 中的字符（Character）是计算机能够表示的任意一个字符，并且必须用 ''（半角单引号）引起来。计算机一般能识别 256 个不同的字符，请参考美国信息交换标准码（American Standard Code for Information Interchange，ASCII）表。没有用 '' 引起来的字符都不是 C++ 中的字符，例如没有用 '' 引起来的 5 是数字，它可以参加数学运算，而 '5' 表示一个字符。

C++ 中的字符串（String）是多个字符的组合，必须用 ""（半角双引号）引起来。

由于计算机对不同数据的处理（输入、输出及存储）方式是不一样的，因此在编程时通常根据处理方式把需要处理的数据分为不同的组，这样的分组称为**数据类型**。C++ 中常用的数据类型如图 2.10 所示。

由于编译环境不同，不同 C++ 数据类型的取值范围和占用的内存也不同。表 2.1 列出了 C++ 中常用的几种基本数据类型的类型名、关键字、占用内存的大小（64 位系统下）和具体应用说明。

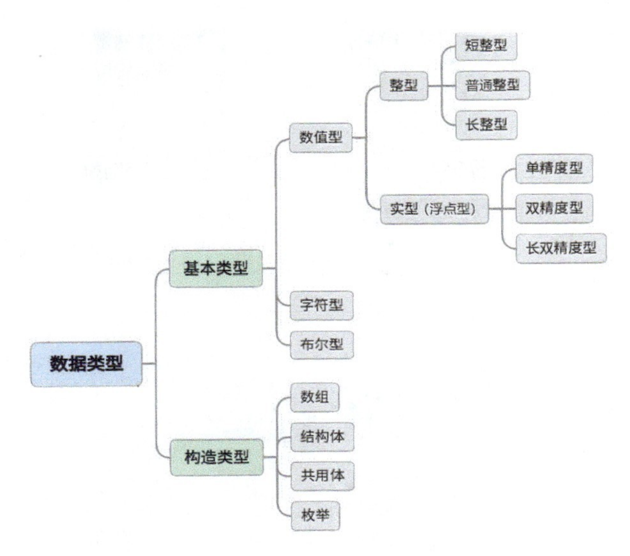

图 2.10　C++ 中常用的数据类型

表2.1　C++ 中常用的基本数据类型

类型名	关键字	字节数	应用说明
短整型	short	2	用于存储 -32768 到 32767 的整数
普通整型	int	4	用于存储 -2147483648 到 2147483647 的整数
长整型	long	4	用于存储 -2147483648 到 2147483647 的整数
单精度浮点型	float	4	用于存储小数，最多 7 位有效数字，精确到小数点后 6 位
双精度浮点型	double	8	用于存储小数，最多 15 位有效数字，精确到小数点后 6 位
字符型	char	1	用于存储用 '' 括起来的单个字符
布尔型	bool	1	用于存储真和假，只有 true（1）和 false（0）两个取值

注：根据计算机系统位数及编译环境的不同，各数据类型占用的内存大小和数值范围会有所不同。

C++ 中的数值型主要分为整型和实型（浮点型）两类。其中，整型按所占内存大小可划分为普通整型、短整型和长整型 3 类。实型（浮点型）按所占内存大小划分为单精度型、双精度型和长双精度型。

C++ 中某种数据类型所占用的内存大小可以用函数 **sizeof()** 来查询。例如：

```
cout << "int 型" << "所占内存：" << sizeof(int);
```

在 64 位系统下，输出内容如下：

```
int 型所占内存：4
```

2.2.2 变量：存放数据（值）的空间

要让计算机对数据进行处理，就必须把需要处理的数据先存放在计算机的内存中。每一个数据在计算机中都有一个存放空间，在计算机编程中，这些存放数据的空间称为**变量**。

可以把计算机内存想象成一幢拥有很多很多房间的大楼，每一个数据都存放在一个房间中，而且一个房间内只能存放一个数据。这些房间中，有一部分房间只要存放了一个数据，从开始到结束（程序运行过程）房间里面存放的都是这一个特定的数据；而更多的房间内存放的数据会经常改变，开始时（程序运行之初）房间里面存放的是一个数据，一段时间后（程序运行中）房间里面又换成了另一个数据，结束时（程序运行结束）房间里面也许又换了一个数据。这些用于存放经常会变化的数据的房间就是**变量**（见图 2.11），而那些用于存放不会改变的数据的房间就是**常量**。

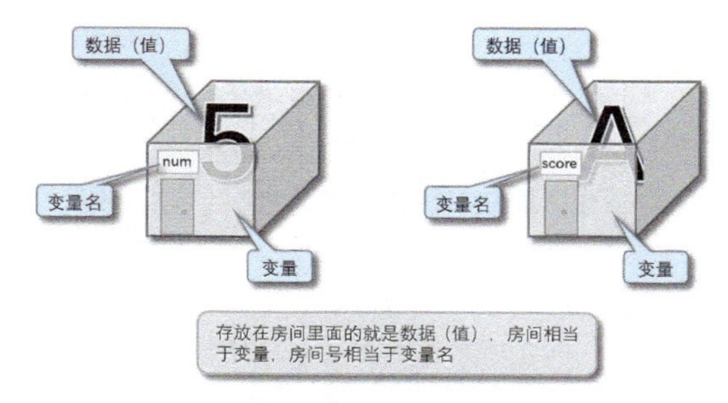

图 2.11　变量就是用于存放经常会变化的数据（值）的房间

往变量中存放数据（值）的操作称为**代入**，如图 2.12 所示。一个变量中只能存放一个数据（值）。如果变量中已经存放了一个数据（值），那么当把一个新数据（值）放入这个变量时，新数据（值）会替代原先存放在该变量中的数据（值），原先存放的数据（值）会消失。程序中首次向变量中代入数据（值）的操作称为**变量初始化**。

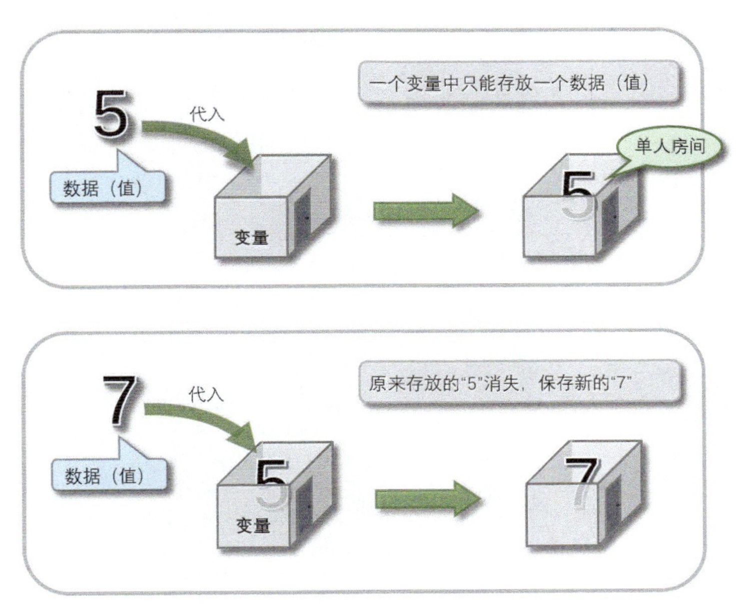

图 2.12　代入

综上所述，变量就是存放数据（值）的房间。为了区分这些存放不同数据（值）的房间，需要给每个房间设置一个唯一的房间号，这个唯一的房间号就是**变量名**。变量通过变量名来区分，不同的变量有不同的变量名。只要知道变量名，就可以确定存放着目标数据（值）的变量是哪一个。

2.2.3　变量的类型及命名规则

在 C++ 中，数据有不同的类型（整型、浮点型、字符型等），用来存放数据（值）的变量也有不同的类型，而且变量的类型和数据（值）的类型是一样的。

C++ 中的变量在使用之前必须先定义。表 2.1 中列出的基本数据类型的“关键字”就是 C++ 用来定义变量的命令符，具体说明如下。

☑ char：定义字符型变量，可以代入单个字符。

☑ int：定义整型变量，可以代入整数。

☑ long：定义长整型变量，可以代入整数。

☑ float：定义单精度浮点型变量，可以代入有 6 ～ 7 位小数位的小数。

☑ double：定义双精度浮点型变量，可以代入有 15 ～ 16 位小数位的小数。

☑ bool：定义布尔型变量，可以代入 1 和 0，分别表示真和假。

下面是 C++ 中定义变量的代码示例。

```
char myFname='L',job='T';      //定义两个字符型变量并代入初始值
int myScore, id;               //定义两个整型变量
long distance=1800000;         //定义长整型变量并代入初始值(变量初始化)
float average=86.5;            //定义单精度浮点型变量并代入初始值
double pi=3.1415926536;        //定义双精度浮点型变量并代入初始值
bool isTrue=1;                 //定义布尔型变量并代入初始值 1（真）
```

定义变量时，除了要给变量取一个独一无二的变量名，还要说明该变量中可以存放什么类型的数据（值）。也就是说，一个变量中只能存放与其类型相同的数据（值）。例如，定义为存放整型数据的变量不能代入字符（字符型数据）或者小数（浮点型数据）。

用来存放数据的房间（变量）不但是单人房间，而且还是单一功能的房间，它里面只能存放在定义时允许存放的那一种数据（值），不能存放其他类型的数据（值），如图 2.13 所示。

在 C++ 中，给变量取名有一些特殊的规定（命名规则）。

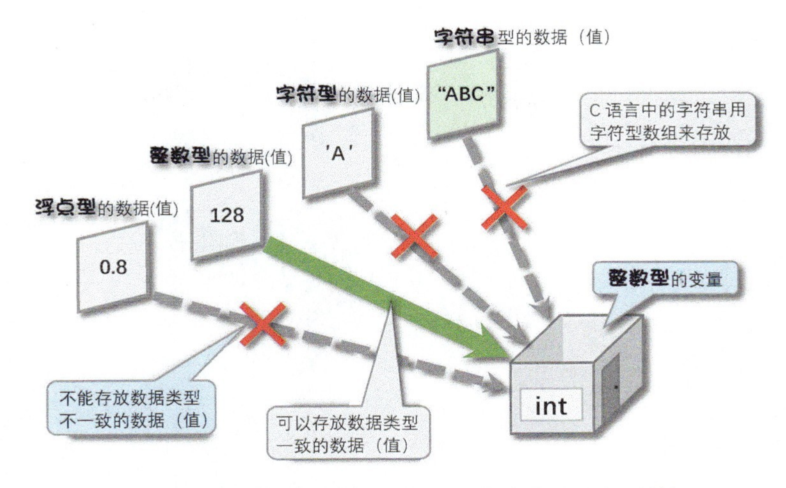

图 2.13　变量中只能存放在定义时允许存放的数据（值）

在 C++ 中，有一些字（英文单词）具有特定的含义，不能用于其他用途，也就不能用作变量名，特殊的字称为**保留字**或关键字（本书配套资料中的文档《C++ 常见保留字》列出了 C++ 中的常见保留字）。

除保留字之外，C++ 中还有许多字符串与保留字类似，如 `printf` 和 `scanf` 是 C 语言标准函数库中的函数名称，也不能用作变量名。这些在 C++ 标准函数库中已经定义并使用过的字符串称为 C++ 的**标准标识符**。

除标准标识符之外，C++ 允许用户自定义一些名称，如给变量命名或者给自定义的函数命名等，这些由用户自定义的名称被称为**用户标识符**。最常见的用户标识符就是变量名。在 C++ 中，对变量的命名有如下要求（**变量命名规则**），如图 2.14 所示。

☑ 只能是字母、数字或 _（下划线，也写作“下画线”）的组合，不能包含其他特殊字符。

☑ 不能以数字开头。

☑ 不能和保留字同名。

☑ 同一区域（变量作用域）内不能使用相同的名字。

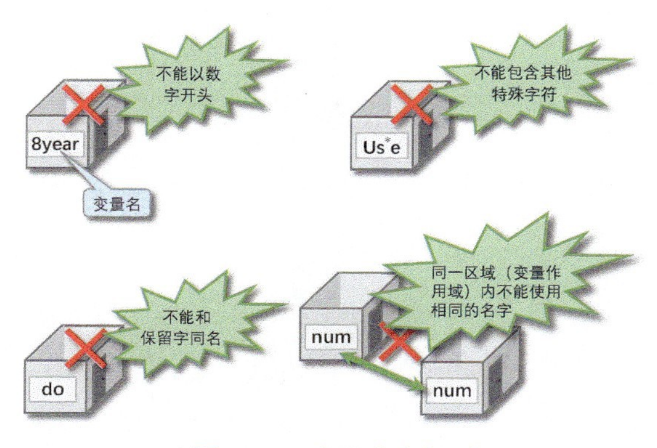

图 2.14　变量命名规则

下面这些都是不合法的变量名。

```
86Count   my name   you*Age   user's   int
```

它们不合法的原因分别是：86Count 以数字开头，my name 包含空格，you*Age 包含特殊字符“*”，user's 包含特殊字符“'”，int 是 C++ 中的保留字。

另外，C++ 严格区分大写字母与小写字母。例如 do 是保留字，而 Do、DO、dO 不是，因而后面 3 个可以用作变量名。通常情况下，C++ 中的所有保留字、标准库中的函数名和普通标识符都只用小写字母表示，而常量名通常用大写字母表示。

2.2.4 给变量赋值

在计算机编程中，变量用来保存并管理很多的数据，变量名用来区分、识别和处理这些数据。在 C++ 中，给变量代入值时使用“=”(等号)，一般“=”左边是变量名，“=”右边是要代入的值。例如：

➢ **变量名 = 值。**

```
MyFname = 'M';                 //向变量 myFname 代入字符 M
average = 86.5;                //向变量 average 代入小数 86.5
```

综上所述，**向变量代入值的语句称为赋值语句**。向变量代入值的操作称为**赋值**。

向变量代入值时，“=”的右边也可以是变量名。例如：

➢ **变量名 = 变量名**。

```
X = A;                        // 向变量 X 代入存储在变量 A 中的值
```

需要注意的是，向变量 X 代入变量 A，并不是把变量 A 中的值移到变量 X 中，而是进行了下面两个步骤。

（1）复制存储在变量 A 中的值。

（2）把复制的值存储到变量 X 中（变量 X 中原有的值消失）。

“=”的右边也可以是使用了运算符（+、−、×、/ 等）的公式。例如：

➢ **变量名 = 值 + 值或变量名 = 变量名 + 值**。

```
Sum = 10+8;               // 将 10 加上 8 的结果代入变量 Sum 中
X = Sum+5;                // 将变量 Sum 的值加上 5 的结果代入变量 X 中
```

图 2.15 所示为给变量赋值的过程。

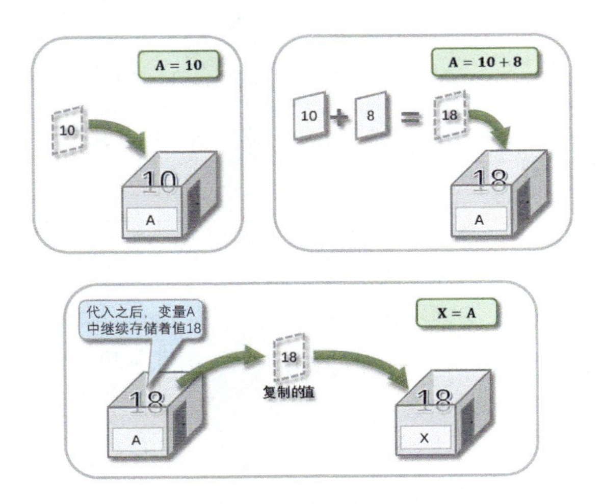

图 2.15　给变量赋值的过程

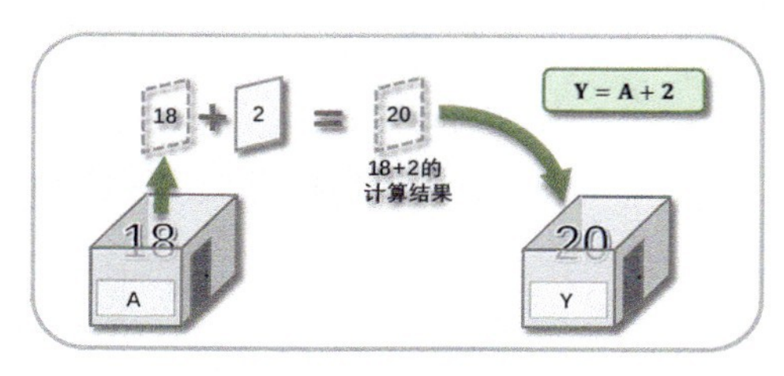

图 2.15　给变量赋值的过程（续）

编程案例

案例 2.3

有两个整型变量 A 和 B，变量 A 中存储的值是 18，变量 B 中存储的值是 10，编写程序交换变量 A 和变量 B 的值。

程序代码 2.3.1

```
01  /*
02        交换两个变量的值（错误代码）。
03  */
04  #include <iostream>
05  using namespace std;
06  int main()
07  {
08      int A,B;                    //定义变量
09      A=18;                       //变量初始化
10      B=10;                       //变量初始化
11      A=B;  //当把变量B代入变量A后，变量A原来存储的值18就消失了
12      B=A;  //此时变量A的值为10，当把变量A代入变量B后，变量B的值变为10
13      cout << "A=" << A << " B=" << B <<endl;
14      return 0;
15  }
```

以上程序代码的执行步骤如下。

步骤 1：定义变量 A 和变量 B。

步骤 2：向变量 A 和变量 B 分别代入初始值 18 和 10（变量初始化）。

步骤 3：把变量 B 的值代入变量 A。

步骤 4：把变量 A 的值代入变量 B。

步骤 5：输出变量 A 和变量 B 的值。

程序运行结果如图 2.16 所示。

```
A=10 B=10

--------------------------------
Process exited after 2.419 seconds with return value 0
```

图 2.16　错误交换变量 A 和变量 B 的值的程序运行结果

从表 2.2 可以看出，步骤 3 把变量 B 代入变量 A 后，变量 A 中原来存储的值 18 就消失了，此时变量 A 的值为 10，步骤 4 把变量 A 代入变量 B 以后，变量 B 的值变为 10。因而这段代码并没有实现变量 A 和变量 B 的值的交换，其算法描述及执行过程如图 2.17 所示。

表 2.2　程序代码 2.3.1 执行过程中变量的值的变化情况

步骤	处理	变量A的值	变量B的值
步骤 1	定义变量 A、B		
步骤 2	初始化变量，A=18，B=10	18	10
步骤 3	A=B	10	10
步骤 4	B=A	10	10
步骤 5	输出变量 A 和变量 B 的值	10	10

程序代码 2.3.2

```
01  /*
02       利用临时变量交换两个变量的值（正确代码）。
03  */
04  #include <iostream>
05  using namespace std;
06  int main()
07  {
08       int A,B,C;// 定义变量
09       A=18;       // 变量初始化
10       B=10;       // 变量初始化
11       C=A;        // 把变量 A 代入变量 C，此时 18 保存在了变量 C 中
12       A=B;        // 把变量 B 代入变量 A，变量 A 中存储的值更换为 10
13      B=C;        // 把变量 C 代入变量 B，此时变量 B 的值和变量 C 的值都为 18
14       cout << "A=" << A << " B=" << B <<endl;
```

```
15        return 0;
16    }
```

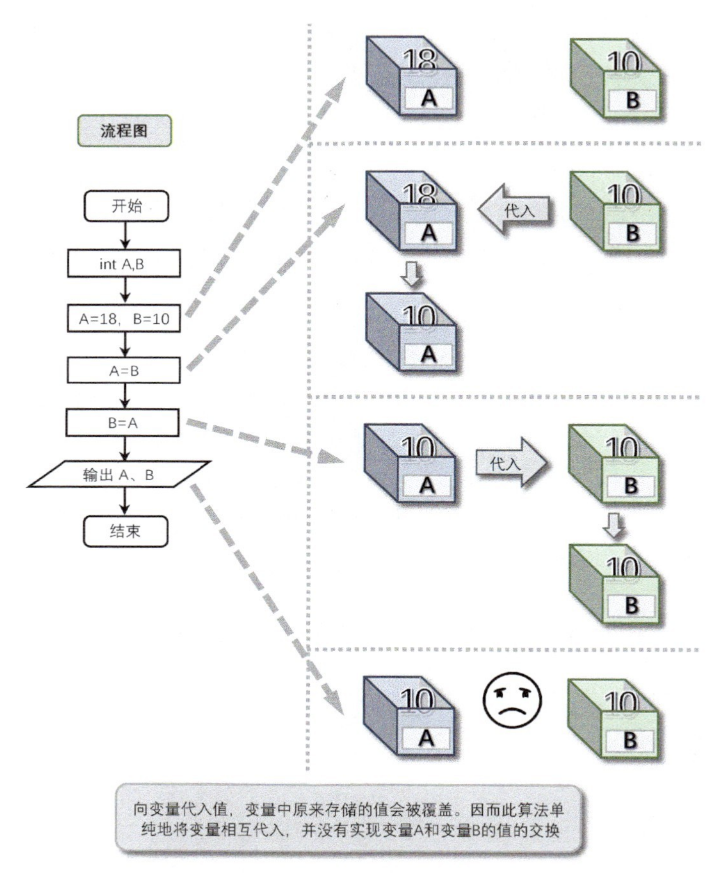

图 2.17　程序代码 2.3.1 的算法描述及执行过程

以上程序代码的执行步骤如下。

步骤 1：定义变量 A、B、C。

步骤 2：把 18、10 分别代入变量 A、变量 B（变量初始化）。

步骤 3：把变量 A 的值代入变量 C。

步骤 4：把变量 B 的值代入变量 A。

步骤 5：把变量 C 的值代入变量 B。

步骤 6：输出变量 A 和变量 B 的值。

程序运行结果如图 2.18 所示。

图 2.18　正确交换变量 A 和变量 B 的值的程序运行结果

表 2.3 给出了在程序代码 2.3.2 执行过程中变量的值的变化情况。该程序的算法描述及执行过程如图 2.19 所示。

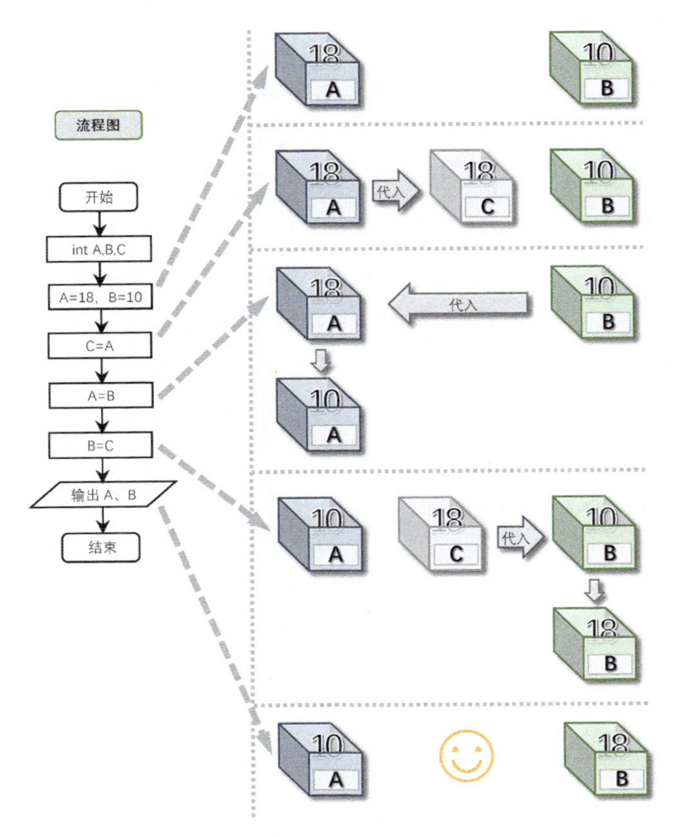

图 2.19　程序代码 2.3.2 的算法描述及执行过程

表 2.3　程序代码 2.3.2 执行过程中变量的值的变化情况

步骤	处理	变量A的值	变量B的值	变量C的值
步骤 1	定义变量 A、B、C			
步骤 2	将 18、10 分别代入变量 A、变量 B	18	10	
步骤 3	C=A	18	10	18
步骤 4	A=B	10	10	18
步骤 5	B=C	10	18	18
步骤 6	输出变量 A 和变量 B 的值	10	18	18

案例 2.4

编写程序，定义变量，分别用于登记学生的学号、姓名、性别和总成绩。

问题分析

学号和姓名都是字符串，需要定义为字符串型。性别是字符（M 或 F），需要定义为字符型。总成绩是带小数的，需要定义为浮点型。

程序代码 2.4

```
01  /*
02      定义变量，分别用于登记学生的学号、姓名、性别和总成绩。
03  */
04  #include <iostream>
05  using namespace std;
06  int main() {
07      string xh, xm;
08      char xb;
09      float cj;
10      xh = "12";
11      xm = " 王小石 ";
12      xb = 'M';
13      cj = 280.5;
14      cout<<" 学号："<< xh <<endl;
15      cout<<" 姓名："<< xm <<endl;
16      cout<<" 性别："<< xb <<endl;
17      cout<<" 总成绩："<< cj <<endl;
```

```
18        return 0;
19    }
```

程序运行结果如图 2.20 所示。

```
学号：12
姓名：王小石
性别：M
总成绩：280.5

--------------------------------
Process exited after 0.9964 seconds with return value 0
```

图 2.20　程序运行结果

编程训练

练习 2.2

编写程序，定义 5 个变量，分别保存自己的姓名、性别、年龄、身高和体重，并按图 2.21 所示的格式输出个人信息。

```
姓名：王小石
性别：M
年龄：12
身高：148
体重：40.5

--------------------------------
Process exited after 2.959 seconds with return value 0
```

图 2.21　输出个人信息

2.3　cin输入语句

cin 语句是 C++ 的输入语句，要在程序中使用 cin 语句，必须在预处理指令部分添加代码“`#include <iostream>`”包含头文件 iostream。cin 在头文件 iostream 中被定义为标准输入流，其作用是将从标准输入设备（键盘）输入的字节流依次存入指定的变量中。cin 语句和**流提取运算符“>>”**结合使用，如图 2.22 所示。当通过键盘输入数据时，流提取运算符“**>>**”会根据它后面变量的数据类型，从输入流中提取相应长度（以字节为单位）的数据并保存到该变量中。

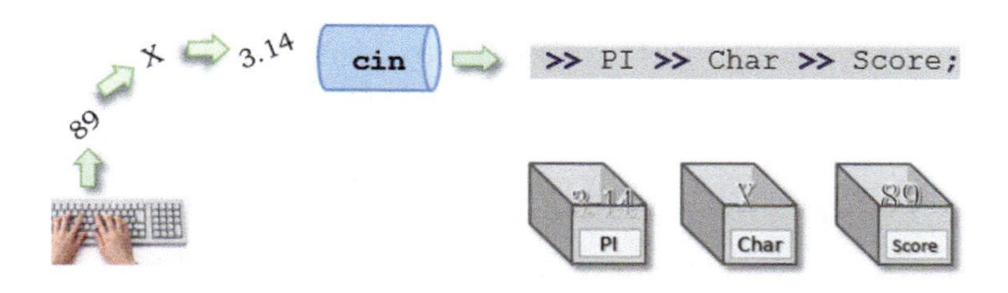

图 2.22 使用 cin 语句结合流提取运算符“>>”将通过键盘输入的字节流依次存入对应的变量

cin 语句的一般格式如下：

```
cin >> 变量1 >> 变量2 >> … >> 变量n;
```

与 cout 语句类似，一条读取多个数据的 cin 语句可以分写成若干行。例如：

```
cin >> a >> b >> c >> d;
```

它可以写成：

```
cin >> a;
cin >> b;
cin >> c;
cin >> d;
```

编程案例

案例 2.5

多次运行以下程序，通过键盘输入不同的数据，并根据输入的数据和运行结果，分析 cin 语句读取数据的方式。

程序代码 2.5

```
01  /*
02     分析 cin 语句读取数据的方式。
03  */
04   #include <iostream>
05  using namespace std;
```

```
06  int main()
07  {
08      int A;                          // 定义一个整型变量
09      float F;                        // 定义一个浮点型变量
10      char c1,c2;                     // 定义两个字符型变量
11      cout << "输入：" <<endl;         // 提示通过键盘输入数据
12      cin  >> c1 >> c2 >> A >> F;     // 使用 cin 语句读取数据
13      cout << "输出：" <<endl;         // 输出变量的值
14      cout << "c1=" << c1 <<endl;
15      cout << "c2=" << c2 <<endl;
16      cout << "A=" << A <<endl;
17      cout << "F=" << F <<endl;
18      return 0;
19  }
```

4 次运行结果如图 2.23 所示。

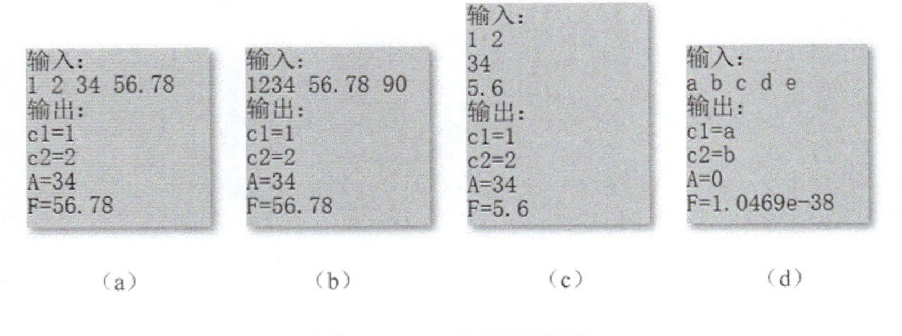

图 2.23　4 次运行结果

从图 2.23 可以看出，第 1 次运行程序时，输入的数据之间加了空格，将数据分别保存到符合数据类型长度的 4 个变量中；第 2 次运行程序时，输入的第 1 个数据是 1234，因为变量 c1 和变量 c2 是字符型，它们分别从键盘接收一个字符，所以变量 c1 接收字符“1”，变量 c2 接收字符“2”，剩下的 34 被整型变量 A 接收，第 2 个数据 56.78 正好被对应类型的变量 F 接收，第 3 个数据 90 则被忽略；第 3 次运行程序时，部分数据间加了回车符，运行结果和加空格的效果是一样的；第 4 次运行程序时，输入用空格分隔的 5 个字母，前面 2 个分别存入与其类型相符的字符型变量 c1 和变量 c2 中，后面 3 个字母因与剩下的变量的类型不符，而输出意想不到的结果（不同编译器会输出不同的

结果)。

通过分析上面程序的 4 次运行结果，可以得出以下结论。

(1) cin 语句把空格和回车符作为输入数据的分隔符，空格和回车符不会被变量接收。如果想将空格或回车符（或键盘上的其他字符）赋给一个字符变量，则可以用后面会介绍的 getchar() 函数。

(2) cin 语句会忽略多余的输入数据。

(3) 通过键盘输入数据时，输入数据的类型要与 cin 语句中变量的类型一一对应，要按照相应的格式输入数据，否则容易出错。

案例 2.6

编写程序，通过键盘输入学生的学号、姓名、性别和总成绩，并输出这些个人信息。

程序代码 2.6

```
01  /*
02      通过键盘输入学生的学号、姓名、性别和总成绩，并输出这些个人信息。
03  */
04  #include <iostream>
05  using namespace std;
06  int main() {
07      string xh, xm;
08      char xb;
09      float cj;
10      cout<<"依次输入学生学号、姓名、性别和总成绩："<<endl;
11      cin >> xh >> xm >> xb >> cj;
12      cout<<"--------输出--------"<<endl;
13      cout<<"学号："<< xh <<endl;
14      cout<<"姓名："<< xm <<endl;
15      cout<<"性别："<< xb <<endl;
16      cout<<"总成绩："<< cj <<endl;
17      return 0;
18  }
```

以上程序代码中，第 07 ～第 09 行定义变量，第 10 行用 cout 语句输出提示语，第 11 行用 cin 语句接收通过键盘输入的数据并依次存入变量，第 12 ～第 16 行输出各变量的值。

程序运行结果如图 2.24 所示。

```
依次输入学生学号、姓名、性别和总成绩：
0001
吴晓晓
F
250.5
--------输出--------
学号：0001
姓名：吴晓晓
性别：F
总成绩：250.5
```

图 2.24　程序运行结果

编程训练

练习 2.3

编写程序，通过键盘输入姓名、性别、年龄、身高和体重等个人信息并输出，实现图 2.25 所示的运行结果。

```
依次输入姓名、性别、年龄、身高和体重（空格分隔）：
小明 M 12 140.5 42.5
--------输出--------
姓名：小明
性别：M
年龄：12
身高：140.5
体重：42.5

--------------------------------
Process exited after 80.4 seconds with return value 0
```

图 2.25　通过键盘输入个人信息并输出程序运行结果

2.4 输出格式的控制

2.4.1 cout 语句中输出格式的控制

头文件 iomanip 中定义了一些控制流输出格式的函数和操作符，用 cout 语句输出数据时，可以用它们来控制输出数据的类型、精度、对齐方式等。

（1）域宽及对齐方式的控制。

域宽是指输出的数据占用的字符宽度。在默认情况下，输出数据的域宽为其实际字符宽度，如果设置的域宽大于输出数据实际的字符宽度，则数据靠右对齐，前面多出的字符宽度用空格填充。

setw() 函数和 width() 函数可以在 cout 语句输出数据时设置域宽，两者的使用方法不同，但效果相同。例如：

```
int A1=123456, A2=123;                  //定义两个整型变量
//用 setw() 函数设置域宽
cout<< setw(10) << A1 <<endl;          //输出“    123456”
//用 width() 函数设置域宽
cout.width(10);
cout<< A1 <<endl;                      //输出“    123456”
```

setfill() 函数和 fill() 函数可以在 cout 语句输出数据时在指定域宽内设置空白填充字符（占位符），两者的使用方法不同，但效果相同。例如：

```
//用 setfill() 函数设置空白填充字符（占位符）
cout<<setw(10)<<setfill('*')<<A1<<endl;     //输出“****123456”
//用 fill() 函数设置空白填充字符
cout.fill('#');
cout.width(10);
cout<< A1 <<endl;                           //输出“####123456”
```

setf(ios::left) 可以在 cout 语句输出数据时设置数据在域宽内左对齐。

setf(ios::right) 可以在 cout 语句输出数据时设置数据在域宽内右对齐。

例如：

```
//setf(ios::left) 设置左对齐
cout.setf(ios::left);
cout.fill('#');
cout.width(10);
cout<< A1 <<endl;                          //输出“123456####”
```

（2）整数的输出控制。

在默认状态下，使用 cout 语句输出的整数都是十进制数，可以通

过下面的操作符将数据转换为八进制数或十六进制数。

☑ **dec**：将数据转换为十进制数。

☑ **oct**：将数据转换为八进制数。

☑ **hex**：将数据转换为十六进制数。

☑ **showbase**：添加表示数制的前缀（“0x”表示十六进制，“0”表示八进制）。

使用方法如下：

```
int B1=0x2f;                    //定义整型变量并将其赋为十六进制数 2f
int B2=123;                     //定义整型变量并将其赋为十进制数 123
//默认输出都是十进制数
cout<<"B1="<< B1 <<endl;                              //输出“B1=47”
//用操作符 dec 输出十进制数
cout<<"B1="<<showbase << dec << B1 <<endl;            //输出“B1=47”
//用操作符 hex 输出十六进制数
cout<<"B2="<<showbase << hex << B2 <<endl;            //输出“B2=0x7b”
//用操作符 oct 输出八进制数
cout<<"B2="<<showbase << oct << B2 <<endl;            //输出“B2=0173”
```

（3）小数输出精度的控制。

setprecision() 函数和 precision() 函数可以在 cout 语句输出浮点数（小数）时设置其输出精度（多出的位数四舍五入），两者的使用方法不同，但效果相同。例如：

```
double f1=123.456789,f2=1.23;                    //定义两个浮点型变量
//用 setprecision() 函数设置精度
cout<<"f1="<< setprecision(7) << f1 <<endl; //输出“f1=123.4568”
//用 precision() 函数设置精度
cout.precision(7);
cout<< "f1=" << f1 <<endl;                     //输出“f1=123.4568”
```

编程案例

案例 2.7

编写程序，输出由“*”组成的图 2.26 所示的图案。

```
    *
   **
  ***
 ****
*****
```

图 2.26　输出由“*”组成的图案

程序代码 2.7

```
01  /*
02      输出由“*”组成的图案。
03  */
04  #include <iostream>
05  #include <iomanip>
06  using namespace std;
07  int main() {
08      cout<<setw(8)<<"*"<<endl;
09      cout<<setw(8)<<"**"<<endl;
10      cout<<setw(8)<<"***"<<endl;
11      cout<<setw(8)<<"****"<<endl;
12      cout<<setw(8)<<"*****"<<endl;
13      return 0;
14  }
```

以上程序代码中，由于 cout 语句输出的数据默认右对齐，因此使用 setw(8) 设置域宽后，输出的“*”都向右靠齐。

程序运行结果如图 2.27 所示。

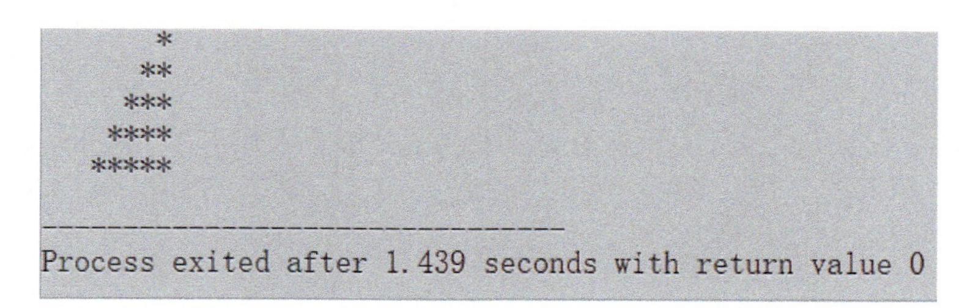

图 2.27　程序运行结果

案例 2.8

编写程序，通过键盘输入学生的学号、姓名及各科成绩，并按图 2.28 所示的格式输出这些数据。

学号	姓名	语文	英语	数学	科学
001001	吴菲儿	98.50	100.0	96.00	95.50

图 2.28　数据的输出格式

程序代码 2.8

```
01  /*
02      格式化输出学生的学号、姓名及各科成绩。
03  */
04  #include <iostream>
05  #include <iomanip>
06  using namespace std;
07  int main() {
08      system("color 70");  //设置输出背景色为灰色，前景色为黑色
09      string xh, xm;
10      float chi, eng, math, sci;
11      cout<<"依次输入学号、姓名："<<endl;
12      cin >> xh >> xm;
13      cout<<"输入语文成绩：";
14      cin >> chi;
15      cout<<"输入英语成绩：";
16      cin >> eng;
17      cout<<"输入数学成绩：";
18      cin >> math;
19      cout<<"输入科学成绩：";
20      cin >> sci;
21      cout<<"+------+--------+------+------+------+------+\n";
22      cout<<"| 学号 |  姓名  | 语文 | 英语 | 数学 | 科学 |\n";
23      cout<<"|------|--------|------|------|------|------|\n";
24      cout.fill('0');                    //设置学号前填充 0
25      cout<<"|"<<setw(6)<< xh;          //设置学号域宽为 6
26      cout.fill(' ');                    //设置空白填充字符为空格
27      cout.setf(ios::left);             //设置姓名左对齐
28      cout<<"|"<<setw(8)<< xm;          //设置姓名域宽为 8 并输出
29      cout.setf(ios::right);            //设置右对齐
30      cout.setf(ios::showpoint);        //强制显示小数点和补 0
31      cout.precision(4);                //设置输出 4 位有效数字
32      cout<<"|"<<setw(6)<< chi;         //设置语文成绩域宽为 6 并输出
33      cout<<"|"<<setw(6)<< eng;         //设置英语成绩域宽为 6 并输出
34      cout<<"|"<<setw(6)<< math;        //设置数学成绩域宽为 6 并输出
35      cout<<"|"<<setw(6)<< sci;         //设置科学成绩域宽为 6 并输出
36      cout<<"|"<<endl;
37      cout<<"+------+--------+------+------+------+------+\n";
38      return 0;
39  }
```

以上程序代码中，第 24 行设置学号输出域宽内的空白位置用 0 填充，第 25 行输出学号并设置域宽为 6，第 26 行设置空白填充字符为

空格，第 27 行设置输出的姓名在域宽内左对齐，第 28 行设置姓名域宽为 8 并输出姓名，第 29 行设置后面的输出内容在域宽内右对齐，第 30 ～第 31 行强制显示小数点和补 0 且设置后面输出的数值显示 4 位有效数字，第 32 ～第 35 行分别设置各科成绩输出域宽为 6 并输出。

程序运行结果如图 2.29 所示。

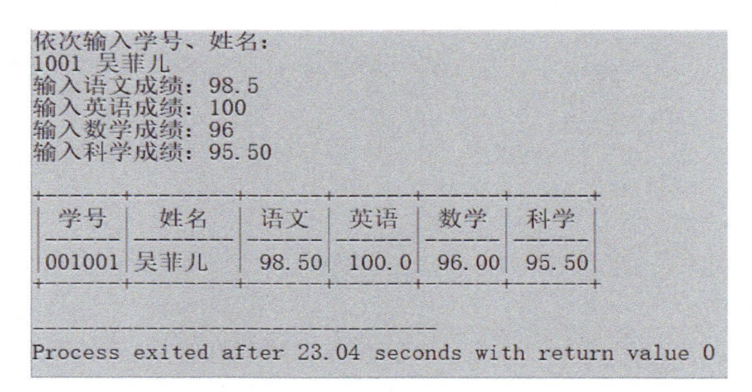

图 2.29　程序运行结果

编程训练

练习 2.4

编写程序，输出由“*”组成的图 2.30 所示的图案。

```
   *
  ***
 *****
*******
```

图 2.30　输出由“*”组成的图案

练习 2.5

编写程序，输入学生的学号、姓名和总成绩，并格式化输出。要求输出的数据中，学号为形如“001001”的 6 位字符串，总成绩为 5 位有效数字。

2.4.2 printf() 函数中输出格式的控制

C++ 保留了 C 语言的格式化输出函数 printf()。使用 printf() 函数可以将任意类型的数据按一定格式输出到屏幕（标准输出）。printf() 函数的一般格式如下：

```
printf("[ 控制格式 ]···[ 控制格式 ]  ···", 数值列表 );
```

双引号中的内容一般称为**格式控制字符串**。

数值列表中可以有多个数值（或变量），每个数值之间用逗号“,”分隔。

控制格式表示数值以哪种格式输出，控制格式的数量要与数值列表中数值的个数一致，否则程序运行时会出错。控制格式是由“%”和格式字符构成的，形式如下：

```
%[-][*][ 域宽 ][. 长度 ] 类型
```

- 表示输出数据在域宽内左对齐（右补空格或占位符）。

* 表示可以使用的空白填充字符（占位符）。

域宽表示输出数据占用的字符位数，如果数据的实际位数大于它，则按实际位数输出数据。

长度用于控制输出数据的精度。当输出字符时，它表示输出的有效字符个数；当输出浮点数时，它表示输出的小数位数。

类型就是输出数据的类型。输出数据的类型是用格式字符来表示的，表 2.4 列出了 printf() 函数中常用的格式字符。

表 2.4　printf() 函数中常用的格式字符

格式字符	输出示例	说明
d	printf("%d",16);	以十进制形式输出带符号的整数（正数不输出符号）
ld	printf("%ld",12345678);	输出长整型数据
o	printf("%o",75);	以八进制形式输出无符号整数（不输出前缀“0”）
x	printf("%x",5B);	以十六进制形式输出无符号整数（不输出前缀“0x”）
#o	printf("%#o",75);	以八进制形式输出无符号整数（要输出前缀“0”）

续表

格式字符	输出示例	说明
#x	printf("%#x",5B);	以十六进制形式输出无符号整数（要输出前缀“0x”）
f	printf("%f",3.14);	以小数形式输出单精度实数、双精度实数
c	printf("%c",'x');	输出单个字符
s	printf("%s","Chi");	输出字符串

（1）输出简单的字符串。

printf() 函数最简单的使用方式就是输出一个字符串。例如：

```
printf("%s","Hello World!");
```

可简写为

```
printf("Hello World!");
```

但如果要输出与其他数据组合的字符串，则必须使用格式字符“s”，如图 2.31 所示。代码如下：

```
printf("%s500 克 %f 元，%s500 克 %d 元 "," 苹果 ",2.5," 西瓜 ",2);
```

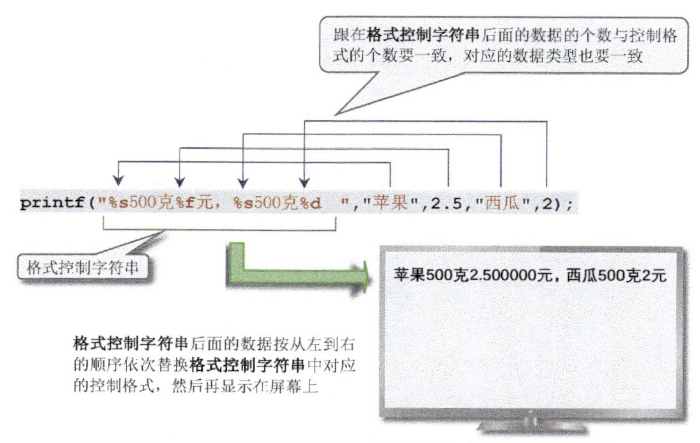

图 2.31　printf() 函数使用格式字符“s”输出数据

（2）输出特殊符号。

如果要输出字符“%”，则可以使用下面的方式。

```
printf("%%");                  //双引号中的两个“%”在屏幕上只显示一个
printf("%%d %%c %%f %%s");     //输出“%d %c %f %s”
```

如果要输出反斜杠“\”或引号“""”，则必须使用 C++ 的**转义字符**，如图 2.32 所示。转义字符就是在要显示的特殊字符前面加一个**反斜杠“\”**，以显示该特殊字符，或者让计算机执行某些特殊动作（如换行、响铃等）。

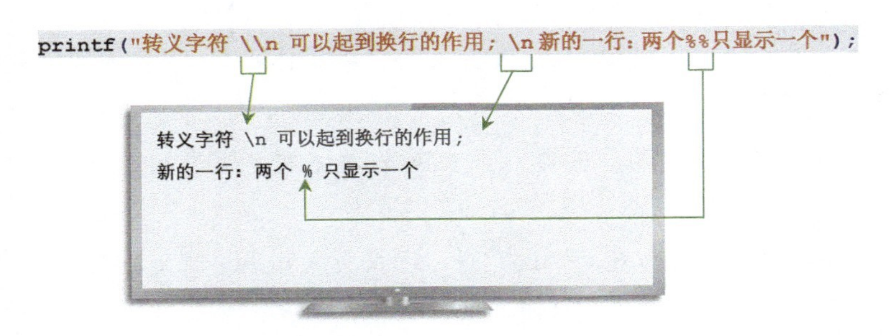

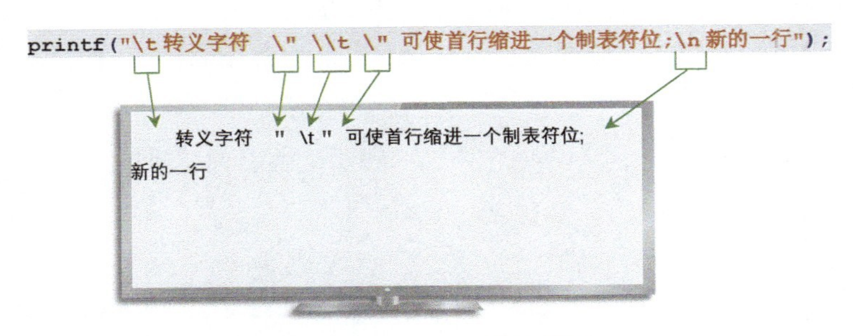

图 2.32　转义字符的使用

在函数 printf() 中使用转义字符会产生表 2.5 所描述的效果。例如，当发送“\a”到屏幕时，计算机的铃声会响起，而不是真的把字符“\”和“a”显示出来。当显示多行文本时，如果想要将内容移到下一行，就必须在换行的位置添加“\n”。

表 2.5　C++ 中常用的转义字符

转义字符	含义	输出示例
\n	换行	printf("第一行\n第二行");
\a	警报（计算机响铃）	printf("计算机响铃一次\a");
\t	制表符	printf("\t首行缩进一个制表符位");
\\	反斜杠	printf("显示两个反斜杠\\\\");
\"	双引号（英文半角字符）	printf("显示双引号\"中国\"！");

（3）小数输出精度的控制。

☑ %m.nf：输出的浮点数占 *m* 列（字符位数），包含 *n* 位小数；默认域宽内右对齐。

☑ %-m.nf：输出的浮点数占 *m* 列，包含 *n* 位小数；域宽内左对齐。

当数据的实际位数大于域宽时，四舍五入输出左侧 *m* 位数字；当数据的实际小数位数大于 *n* 时，四舍五入输出 *n* 位小数。图 2.33 展示了用 printf() 函数格式化输出浮点数的方式。

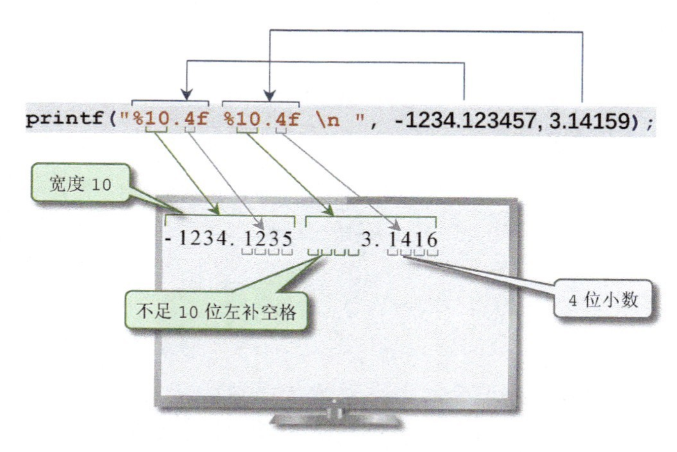

图 2.33　用 printf() 函数格式化输出浮点数

（4）格式化输出变量值。

printf() 函数的第二个参数是要输出的数值列表，数值列表中可以是要输出的数值，也可以是保存数值的变量，还可以是一个算术表达式。

图 2.34 展示了用 printf() 函数格式化输出变量值的方式。

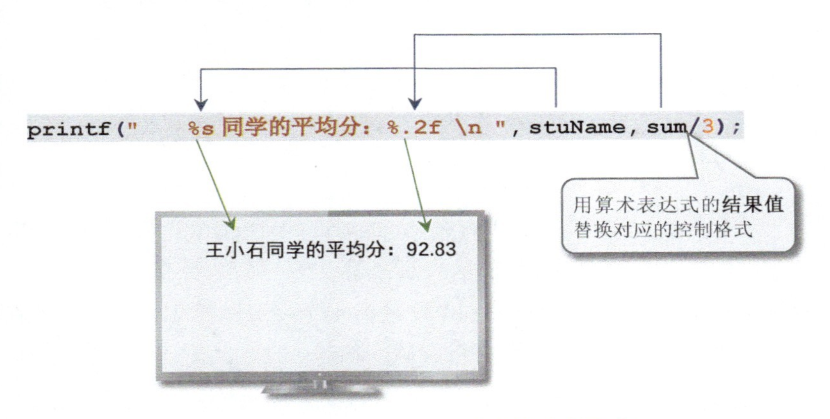

图 2.34　用 printf() 函数格式化输出变量值

用 printf() 函数输出字符串变量时需要注意，string 型字符串是 C++ 特有的，不能简单地使用变量名来输出，需要借助 c_str() 函数来完成。具体方法如下：

```
string str = " 我是 string 型字符串 ";  // 定义 string 型字符串 str 并初始化
printf("%s", str.c_str());          // 用 printf() 函数输出字符串 str
```

编程案例

案例 2.9

编写程序，用 printf() 函数输出学生的个人信息。

程序代码 2.9

```
01  /*
02        用 printf() 函数输出学生的个人信息。
03  */
04  #include <iostream>
```

```
05  #include <string>
06  using namespace std;
07  int main() {
08      string xh = "1002", xm = "王小石";  //定义string型字符串
09      char   xb = 'M';                   //定义字符型变量并初始化
10      float  sg = 150.5, tz = 42.8;      //定义浮点型变量
11      printf("=== 学生个人信息 ===\n");   //输出一个字符串并换行
12      printf("学号：%s\n", xh.c_str());   //输出string型字符串
13      printf("姓名：%s\n", xm.c_str());   //输出string型字符串
14      printf("性别：%c\n", xb);           //输出一个字符
15      printf("身高：%f\n", sg);           //输出浮点数
16      printf("体重：%f\n", tz);           //输出浮点数
17      return 0;
18  }
```

以上程序代码中，第 11 行是 printf() 函数最简单的使用方式，仅输出一个字符串，“\n”表示换行；第 12～第 13 行借助 c_str() 函数输出 string 型字符串；第 14 行输出一个字符；第 15～第 16 行输出浮点数，默认输出精度为小数点后 6 位。

程序运行结果如图 2.35 所示。

```
学号：1002
姓名：王小石
性别：M
身高：150.500000
体重：42.799999

--------------------------------
Process exited after 1.988 seconds with return value 0
```

图 2.35　程序运行结果

案例 2.10

编写程序，用 printf() 函数按图 2.36 所示格式输出学生成绩。

学号	姓名	语文	英语	数学	科学
000012	吴菲儿	98.50	100.00	96.00	92.50

图 2.36　用 printf() 函数输出学生成绩的格式

程序代码 2.10

```
01  /*
02      用 printf() 函数输出学生成绩。
03  */
04  #include <iostream>
05  using namespace std;
06  int main() {
07      int xh = 12;
08      string xm=" 吴菲儿 ";
09      float chi=98.5, eng=100, math=96, sci=92.5;
10      printf("+------+--------+------+------+------+------+\n");
11      printf("| 学号 |  姓名  | 语文 | 英语 | 数学 | 科学 |\n");
12      printf("|------|--------|------|------|------|------|\n");
13      printf("|%06d", xh);
                                    // 设置 6 位域宽，前补 0，输出整型学号
14      printf("|%-8s", xm.c_str());
                                    // 设置 8 位域宽，左对齐输出姓名
15      printf("|%6.2f", chi);
                                    // 设置 6 位域宽，输出保留两位小数的成绩
16      printf("|%6.2f", eng);
                                    // 设置 6 位域宽，输出保留两位小数的成绩
17      printf("|%6.2f", math);
                                    // 设置 6 位域宽，输出保留两位小数的成绩
18      printf("|%6.2f|\n", sci);
                                    // 设置 6 位域宽，输出保留两位小数的成绩
19      printf("+------+--------+------+------+------+------+\n");
20      return 0;
21  }
```

以上程序代码中，第 10 ～第 12 行是 printf() 函数最简单的使用方式，仅输出一个字符串，“\n” 表示换行；第 13 行输出整型的学号，设置域宽为 6 位，前补 0；第 14 行左对齐输出姓名，设置域宽为 8 位；第 15 ～第 18 行输出保留两位小数的浮点数，设置域宽为 6 位。

程序运行结果如图 2.37 所示。

```
+------+--------+------+------+------+------+
| 学号 |  姓名  | 语文 | 英语 | 数学 | 科学 |
|------|--------|------|------|------|------|
|000012|吴菲儿  | 98.50|100.00| 96.00| 92.50|
+------+--------+------+------+------+------+

--------------------------------
Process exited after 0.8534 seconds with return value 0
```

图 2.37　程序运行结果

编程训练

练习 2.6

编写程序，用 printf() 函数输出由“*”组成的图 2.38 所示的图案。

```
   *
  ***
 *****
*******
```

图 2.38 输出由“*”组成的图案

练习 2.7

妈妈在超市用 8 折购物券购买了 5 千克西瓜（每千克售价 5 元）和 2.4 千克西红柿（每千克售价 7 元）。编写程序，用 printf() 函数输出图 2.39 所示的购物清单。

商品编号	商品名称	单价	数量	折扣	金　额
00002331	西瓜	5.00	5.00	80%	20.00
00002332	西红柿	7.00	2.40	80%	13.44

图 2.39 购物清单

2.5 用scanf()函数输入格式数据

使用 scanf() 函数可获取通过键盘输入的对应格式的数据并将其存储到变量中（标准输入），如图 2.40 所示。

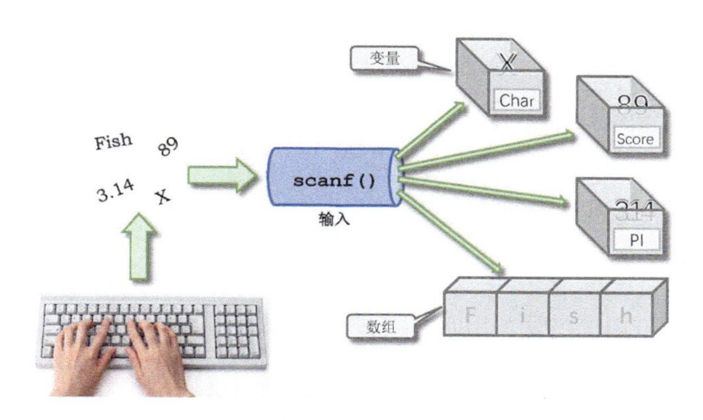

图 2.40 用 scanf() 函数可把用户通过键盘输入的对应格式的数据存储到变量中

scanf() 函数的一般格式如下：

```
scanf("[控制格式][控制格式]", 变量地址列表 );
```

双引号中的内容一般称为**格式控制字符串**。

变量地址列表中可以有多个项目，每个项目之间用半角逗号“,”分隔。

控制格式表示输入数据的格式，控制格式的数量要与变量地址列表中项目的数量一致，否则程序运行时会出错。控制格式是由“%”和格式字符构成的，scanf() 函数使用的格式字符跟 printf() 函数使用的格式字符是一样的。表 2.6 列出了 scanf() 函数中常用的格式字符。

表 2.6　scanf() 函数中常用的格式字符

格式字符	输出示例	说明
d	scanf("%d",&Int);	输入十进制整数
f	scanf ("%f",&Float);	输入小数形式的实数
c	scanf ("%c",&Char);	输入单个字符
s	scanf ("%s",String);	输入字符串
o	scanf ("%o",&IntO);	输入八进制整数
x	scanf ("%x",&IntOX);	输入十六进制整数

如果读者掌握了如何用 printf() 函数把变量的值按特定格式输出到屏幕，则 scanf() 函数的使用方法就很容易掌握了。scanf() 函数的书写格式看起来和 printf() 函数很像，例如：

```
//向屏幕输出值（标准输出）
printf("%d %f %c %s",Int,Float,Char,String);
//从键盘获取值（标准输入）
scanf("%d %f %c %s",&Int,&Float,&Char,String);
```

两者的不同之处在于 scanf() **函数中所有变量名的前面必须加上“&”符号**（字符数组名前面不用加）。尽管“&”符号并不是变量名的一部分，但只有在变量名前面加了“&”符号，scanf() 函数才能把从键盘获取到的数据正确存储到对应的变量中。

实际上，“&”符号在 C++ 中是**取址符**，&Int 就是变量 Int 在内存中的地址。scanf() 函数根据变量在内存中的地址把从键盘获取到的数据存储在变量中，就像快递员根据收件人的地址把包裹准确地投送到收件人手上一样。而 C 语言的字符数组是由多个数组元素组成的，数组名保存的就是数组第一个元素的内存地址，所以 scanf() 函数中的字符数组名前面不用加“&”符号。C 语言字符数组的定义格式如下：

```
char String[15];                    //定义C语言字符数组
```

编程案例

案例 2.11

编写程序，使用 scanf() 函数输入两个字符，分别存入字符变量 Char_A 和 Char_B 中。

程序代码 2.11

```
01  /*
02      用 scanf() 函数输入字符数据。
03  */
04  #include <iostream>
05  using namespace std;
06  int main(){
07      char Char_A,Char_B;
08      printf("\n请输入两个字符，然后按"Enter"键\n");
09      scanf("%c%c",&Char_A,&Char_B);  //两个%c之间没有空格
10      printf("\n使用scanf()获取输入值以后：\n");
11      printf("变量Char_A的值为：%c\n",Char_A);
12      printf("变量Char_B的值为：%c\n",Char_B);
13      return 0;
14  }
```

第一次运行程序，输入“M N”，scanf() 函数读取第一个字符 M，存入变量 Char_A，读取第二个字符空格，存入变量 Char_B。

第二次运行程序，输入“MN”，scanf() 函数读取第一个字符 M，存入变量 Char_A，读取第二个字符 N，存入变量 Char_B。

两次运行程序的输出结果如图 2.41 所示。

```
请输入两个字符，然后按“Enter”键
M N

使用scanf()获取输入值以后：
变量Char_A的值为：M
变量Char_B的值为：
```

```
请输入两个字符，然后按“Enter”键
MN

使用scanf()获取输入值以后：
变量Char_A的值为：M
变量Char_B的值为：N
```

图 2.41 两次运行程序的输出结果

案例 2.12

编写程序，利用 scanf() 函数通过键盘输入姓名、年龄和体重，然后用 printf() 函数输出这些数据。

程序代码 2.12

```
01  /*
02      scanf() 函数和 printf() 函数的使用。
03  */
04  #include <iostream>
05  using namespace std;
06  int main(){
07      int age;                        // 定义整型变量
08      float weight;                    // 定义浮点型变量
09      char Name[15];                  // 定义字符数组
10      printf(" 请输入您的姓名：");
11      scanf("%s",Name);             //Name 前不需要取址符 "&"
12      printf(" 请输入您的年龄：");
13      scanf("%d",&age);
14      printf(" 请输入您的体重（千克）：");
15      scanf("%f",&weight);
16      printf("\n 以下是您输入的个人信息：\n");
17      printf(" 姓名：%s\n",Name);
18      printf(" 年龄：%d\n",age);
19      printf(" 体重：%.2f 千克 \n",weight);
20      return 0;
21  }
```

以上程序代码中，第 09 行定义了一个名为 Name 的、可以保存 14 个字符的字符数组；第 11 行是通过键盘输入一串字符，存入字符数组 Name 中，数组名 Name 前不需要添加取址符“&”。

程序运行结果如图 2.42 所示。

```
请输入您的姓名：王小石
请输入您的年龄：14
请输入您的体重（千克）：45.8

以下是您输入的个人信息：
姓名：王小石
年龄：14
体重：45.80千克

--------------------------------
Process exited after 27.84 seconds with return value 0
```

图 2.42　程序运行结果

编程训练

练习 2.8

编写程序，利用 scanf() 函数通过键盘输入学生的学号、姓名、性别、身高和体重，然后用 printf() 函数输出学生的个人信息。

2.6 string型字符串

字符串是用来存储多个字符的一种数据类型，它能将多个字符存储在一个标识符中。

string 型字符串定义格式如下：

```
string 变量名 ;             //像定义整型变量一样定义 string 型字符串
```

string 型变量的初始化与字符型变量的初始化有所不同，给字符型变量赋值时，单个字符要用**单引号**引起来，而给 string 型变量赋值时要用**双引号**引起来。例如：

```
char    ch='a';                    //初始化字符变量
string str="abc123";                //初始化 string 型变量
```

➢ **给 string 型字符串赋值。**

string 型字符串定义好以后，可以直接用赋值运算符“=”赋值，具体用法如下：

```
string str="abc123";          //定义 str 字符串并初始化
str = "abc";                  //给 str 字符串赋值 "abc"
```

➢ **string 型字符串的连接。**

可以直接用“+”将两个 string 型字符串连接起来，具体用法如下：

```
string a="abcdef";       //定义 string 型字符串 a 并初始化
string b="bbb";          //定义 string 型字符串 b 并初始化
string str;              //定义 string 型字符串 str
str = a + b;             //连接字符串 a 和 b 并将值赋给字符串 str
str = str + a;           //将字符串 a 连接到字符串 str 后面
```

➢ **string 型字符串的长度。**

获取 string 型字符串的长度有两个方法，分别是 size() 方法和 length() 方法，具体用法如下：

```
len = str.size();        //用 size() 方法获得字符串 str 的长度
len = str.length();      //用 length() 方法获得字符串 str 的长度
```

➢ **to_string() 函数。**

to_string() 函数可以将一串数字转换为 string 型字符串，具体用法如下：

```
string str1,str2;
str1 = "str1=" + to_string(10);
str2 = "str2=" + to_string(3.14);
cout << str1 <<endl;               //输出 "str1=10"
cout << str2 <<endl;               //输出 "str2=3.140000"
```

➢ **stoi() 函数和 stof() 函数。**

stoi() 函数可以将由一个整数组成的字符串转换为整型数据，stof() 函数可以将由一个浮点数组成的字符串转换为浮点型数据。具体用法如下：

```
string s1="10",s2="3.14";
```

```
float a;
a = stoi(s1) + stof(s2);
cout<< a <<endl;                          //输出“13.14”
```

编程案例

案例 2.13

string 型字符串操作示例。

程序代码 2.13

```
01  /*
02      string 型字符串操作示例。
03  */
04  #include <iostream>
05  using namespace std;
06  int main (){
07      string str1 = "abcdef";
08      string str2 = "ABCDEF";
09      string str3;
10      int  len ;
11      str3 = str1;            // 将字符串 str1 的值赋给字符串 str3
12      cout << "str3 : " << str3 << endl;
13      str3 = str1 + str2;  // 连接字符串 str1 和字符串 str2
14      cout << "str1 + str2 : " << str3 << endl;
15      len = str3.size();   // 连接后，字符串 str3 的总长度
16      cout << "str3.size() :  " << len << endl;
17      len = str3.length();
18      cout << "str3.length() :  " << len << endl;
19      return 0;
20  }
```

程序运行结果如图 2.43 所示。

```
str3 : abcdef
str1 + str2 : abcdefABCDEF
str3.size() :  12
str3.length() :  12

--------------------------------
Process exited after 2.27 seconds with return value 0
```

图 2.43　程序运行结果

编程训练

练习 2.9

成语接龙：将上一个成语的最后一个字作为下一个成语的第一个字，首尾相接不断延伸，形成长龙。编写程序，输入 5 个成语，完成成语接龙，并依次输出成语。

程序运行结果如图 2.44 所示。

```
====成语接龙====
输入第1个成语： 语重心长
输入第2个成语： 长话短说
输入第3个成语： 说一不二
输入第4个成语： 二龙戏珠
输入第5个成语： 珠联璧合
语重心长 长话短说 说一不二 二龙戏珠 珠联璧合
```

图 2.44　程序运行结果

2.7 算术运算

2.7.1 算术运算符

数学运算是计算机最基本的功能之一，C++ 是通过各种**算术运算符**来完成数学运算的。只要操作者使用算术运算符并按正确顺序把数值排列起来组成一个**算术表达式**，C++ 就能完成具体的数学运算。一个算术表达式包含了一个或多个算术运算符和常量、变量等。

在 C++ 中，给变量赋值时，经常在**赋值运算符“=”**右侧使用算术表达式。例如：

```
Score = Math + English + Science;              //计算 3 门学科的总成绩
Average = (Math + English + Science)/3.0;     //计算平均成绩
```

C++ 会计算出结果并将其存储在变量 Score 和 Average 中。

表 2.7 列出了 C++ 中常用的算术运算符及其含义、说明与示例，其中，假设变量 A 的值为 10，变量 B 的值为 20。

表 2.7　C++ 中常用的算术运算符及其含义、说明与示例

算术运算符	含义	说明	示例
+	加法		A + B 将得到 30
-	减法	如果减去一个负数，则“-”左右必须加空格	A - B 将得到 -10
*	乘法		A * B 将得到 200
/	除法	两个整数相除结果是整数（小数部分被截取）；两个数中有一个是浮点数，其结果就是浮点数	B / A 将得到 2，B/2.0 将得到 10.000000
%	取模	求整数除法的余数，其正负取决于被除数	B % A 将得到 0
++	自增	使变量的值自增 1	A++ 使变量 A 的值变为 11
--	自减	使变量的值自减 1	B-- 使变量 B 的值变为 19

上述 5 种**运算符的优先级**为“*”=“/”=“%”>“+”=“-”，即 *、/、% 具有相同的优先级，它们的级别大于 + 和 -，+ 和 - 具有相同的优先级；优先级相同时按从左向右的顺序运算。使用括号可以打破上述优先级规则，括号具有最高的优先级。

C++ 中的加、减、乘与数学运算中的定义完全相同，几乎可以用于所有数据类型；而除法运算在 C++ 中较为特殊。

➢ **除法运算**：C++ 中使用“/”对整型数据进行除运算时，结果的小数部分将被截掉，其被看作“整除运算”；但若除数或被除数中有一个是带小数的实数，则被看作“实数除法”，结果中的小数位将进行四舍五入处理。例如：

```
int Average = 8/3;            //运行后变量 Average 的值为 2
float Average = 8/3;           //运行后变量Average的值为2.000000
float Average = 8/3.0;         //运行后变量Average的值为2.666667
```

```
float Average = 8.0/3;          //运行后变量Average的值为2.666667
float Average = 8.0/3.0;        //运行后变量Average的值为2.666667
```

➢ **取模运算**：用“%”求余数的运算在编程中称为取模。取模运算只能用于整型数据。例如：

```
int a = 8 % 3;          //运行后变量 a 的值为 2，即 8 除以 3 的余数为 2
```

➢ **自增和自减运算**：自增运算和自减运算因其表达式中只有一个变量，所以称为**单目运算**，它们有以下几种使用形式。

```
++i;                    //i 的值自增 1 后再参与其他运算
--i;                    //i 的值自减 1 后再参与其他运算
i++;                    //参与运算后，i 的值再自增 1
i--;                    //参与运算后，i 的值再自减 1
```

编程案例

案例 2.14

编写程序，输入任意两个 100 以内的正整数，进行加、减、乘、除和取模运算并输出相应的结果。

程序代码 2.14

```
01  /*
02      两个正整数的算术运算。
03  */
04  #include <iostream>
05  using namespace std;
06  int main() {
07      int a, b;
08      cout<<"输入正整数 a 和 b（a 和 b 都小于 100）："<<endl;
09      cin >> a >> b;
10      cout<< a <<"+"<< b <<"="<< a+b <<endl;
11      cout<< a <<"-"<< b <<"="<< a-b <<endl;
12      cout<< a <<"*"<< b <<"="<< a*b <<endl;
13      cout<< a <<"/"<< b <<"="<< a/b <<endl;
14      cout<< a <<"%"<< b <<"="<< a%b <<endl;
15      return 0;
16  }
```

以上程序代码中，第 13 行是整除运算，其结果是两个整数相除后的整数部分；第 14 行是取模运算，其结果是两个整数相除后的余数。

程序运行结果如图 2.45 所示。

```
输入正整数a和b（a和b都小于100）：
45 15
45+15=60
45-15=30
45*15=675
45/15=3
45%15=0

--------------------------------
Process exited after 21.39 seconds with return value 0
```

图 2.45　程序运行结果

案例 2.15

自增和自减运算示例。

程序代码 2.15

```
01  /*
02      自增和自减运算示例。
03  */
04  #include <iostream>
05  using namespace std;
06  int main() {
07      int i = 5;                  //i 的初始值为 5
08      cout<<" 输出 ++i: "<< ++i <<" 输出后 i="<< i <<endl;
09      cout<<" 输出 --i: "<< --i <<" 输出后 i="<< i <<endl;
10      cout<<" 输出 i++: "<< i++ <<" 输出后 i="<< i <<endl;
11      cout<<" 输出 i--: "<< i-- <<" 输出后 i="<< i <<endl;
12      cout<<" 输出 -i++: "<<-i++<<" 输出后 i="<< i <<endl;
13      cout<<" 输出 -i--: "<<-i--<<" 输出后 i="<< i <<endl;
14
15      return 0;
16  }
```

以上程序代码中，第 08 行执行 ++i 操作时，先把 i 的值加 1，然后输出 i；第 09 行执行 --i 操作时，先把 i 的值减 1，然后输出 i；第 10、第 12 行先输出 i 的值，再把 i 的值加 1；第 11、第 13 行先输出 i 的值，再把 i 的值减 1。

程序运行结果如图 2.46 所示。

```
输出++i: 6 输出后 i=6
输出--i: 5 输出后 i=5
输出i++: 5 输出后 i=6
输出i--: 6 输出后 i=5
输出-i++: -5 输出后 i=6
输出-i--: -6 输出后 i=5

--------------------------------
Process exited after 1.921 seconds with return value 0
```

图 2.46　程序运行结果

案例 2.16

编写程序，输入长方形的宽和高，计算并输出其周长和面积。

程序代码 2.16

```
01  /*
02      计算长方形的周长和面积。
03  */
04  #include <iostream>
05  using namespace std;
06  int main() {
07      float width,height;                  //定义浮点型变量
08      float c, s;
09      cout<<"输入长方形的宽 width=" ;
10      cin >> width;
11      cout<<"输入长方形的高 height=";
12      cin >> height;
13      c = (width + height) * 2;          //计算周长
14      s = width * height;                //计算面积
15      cout<<"周长 c="<< c <<endl;        //输出周长
16      cout<<"面积 s="<< s <<endl;        //输出面积
17      return 0;
18  }
```

程序运行结果如图 2.47 所示。

```
输入长方形的宽 width=12.5
输入长方形的高 height=7
周长 c=39
面积 s=87.5

--------------------------------
Process exited after 18.91 seconds with return value 0
```

图 2.47　程序运行结果

编程训练

练习 2.10

编写程序，通过键盘读取 3 个正整数，计算并输出它们的和与平均值。

练习 2.11

编写程序，通过输入一个学生的学号、姓名，以及数学、语文、英语和科学 4 门学科的成绩，计算并输出总成绩和平均分。

2.7.2 数据类型的转换

在 C++ 中，字符型数据也可以参加算术运算。字符在计算机中都是以数字的形式存在的，每一个字符都有一个对应的十进制数（参见 ASCII 表），因而字符参加算术运算实际上就是字符对应的十进制字符代码参加运算。例如：

```
int Su = 'A'+'B'+20;                //运行后变量 Su 的值为 151
```

在 ASCII 表中，字符“A”的十进制字符代码是 65，字符“B”的十进制字符代码是 66，因而上述语句的计算结果相当于以下语句。

```
int Su = 65+66+20;
```

在 C++ 中，可以将字符常量的值赋给整型变量，例如：

```
int i,j;                       //定义 i 和 j 为整型变量
i = 'A';                       //将字符“A”赋给整型变量 i，i=65
j = 'B';                       //将字符“B”赋给整型变量 j，j=66
```

上述代码中的字符型数据都被自动转换成了整型数据。

C++ 中数据类型的转换有两种，即**自动转换**和**强制转换**。

- **自动转换**是不同数据类型的数据在进行混合运算时，由编译系统自动完成的。

自动转换遵循以下规则。

（1）若参与运算的变量的数据类型不同，则先转换为同一数据类型再运算。

（2）转换按数据长度增加的方向进行，以保证计算精度不降低。如 int 型数据和 long 型数据混合运算时，先把 int 型数据转换成 long 型数据后再运算。

（3）所有浮点运算都是以双精度形式进行的，即使仅有 float 型单精度实数参加运算，其也会先被转换为 double 型再运算。char 型数据和 short 型数据参加运算时，会先转换为 int 型数据再运算。

（4）在赋值语句中，当两侧的数据类型不同时，右侧变量的类型先转换为左侧变量的类型再赋值。例如：

```
int S = 5*5*3.14159;                    //运行后，变量 S 的值为 78
```

上述代码在执行时，5 和 3.14159 都被转换为 double 型数据，结果 78.53975 也为 double 型，但变量 S 为整型，因此最终结果舍去了小数部分。

➢ **强制转换**是通过类型转换运算来实现的，其一般形式如下：

```
(类型说明符)(表达式)   //把表达式的运算结果转换成类型说明符所示的类型
(类型说明符)变量或数值 //把变量的值转换成类型说明符所示的类型
```

例如：

```
printf("%d",(int)3.14159);                 //运行后，结果为 3
```

上述代码执行时，先将 float 型数据 3.14159 强制转换为 int 型数据 3 再输出。

强制转换的**类型说明符**和**表达式**都必须加括号（单个变量或数据可以不加括号）。如果把 `(int)(a+b)` 写成 `(int)(a)+b`，则含义就变为先将变量 a 转换成 int 型数据再与变量 b 相加。

无论是强制转换还是自动转换，都只是为了满足本次运算需要而对变量的数据类型进行的临时性转换，它并不改变声明时对该变量定义的数据类型。

编程案例

案例 2.17

自动转换变量类型示例，计算并输出圆的周长和面积。

问题分析

假设圆的半径为 r，周长为 C，面积为 S，圆周率 $\pi\approx3.14159$。

则圆的周长计算公式为

$$C = 2\times\pi\times r$$

圆的面积计算公式为

$$S = \pi\times r^2$$

程序代码 2.17

```
01  /*
02      计算并输出圆的周长和面积（自动转换数据类型）。
03  */
04  #include <iostream>
05  using namespace std;
06  int main() {
07      float PI=3.14159;//定义变量PI为float型,并将其赋为3.14159
08      int S,C,r=5;      //定义变量S、变量C、变量r为int型
09      S = r*r*PI;  //变量PI以float型参与计算，结果也为float型
            //因为变量S为int型，所以结果被自动转换为int型并赋给S
10      C = 2*r*PI;  //变量PI以float型参与计算，结果也为float型
          //因为变量C为int型，所以结果被自动转换为int型并赋给变量C
11      cout<<"r=5的圆面积 S=\n"<< S <<endl;
12      cout<<"r=5的圆周长 C=\n"<< C <<endl;
13      return 0;
14  }
```

以上程序代码中，第 09 行中因为参与计算的变量 PI 是浮点型，所以 r*r*PI 的结果也为浮点型，但是因为变量 S 是整型，所以该浮点型结果自动被转换为整型并赋给变量 S；第 10 行中的变量 C 也是整型，浮点型运算结果也被自动转换为整型并赋给变量 C。

程序运行结果如图 2.48 所示。

```
r=5的圆面积 S=78
r=5的圆周长 C=31

--------------------------------
Process exited after 2.22 seconds with return value 0
```

图 2.48 程序运行结果

案例 2.18

强制转换变量类型示例，计算并输出圆的周长和面积。

程序代码 2.18

```
01  /*
02      计算圆的周长和面积（强制转换数据类型）。
03  */
04  #include <iostream>
05  using namespace std;
06  int main() {
07        float PI=3.14159;// 定义变量 PI 为 float 型，并赋为 3.14159
08      int S,C,r=5;      // 定义变量 S、变量 C、变量 r 为 int 型
09      S = r*r*(int)PI;// 变量 PI 被强制转换为 int 型数据 3 并参与计算
10      C = 2*r*(int)PI; // 变量 PI 被强制转换为 int 型数据 3 并参与计算
11      cout<<"r=5 的圆面积 S="<< S <<endl;
12      cout<<"r=5 的圆周长 C="<< C <<endl;
13      return 0;
14  }
```

以上程序代码中，第 09、第 10 行中使用 `(int)PI` 将浮点型变量 PI 的值强制转换为整型数据并参与运算，最终得到整型运算结果并赋给变量 S 和变量 C。

程序运行结果如图 2.49 所示。

```
r=5的圆面积 S=75
r=5的圆周长 C=30

--------------------------------
Process exited after 2.649 seconds with return value 0
```

图 2.49 程序运行结果

编程训练

练习 2.12

编写程序，输入任意一个大写字母，输出其对应的小写字母。

2.7.3 复合赋值运算符

编程时总要输入大量的代码，所以在编程过程中会尽量简化代码，以便减少代码输入量。**复合赋值运算符**就是为了减少代码输入量而设计的。

在程序中，**复合赋值运算符常用于改变变量自身的值**。表 2.8 列出了 C++ 中常用的复合赋值运算符。

表 2.8 C++ 中常用的复合赋值运算符

复合赋值运算符	示例	等价语句
+=	count += 2;	count = count+2;
-=	price -= 0.5;	price = price-0.5;
*=	total *= 1.25;	total = total*1.25;
/=	average /= 4;	average = average/4;
%=	days %= 7;	days = days%7;

图 2.50 所示为利用复合赋值运算符给变量赋值的过程。

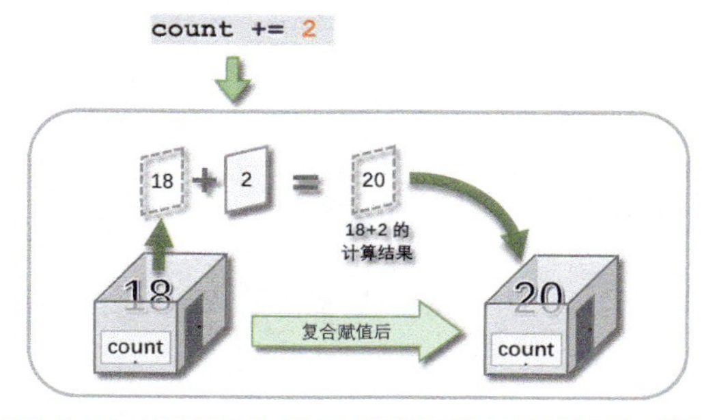

图 2.50 利用复合赋值运算符给变量赋值的过程

编程案例

案例 2.19

假如你从一月份开始，每月存 2 元用于希望工程捐款，编写程序，计算半年时间你将为希望工程捐多少钱。

问题分析

每个月的存款可以用变量 s 表示，s 的初始值为 0，每个月都存 2 元，相当于把 s 的值加 2(s+2 后再赋给 s, 即 s+=2)，半年存 6 次 2 元，即连续执行 6 次 s+=2。程序运行过程如下：

运行语句	运行过程	运行后 s 的值
s=0;	s ← 0	0
s=s+2;	··· s ← 0+2	2
s=s+2;	··· s ← 2+2	4
s=s+2;	··· s ← 4+2	6
s=s+2;	··· s ← 6+2	8
s=s+2;	··· s ← 8+2	10
s=s+2;	··· s ← 10+2	12

程序代码 2.19

```
01  /*
02      为希望工程捐款。
03  */
04  #include<iostream>
05  using namespace std;
06  int main(){
07      int s=0;                  //定义整型变量 s
08      s+=2;                     //一月累计捐款
09      s+=2;                     //二月累计捐款
10      s+=2;                     //三月累计捐款
11      s+=2;                     //四月累计捐款
12      s+=2;                     //五月累计捐款
13      s+=2;                     //六月累计捐款
14      cout<<"s="<<s<<endl;     //输出 "s=12"
15      return 0;
16  }
```

以上程序代码中，第 08 ～第 13 行中的 s+=2 相当于 s=s+2，每运行一次 s+=2，s 的值就累加 2，一共运行 6 次，最终 s 的值为 12。

程序运行结果如图 2.51 所示。

图 2.51　程序运行结果

编程训练

练习 2.13

细胞是生物体的重要生命特征，细胞的增殖是以分裂的方式进行的，如图 2.52 所示。1 个细胞第 1 次分裂为 2 个，第 2 次分裂为 4 个，依次类推。编写程序，计算 *n* 个细胞经过 5 次分裂后总共有几个细胞。

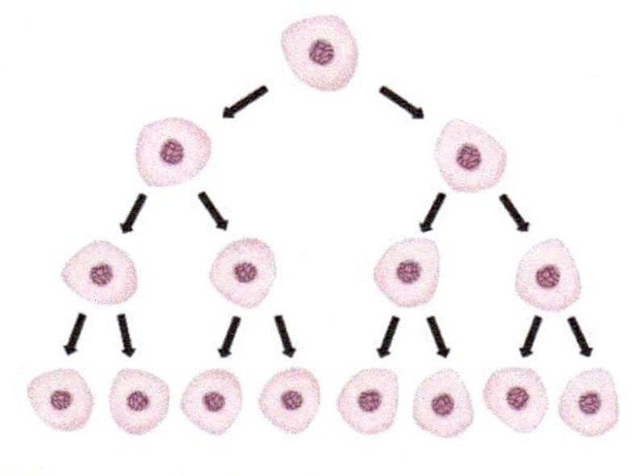

图 2.52　细胞以分裂的方式进行增殖

2.7.4　常用的标准数学库函数

C++ 把数学中常用的一些运算定义为标准库函数，包含在头文件 `cmath` 中，要使用这些运算，只要在程序中把对应的函数名和所需的参数写在指定的位置，程序运行时就会自动运算出结果。表 2.9 列出了 C++ 中常用的标准数学库函数。

表 2.9　C++ 中常用的标准数学库函数

库函数	功能说明	示例
abs(x)	求整数 *x* 的绝对值	abs(-5)=5
fabs(x)	求实数 *x* 的绝对值	fabs(-3.14)=3.14
floor(x)	求不大于 *x* 的最大整数（下舍入）	floor(3.14)=3.000000
ceil(x)	求不小于 *x* 的最小整数（上舍入）	ceil(3.14)=4.000000

续表

库函数	功能说明	示例
round(x)	四舍五入为最接近的整数	round(3.14)=3.000000
pow(x,y)	计算 x^y 的值	pow(2,5)=32.000000
rand()	产生 0 ~ RAND_MAX 的随机整数	rand()%900+100（生成 3 位数的随机整数）
sqrt(x)	求 x 的平方根（$\sqrt{x}$）	sqrt(36)=6.000000

注：RAND_MAX 是头文件 <cstdlib> 中定义的随机数生成函数 rand() 所能返回的最大数值，通常为计算机可表示的 int 型整数的最大值。

图 2.53 所示为 C++ 中标准数学库函数的应用。

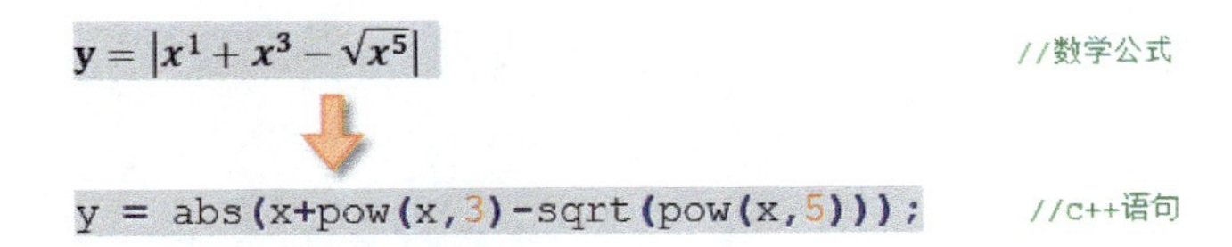

图 2.53 C++ 中标准数学库函数的应用

编程案例

案例 2.20

编写程序，任意输入一个负整数和一个负实数，分别输出它们的绝对值。

问题分析

使用数学函数 fabs(x) 可以求得实数 x 的绝对值，使用数学函数 abs(x) 可以求得整数 x 的绝对值。

程序代码 2.20

```
01  /*
02      求绝对值。
03  */
04  #include <iostream>
05  #include <cmath>                          // 引入标准数学库函数头文件
06  using namespace std;
07  int main() {
```

```
08        int a;
09        float b;
10        cout<<"输入一个负整数a: ";
11        cin >> a;
12        cout<< a <<" 的绝对值是: "<< abs(a) <<endl;
13        cout<<"输入一个负实数b: ";
14        cin >> b;
15        cout<< b <<" 的绝对值是: "<< fabs(b) <<endl;
16        return 0;
17    }
```

以上程序代码中，第 05 行引入标准数学库函数头文件 cmath；第 12 行调用数学函数 abs(a) 计算负整数 a 的绝对值；第 15 行调用数学函数 fabs(b) 计算负实数 b 的绝对值。程序运行结果如图 2.54 所示。

```
输入一个负整数a: -15
-15 的绝对值是: 15
输入一个负实数b: -3.15
-3.15 的绝对值是: 3.15

--------------------------------
Process exited after 19.09 seconds with return value 0
```

图 2.54　程序运行结果

编程训练

练习 2.14

已知直角三角形的直角边的长度分别是 3 厘米和 4 厘米，根据勾股定理编写程序计算直角三角形斜边的长度。

2.7.5　生成随机数

C++ 在头文件 cstdlib 中提供的 rand() 函数，用于返回 [0,RAND_MAX) 范围内的随机整数，这里的 RAND_MAX 的值对应 int 型整数的最大值 32767。使用该函数之前必须使用 srand() 函数来设置随机数种子，随机数种子的作用是使 rand() 函数每次生成不同的随机数据。如果不设置随机数种子或使用固定的随机数种子，rand() 函数就会每次都生成相同的随机数。

通常使用 srand(time(NULL)) 或 srand(time(0)) 设置当前系统时间值作为随机数种子，由于系统时间是变化的，因此种子也是变化的，这样每次用 rand() 函数就可以生成不同的随机数。当前系统时间 time() 函数包含在头文件 ctime 中，因而如果要生成不同的随机数据，就需要在程序的预处理指令部分添加代码“#include <cstdlib>”“#include <ctime>”，以包含相应的头文件。

生成一定范围内随机数的方法如下。

☑ 生成范围为 [a,b) 的随机整数 $x(a \leqslant x < b)$，使用 a+(rand()%(b-a))（通用公式）。

☑ 生成范围为 [a,b] 的随机整数 $x(a \leqslant x \leqslant b)$，使用 a+(rand()%(b-a+1))。

☑ 生成范围为 (a,b] 的随机整数 $x(a < x \leqslant b)$，使用 a+1+(rand()%(b-a))。

☑ 生成范围为 (a,b) 的随机整数 $x(a < x < b)$，使用 a+1+(rand()%(b-a-1))。

☑ 生成范围为 [0,1) 的随机浮点数 $x(0 \leqslant x < 1)$，使用 rand()/double(RAND_MAX)。

可以执行以下代码生成一个 3 位数的随机整数 x。

```
srand(time(0));                    //设置随机种子
x = rand()%900+100;                //产生 3 位数的随机整数
```

编程案例

案例 2.21

编写程序，随机生成 3 个 1 ～ 1000 的整数，并进行混合运算，输出混合运算式和结果。

问题分析

根据生成随机数通用公式 a+(rand()%(b-a+1))，可以生成一个范围为 [a,b] 的随机整数，那么 1+rand()%1000 就可以生成范围为 [1,1000] 的随机整数。

程序代码 2.21

```
01  /*
02      随机生成整数并进行混合运算。
03  */
04  #include <iostream>
05  #include <ctime>                 //引入当前系统时间函数 time()
06  #include <cstdlib>               //引入随机数函数 rand()
07  using namespace std;
08  int main() {
09      int x,y,z;
10      srand(time(0));              //设置随机种子
11      x = rand()%1000+1;           //生成范围为 1 ～ 1000 的随机整数
12      y = rand()%1000+1;
13      z = rand()%1000+1;
14      cout<< x <<"+"<< y <<"-"<< z <<"="<< x+y-z <<endl;
15      return 0;
16  }
```

以上程序代码中，第 05 行导入头文件 ctime，从而在程序中可以使用 `time()` 函数获取当前系统时间；第 06 行导入头文件 cstdlib，从而在程序中可以 `rand()` 函数生成随机数；第 10 行使用 `srand(time(0))` 设置实时变化的随机数种子；第 11 ～第 13 行生成 3 个范围为 1 ～ 1000 的随机整数。

程序运行结果如图 2.55 所示。

```
597+781-829=549

--------------------------------
Process exited after 1.142 seconds with return value 0
```

图 2.55　程序运行结果

编程训练

练习 2.15

编写程序，随机生成一个 4 位整数，输出其各位上的数字之和。

第 3 章

顺序结构：一步一步解决问题

根据程序设计的算法流程，C++ 有 3 种基本程序设计结构，这 3 种结构如同河水的 3 种状态。

☑ **顺序结构程序设计**：河水毫无阻碍地向前流淌。

☑ **选择结构程序设计**：河水遇到分水岭分成几条支流。

☑ **循环结构程序设计**：河水在漩涡中不停打转。

程序设计就是用各种程序设计语言（C、C++、Java、VB、Pascal、Python 等）将算法流程转换为符合相应语法规则的代码的过程。

顺序结构程序设计就是把解决问题的过程一步一步、由上至下按顺序编写成符合语法规则的代码。

顺序结构程序设计一般由 3 部分组成，其处理顺序如图 3.1 所示。

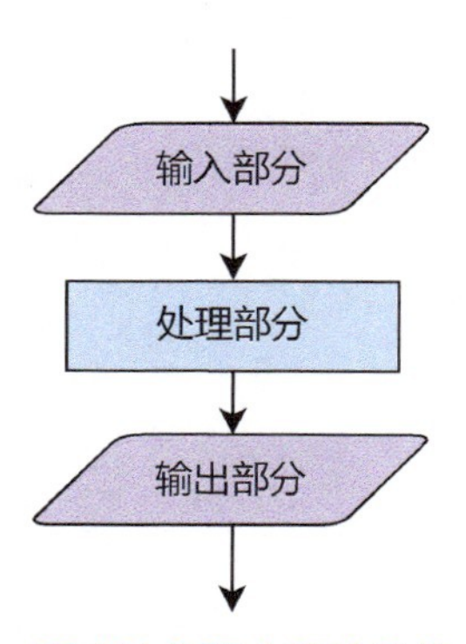

图 3.1　顺序结构程序设计的处理顺序

☑ **输入部分**：把已知的值输入计算机并存储在变量中。

☑ **处理部分**：按解决问题的次序进行计算与处理。

☑ **输出部分**：把处理结果返回给用户。

图 3.2 所示为顺序结构程序设计的流程图。

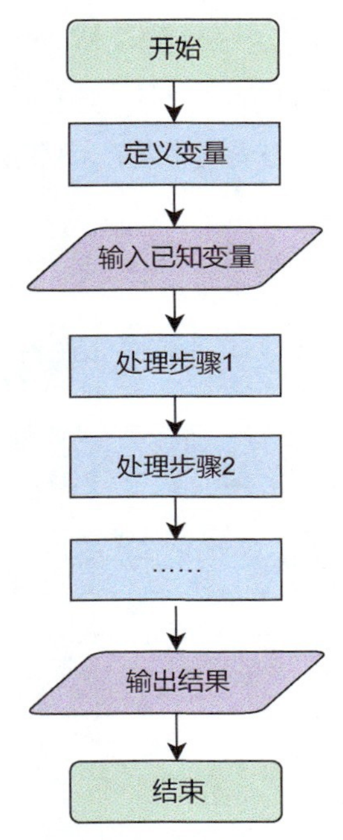

图 3.2　顺序结构程序设计的流程图

编程案例

案例 3.1

鸡兔同笼是我国古代典型趣题之一，在大约 1500 年前，《孙子算经》中就记载了这个有趣的问题。书中是这样叙述的："今有雉兔同笼，上有三十五头，下有九十四足，问雉兔各几何？"这 4 句话的意思是，有若干只鸡和兔子同在一个笼子里，从上面数有 35 个头，从下面数有 94 只脚，问笼中各有多少只鸡和兔子？

问题分析

若让兔子和鸡同时抬起两只脚，则从下面数笼子里的脚的数量就减少了头的总数乘以 2，由于鸡只有两只脚，所以此时从下面看到的都是兔子的脚，这些脚的数量再除以 2 就是兔子数。

假设头的总数为 heads，脚的总数为 feet，兔子的数量为 rabbit，鸡的数量为 chick。根据以上分析可得到如下公式。

$$rabbit = (feet - 2 \times heads)/2$$

$$chick = heads - rabbit$$

解决鸡兔同笼问题的算法流程图如图 3.3 所示。

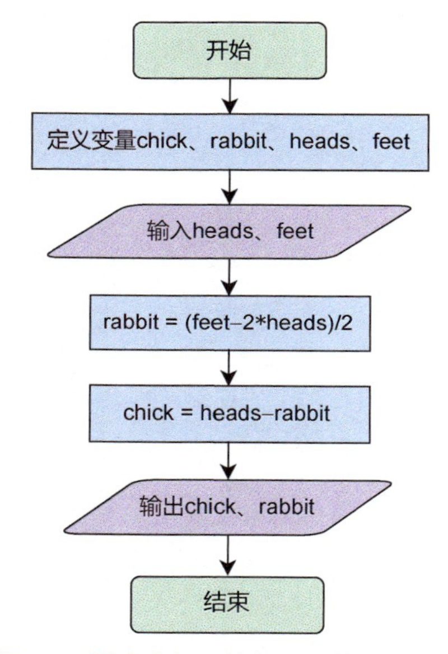

图 3.3　解决鸡兔同笼问题的算法流程图

程序代码 3.1

```
01  /*
02       鸡兔同笼问题。
03  */
04  #include <iostream>
05  using namespace std;
06  int main() {
07  //===== 定义变量 =====
08       int chick, rabbit;
09       int heads, feet;
10  //=== 输入已知的变量值 ===
11       cout<<" 输入头的总数 heads: ";
12       cin >> heads;
13       cout<<" 输入脚的总数 feet: ";
14       cin >> feet;
15  //====== 处理部分 =====
```

```
16      rabbit = (feet-2*heads)/2;          //计算兔子的数量
17      chick = heads-rabbit;               //计算鸡的数量
18  //======= 输出 =======
19      cout<<" 兔子的数量 "<< rabbit << endl;
20      cout<<" 鸡的数量 "<< chick << endl;
21      return 0;
22  }
```

以上程序代码运用典型的顺序结构进行程序设计，第 08 ～第 09 行定义程序中需要的变量；第 11 ～第 14 行输入已知的变量值；第 16 ～第 17 行是问题的处理部分，即先根据公式计算出兔子的数量，再计算出鸡的数量；第 19 ～第 20 行分别输出兔子的数量和鸡的数量。

程序运行结果如图 3.4 所示。

```
输入头的总数heads: 35
输入脚的总数feet: 94
兔子的数量12
鸡的数量23

--------------------------------
Process exited after 45.19 seconds with return value 0
```

图 3.4　程序运行结果

案例 3.2

时间戳是计算机中记录时间的一种方法，某一时刻的时间戳指的是从 1970 年 1 月 1 日 0 时 0 分 0 秒到该时刻总共过了多少秒。编写程序，任意输入一个整数表示某一刻的时间戳，然后计算出它表示的是哪一天哪一刻（假设每年有 12 个月，每个月有 30 天）。

问题分析

输入： 任意整数 **n**（$0 \leqslant n \leqslant 2147483647$），表示从 1970 年 1 月 1 日 0 时 0 分 0 秒到该时刻过了多少秒。

输出：y 年 **m** 月 **d** 日 **H** 时 **M** 分 **S** 秒（**y**、**m**、**d**、**H**、**M**、**S** 为 6 个整数）。

假设一年有 12 个月，每个月有 30 天。

☑ 一天的秒数：days=24×60×60=86400 秒。

☑ 一个月的秒数：months=days×30=2592000 秒。

☑ 一年的秒数：years=months×12=31104000 秒。

图 3.5 展示了普通格式的日期时间转换为时间戳（以秒为单位）的过程。

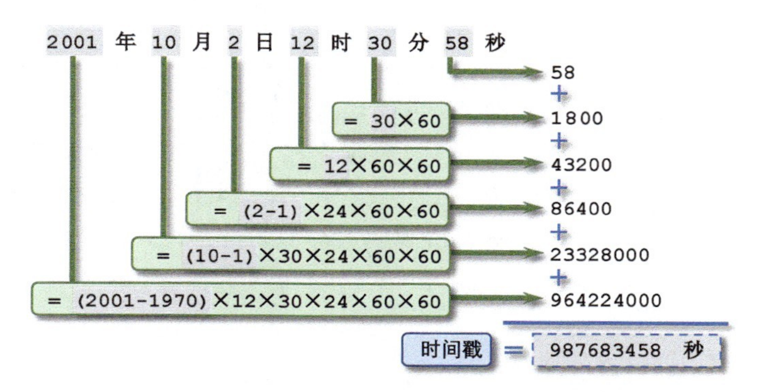

图 3.5　普通格式的日期时间转换为时间戳（以秒为单位）的过程

2147483647=2^{31}−1，它是 32 位操作系统能够处理的最大的整数。根据 **n** 的取值范围，应定义变量 **n** 的数据类型为 **long** 型。

n 除以一年的秒数 **years** 的商加上 1970 就是具体年份 **y**，余数再除以一个月的秒数 **months** 的商加 1 就是月份 **m**，再次得到的余数除以一天的秒数 **days** 的商加 1 就是日期 **d**，第 3 次得到的余数除以 3600 的商就是小时数 **H**，第 4 次得到的余数除以 60 的商就是分 **M**，此时的余数就是秒 **S**。

```
y = n/years+1970;                              // 年份
m = n%years/months+1;                          // 月份
d = n%years%months/days+1;                     // 日期
H = n%years%months%days/3600;                  // 时
M = n%years%months%days%3600/60;               // 分
S = n%years%months%days%3600%60 ;              // 秒
```

图 3.6 展示了时间戳（以秒为单位）转换为普通格式的日期时间的过程。

解决时间戳转换问题的程序流程图如图 3.7 所示。

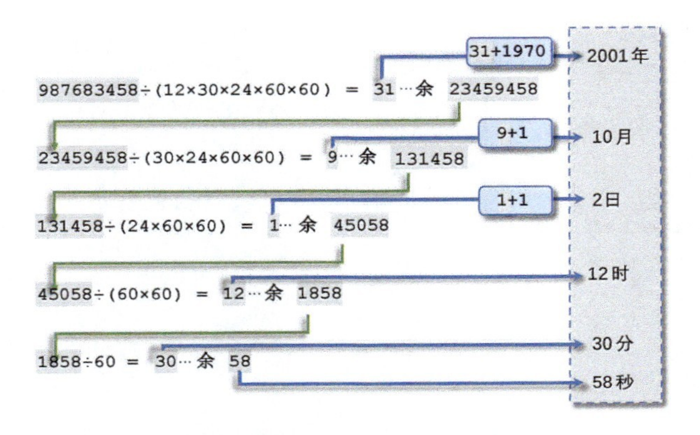

图 3.6　时间戳（以秒为单位）转换为普通格式的日期时间的过程

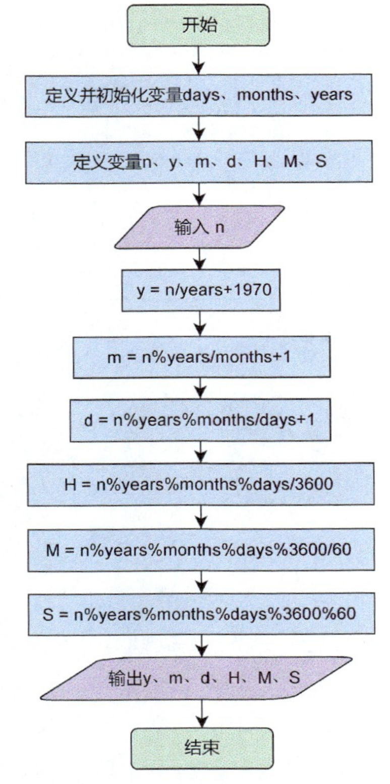

图 3.7　解决时间戳转换问题的程序流程图

程序代码 3.2

```
01  /*
02      时间戳转换。
03  */
04  #include <iostream>
05  using namespace std;
06  int main() {
07      long days = 24*60*60;                    //一天的秒数
08      long months = days*30;                   //一月的秒数
09      long years = months*12;                  //一年的秒数
10      long n;                                  //定义长整形变量n
11      int y,m,d,H,M,S;
12      cout<<"输入整数n（0～2147483647）："；
13      cin >> n;
14      y = n/years+1970;                        //年份
15      m = n%years/months+1;                    //月份
16      d = n%years%months/days+1;               //日期
17      H = n%years%months%days/3600;            //时
18      M = n%years%months%days%3600/60;         //分
19      S = n%years%months%days%3600%60;         //秒
20      cout<<y<<"年"<<m<<"月"<<d<<"日"<<H<<"时"<<M<<"分
    "<<S<<"秒";
21      cout<<endl;
22      return 0;
23  }
```

程序运行结果如图 3.8 所示。

```
输入整数n（0~2147483647）：987654321
2001年10月2日4时25分21秒

--------------------------------
Process exited after 14.59 seconds with return value 0
```

图 3.8　程序运行结果

案例 3.3

妈妈给了桐桐一盒糖果，第一天桐桐分了糖果数量的一半给弟弟，自己吃了 5 颗；第二天好朋友悦悦来家里玩，桐桐又把剩下的糖果数量分了一半给悦悦，自己吃了 4 颗；第三天桐桐吃了剩下的糖果数量的一半还多 1 颗后，数了数发现她剩下的糖果数量刚好是她今年的年龄。编写程序，计算出妈妈一共给了桐桐多少颗糖果。

问题分析

输入： 一个整数，表示桐桐的年龄，即第三天吃完糖果后剩余的糖果数。

输出： 一个整数，表示妈妈给桐桐的糖果总数。

这是一个非常有趣的数学计算题，可以使用倒推法来解决。

图 3.9 所示为桐桐第三天吃的糖果数的情况。若第三天吃糖果之前桐桐手里的糖果数为 x_3（第二天剩余的糖果数），吃完糖果后剩余的糖果数是 n，则 $x_3=(n+1)\times2$。

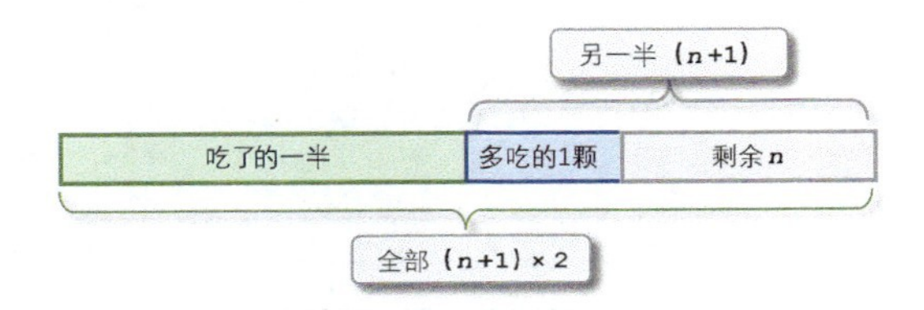

图 3.9　桐桐第三天吃的糖果数的情况

图 3.10 所示为桐桐第二天吃的糖果数的情况，若第二天开始时的糖果数为 x_2（第一天剩余的糖果数），则 $x_2=(x_3+4)\times2$。

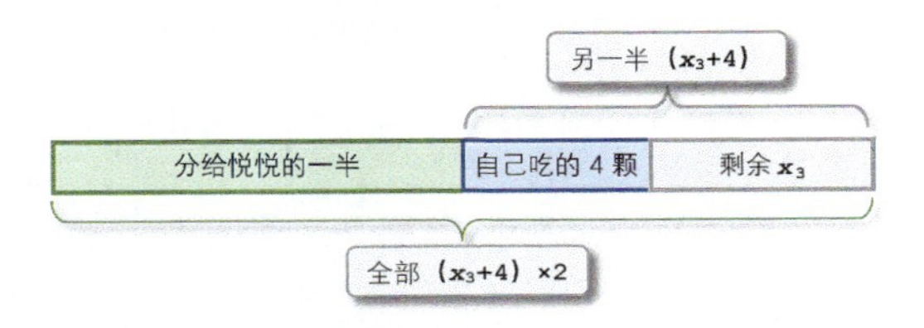

图 3.10　桐桐第二天吃的糖果数的情况

以此类推，桐桐第一天吃的糖果数的情况如图 3.11 所示，第一天妈妈给桐桐的糖果的总数为 $x_1=(x_2+5)\times2$。

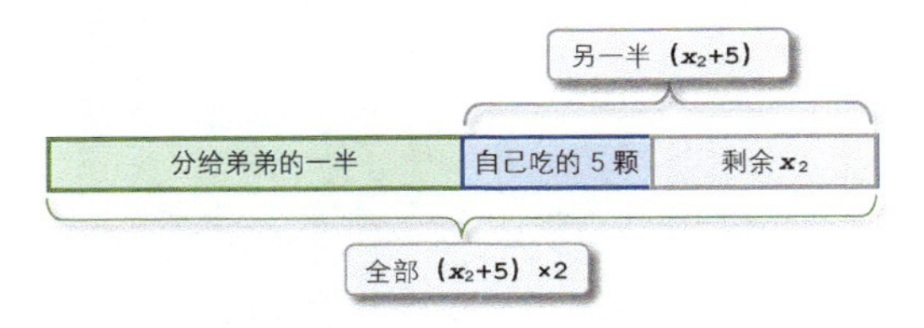

图 3.11　桐桐第一天吃的糖果数的情况

解决该问题的算法流程图如图 3.12 所示。

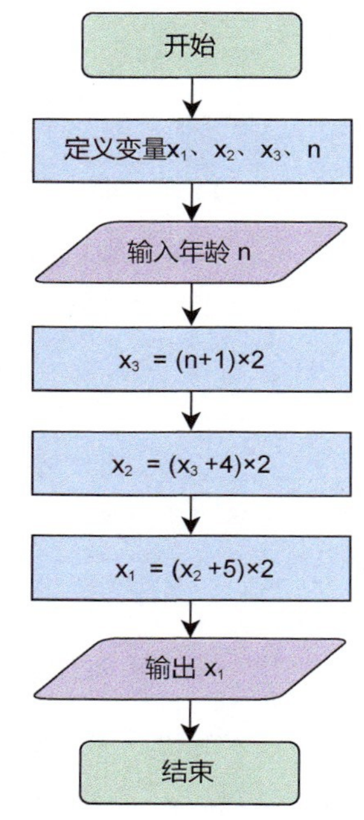

图 3.12　解决该问题的算法流程图

程序代码 3.3

```
01  /*
02      桐桐分糖果。
03  */
04  #include <iostream>
05  using namespace std;
06  int main() {
07      int x1,x2,x3,n;
08      cout<<"\n 请输入桐桐的年龄（整数）：";
09      cin >> n;
10      x3=(n+1)*2;                    //计算第三天初始糖果数
11      x2=(x3+4)*2;                   //计算第二天初始糖果数
12      x1=(x2+5)*2;                   //计算第一天初始糖果数
13      cout<<"\n 妈妈给了 "<<n<<" 岁的桐桐 "<<x1<<" 颗糖果！ \n";
14      return 0;
15  }
```

程序运行结果如图 3.13 所示。

```
请输入桐桐的年龄（整数）： 12
妈妈给了12岁的桐桐130颗糖果！
--------------------------------
Process exited after 17.69 seconds with return value 0
```

图 3.13　程序运行结果

编程训练

练习 3.1

桐桐一家想在国庆节自驾旅游，目的地可选择北京、海南、云南等地。在已知汽车平均行驶速度、每升汽油可以行驶的千米数以及每升汽油价格的情况下，编写程序，计算出自驾去每一个地方所花费的时间和购买汽油所需的钱。

练习 3.2

已知 a、b、c 为三角形的 3 条边的边长，编写程序，通过键盘输入合法的 a、b、c（两边之和大于第三边），利用海伦公式求该三角形的面积，输出结果保留两位小数。

海伦公式：$S=\sqrt{P\times(P-A)\times(P-B)\times(P-C)}$。

其中，S 为三角形的面积，P 为三角形周长的一半。

提示：可以使用函数 `sqrt(x)` 求得 $\sqrt{x}$ 的值。

练习 3.3

银行存款年利率是 r%，即存入本钱 x 元，n 年后，本利合计 y 为

$$y=x\left(\frac{100+r}{100}\right)^n$$

编写程序，根据输入的 r、x 和 n，计算并输出本利合计 y 的值。

提示：可以使用函数 `pow(x,y)` 求得 x^y 的值。

第 4 章

选择结构：根据条件改变执行流程

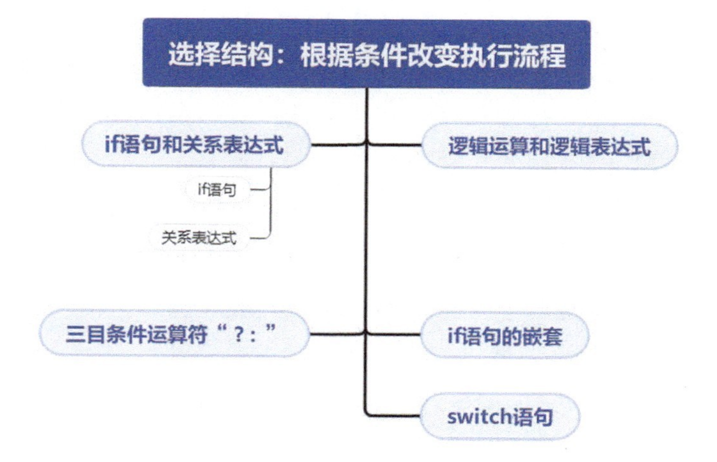

有时，同一个问题在不同的情况下会有不同的处理方法，为了解决这类问题，C++ 提供了选择结构。选择结构是一种根据判断条件的成立与否来决定下一步操作的程序控制结构。其程序的执行流程不像顺序结构那样，从上到下一条一条地依次执行所有语句，而是根据判断条件的成立与否执行不同的分支语句，因此选择结构也被称为分支结构。C++ 对某一条件成立与否的判断与处理是用关系运算和逻辑运算来解决的。本章将主要讲解 C++ 中的单分支 if 语句、双分支 if-else 语句、switch 语句（多分支），以及分支语句的嵌套。

4.1 if语句和关系表达式

4.1.1 if 语句

if 语句根据判断条件（关系表达式）的成立与否（“真”或“假”）决定接下来执行什么操作。if 语句分为单分支和双分支两种。

如果需在判断条件成立时执行特定的操作，而在判断条件不成立时跳过该特定操作，则可以使用**单分支 if 语句**，其执行流程如图 4.1 所示。

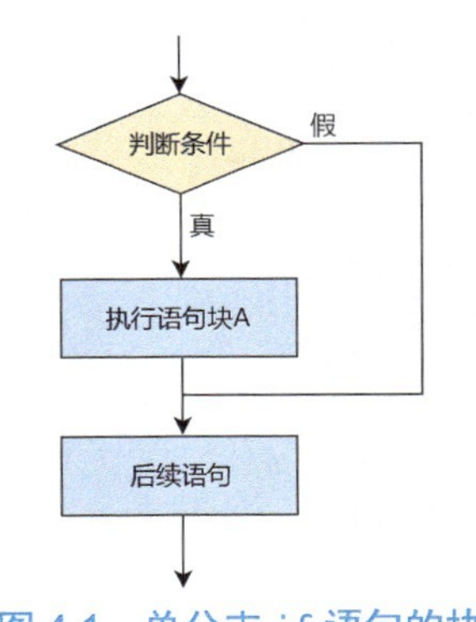

图 4.1　单分支 if 语句的执行流程

单分支 if 语句的语法结构如下：

```
if (condition)
{
    语句块 A;                          // 主体部分，包括一条或多条语句
}
```

如果需在判断条件成立时执行某一种操作，而在判断条件不成立时执行另一种操作，则可以使用**双分支 if-else 语句**。双分支 if-else 语

句的执行流程如图 4.2 所示。

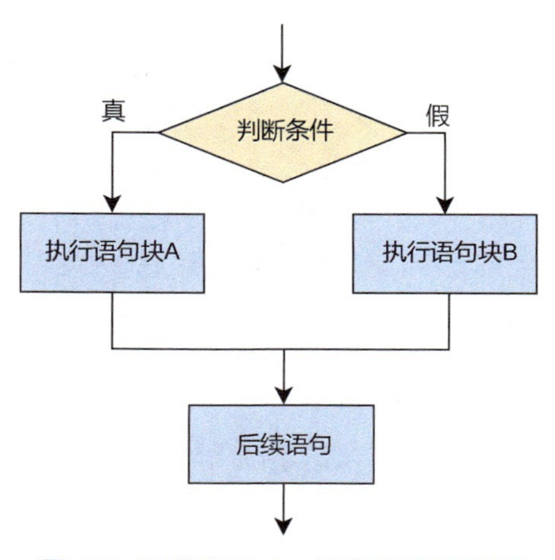

图 4.2　双分支 if-else 语句的执行流程

双分支 if-else 语句的语法结构如下：

```
if (condition)
{
    语句块 A;                          // 主体部分，包括一条或多条语句
}
else
{
    语句块 B;                          // 主体部分，包括一条或多条语句
}
```

condition 就是**关系表达式**，其结果是 1（“真”）或 0（“假”），分别表示条件成立或不成立，关系表达式外面的括号是必需的。

语句块 A 是 if 语句的主体部分。如果语句块包含多条语句，那么其外面必须用花括号“{}”括起来，而且每条语句必须用分号“;”结束。如果语句块中只有一条语句，则花括号可以不写，但是为了方便以后添加语句，建议只有一条语句时也写上花括号。通常将几个用“{}”括起来的语句组合称为**复合语句**。

不要在 if 语句或 else 语句的后面加分号，分号只能出现在 if 语句或 else 语句的主体部分的每条语句的结尾。

编程案例

案例 4.1

编写程序，通过键盘输入一个整数（范围为 1 ～ 10000），判断它是不是偶数，如果是偶数，则输出“yes”。

问题分析

判断一个整数 N 是不是偶数，只需要判断这个数除以 2 的余数是否为 0 即可。C++ 中的求模运算符“%”就是用来计算两个数相除的余数的，因此，只需要判断算术表达式 N%2 的结果是否等于 0。

判断一个数是不是偶数的算法流程图如图 4.3 所示。

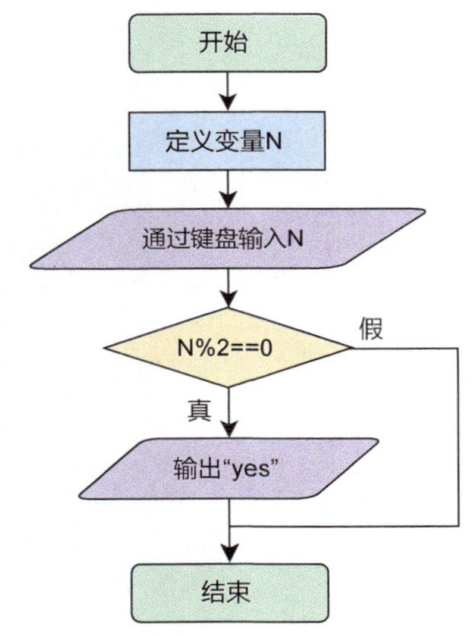

图 4.3　判断一个数是不是偶数的算法流程图

程序代码 4.1

```
01  /*
02       判断一个数是不是偶数。
03  */
04  #include <iostream>
05  using namespace std;
```

```
06  int main(){
07      int N;
08      cout << "请输入一个整数（1~10000）："<<endl;
09      cin >> N;
10      if(N%2==0)
11      {
12          cout << "yes" <<endl;
13      }
14      return 0;
15  }
```

以上程序代码中，第 10 ～第 13 行是一个单分支 if 语句，if 后面的括号里面的“N%2==0”是判断条件（关系表达式），如果它成立，就执行第 12 行的 cout 语句，如果不成立，就跳过第 11 ～第 13 行，执行第 14 行语句。

程序运行结果如图 4.4 所示。

```
请输入一个整数（1~10000）：
456
yes

--------------------------------
Process exited after 4.985 seconds with return value 0
```

图 4.4　程序运行效果

案例 4.2

某快递公司的收费标准：包裹重量在 1000 克以内收 5 元，超过 1000 克收 8 元。编写程序，根据包裹重量计算收费。

问题分析

输入： 一个浮点数，表示包裹重量，单位为克。

输出： 5 或 8。

这是一个双分支选择问题。快递员根据包裹的重量 w 选择该收取的费用 c，用数学表达式表示为

$$c=\begin{cases}5, & w\leqslant 1000\\ 8, & w>1000\end{cases}$$

本案例使用双分支 if-else 语句来解决，判断条件为 w<=1000，如果条件成立，则输出 5，否则输出 8。

根据包裹重量计算快递费用的算法流程图如图 4.5 所示。

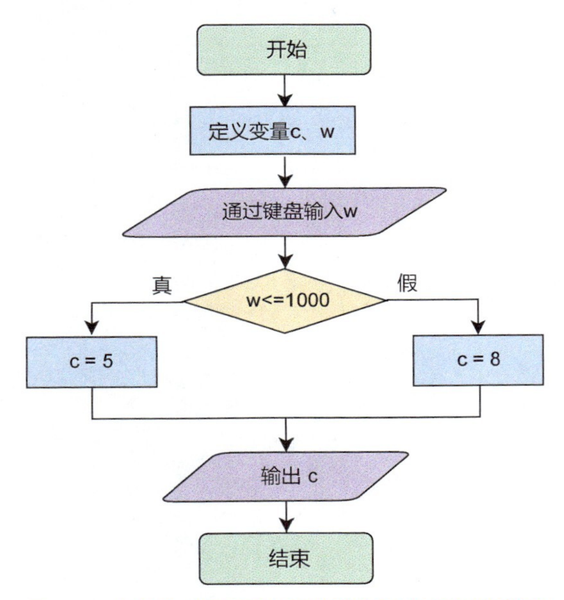

图 4.5　根据包裹重量计算快递费用的算法流程图

程序代码 4.2

```
01  /*
02      根据包裹重量计算快递费用。
03  */
04  #include <iostream>
05  using namespace std;
06  int main(){
07      int c;
08      float w;
09      cout << "w=";
10      cin >> w;
11      if(w<=1000)
12      {
13          c = 5;
14      }
15      else
```

```
16        {
17            c = 8;
18        }
19        cout << c <<endl;
20        return 0;
21    }
```

以上程序代码中的 if-else 语句中，因为“{}”内只有一条语句，所以可以省略“{}”，写成下面的形式：

```
if(w<=1000) c = 5;
else c = 8;
```

程序运行结果如图 4.6 所示。

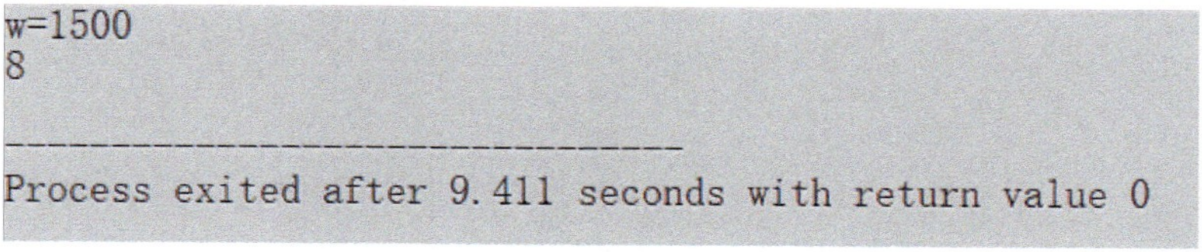

```
w=1500
8

--------------------------------
Process exited after 9.411 seconds with return value 0
```

图 4.6　程序运行结果

编程训练

练习 4.1

编写程序，判断一个整数（1 ～ 10000）能否被 7 整除。

4.1.2　关系表达式

选择结构的一个关键点就是对判断条件的描述，即 if 语句中的关系表达式。

C++ 对判断条件的处理需要用到关系运算，关系运算实际上就是比较运算。C++ 提供了与数学中的比较运算符对应的常用的关系运算符，如表 4.1 所示。

表4.1　C++ 中常用的关系运算符

关系运算符	描述	示例（关系表达式）
==	等于	a+b == c
>	大于	a+10 > c
<	小于	b < a+10
>=	大于或等于	c >= b
<=	小于或等于	a <= c
!=	不等于	a != b

关系运算符的左右两边可以是变量、数值或算术表达式，用关系运算符连接而成的表达式称为**关系表达式**。在含有算术运算符的关系表达式中，算术运算符的优先级高于关系运算符。关系表达式的运算结果是一个逻辑值：“真”或“假”。在 C++ 中，数值 1 表示“真”，数值 0 表示“假”。因而，每当对 C++ 的关系表达式进行运算时，结果总是数值 1 或 0。执行下面的语句，可把 1 赋给变量 a，把 0 赋给变量 b。

```
a = (8<10);        //(8<10) 为“真”，其结果为 1，因而变量 a 被赋为 1
b = (3==4);        //(3==4) 为“假”，其结果为 0，因而变量 b 被赋为 0
```

表 4.2 列出了当 a=5、b=6、c=7 时各类关系表达式的值。

表 4.2　当 a=5、b=6、c=7 时各类关系表达式的值

关系表达式	值	说明
a>b	0	因为 a=5、b=6，所以条件不成立
a+b>b+c	0	因为 a+b=11、b+c=13，所以条件不成立
(a==3)>=(b==5)	1	因为 a==3 不成立，值为 0，b==5 不成立，值为 0，所以两者相等成立
'a'<'b'	1	因为字符 '5' 的 ASCII 的值小于字符 '6' 的 ASCII 的值，所以条件成立
(a>b)>(b<c)	0	因为 5>6 不成立，值为 0，6<7 成立，值为 1，所以条件不成立

编程案例

案例 4.3

编写程序，输入任意两个整数 *m* 和 *n*，如果 $m<n$，则交换两个变量的值并输出。

问题分析

交换两个变量 *m* 和 *n* 的值，需要借助第三个变量 *t*。先把变量 *m* 的值暂存在变量 *t* 中，再把变量 *n* 的值赋给变量 *m*，最后把暂存在变量 *t* 中的值赋给变量 *n*。

借助临时变量交换两个变量的值的算法流程图如图 4.7 所示。

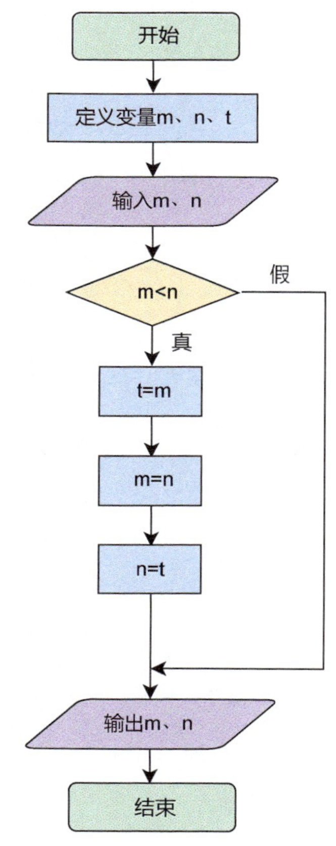

图 4.7　借助临时变量交换两个变量的值的算法流程图

程序代码 4.3

```
01  /*
02       交换两个变量的值。
03  */
04  #include <iostream>
05  using namespace std;
06  int main() {
07       int m,n,t;
08       cout<<"输入两个整数: ";
09       cin >> m >> n;
10       if(m<n){
11            t = m;
12            m = n;
13            n = t;
14       }
15       cout<<"m="<< m <<" n="<< n <<endl;
16       return 0;
17  }
```

以上程序代码中，第 10～第 14 行是一个单分支的 if 语句，第 10 行的“m<n”是关系表达式，当它成立时，执行第 11～第 13 行语句，交换变量 m 和变量 n 的值。

程序运行结果如图 4.8 所示。

```
输入两个整数: 10 18
m=18 n=10

--------------------------------
Process exited after 5.183 seconds with return value 0
```

图 4.8 程序运行结果

案例 4.4

编写程序，任意输入 3 个互不相等的整数，按从大到小的顺序排列并输出。

输入样例：

```
20  120  56
```

输出样例：

```
120  56  20
```

问题分析

可以使用“换位法”来实现把 3 个整数按从大到小的顺序排列。

定义 3 个变量 *a*、*b*、*c*，用于存放 3 个整数，最终目标是把最大的整数存放在变量 *a* 中，把次大的整数存放在变量 *b* 中，把最小的整数存放在变量 *c* 中。

首先，比较变量 *a*、变量 *b* 存放的整数。如果变量 *a* 存放的整数小于变量 *b* 存放的整数，则交换变量 *a*、变量 *b* 存放的整数。这样在变量 *a*、变量 *b* 中，变量 *a* 一定存放的是比较大的整数。

其次，需要比较变量 *a* 和变量 *c* 存放的整数。如果变量 *a* 存放的整数小于变量 *c* 存放的整数，则交换变量 *a*、变量 *c* 存放的整数。这样在变量 *a*、变量 *c* 中，变量 *a* 一定存放的是比较大的整数。

经过上面两次的比较和交换，可以确定变量 *a* 中存放的一定是 3 个整数中最大的那个整数。

最后比较变量 *b* 和变量 *c* 存放的整数。如果变量 *b* 存放的整数小于变量 *c* 存放的整数，则交换变量 *b*、变量 *c* 中的整数，将较大的整数存放在变量 *b* 中。

经过以上 3 轮的比较和交换后，排序完毕，将 3 个整数中最大的整数存放在变量 *a* 中，次大的数存放在变量 *b* 中，最小的整数存放在变量 *c* 中。

根据条件判断并交换两个变量的值需要借助第三个变量，具体代码如下：

```
if (a<b) {
     t = a;
     a = b;
     b = t;
}                               //{}是必需的
```

因为当 a<b 这个条件成立时，需要执行 3 条语句，所以必须将这

3 条语句放在一对花括号“{}”中，形成一个语句块。

图 4.9 所示为使用 if 语句两两比较并交换变量的值实现从大到小排序的示意图。

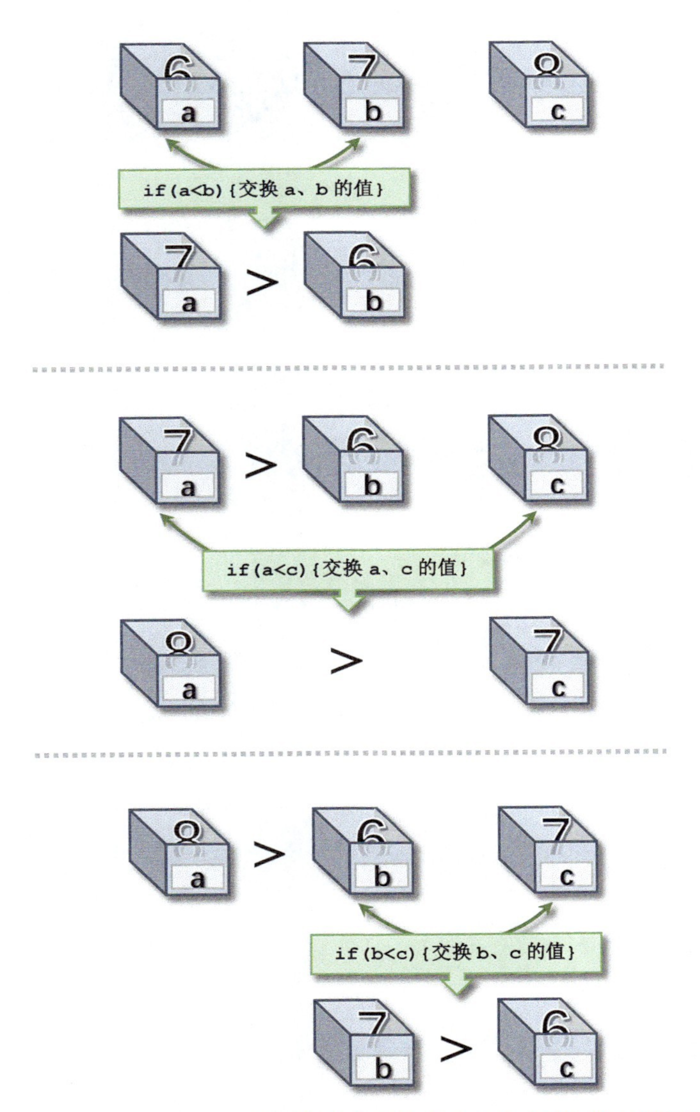

图 4.9　使用 if 语句两两比较并交换变量的值实现从大到小排序的示意图

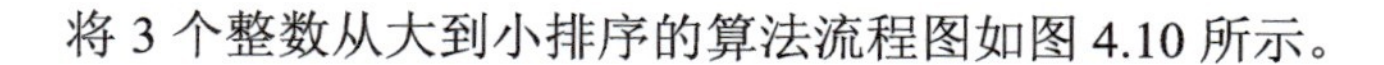

将 3 个整数从大到小排序的算法流程图如图 4.10 所示。

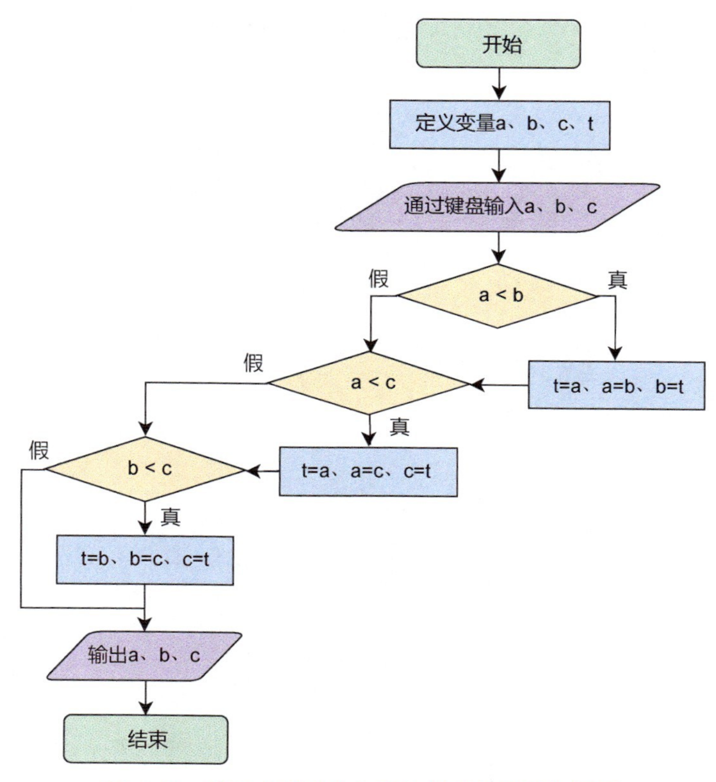

图 4.10　将 3 个整数从大到小排序的算法流程图

程序代码 4.4

```
01  /*
02       将 3 个整数从大到小排序。
03  */
04  #include <iostream>
05  using namespace std;
06  int main()
07  {
08       int a,b,c,t;
09       cout << "请任意输入 3 个数（用空格分隔）：";
10       cin >> a >> b >> c;
11       if (a<b) {t=a; a=b; b=t;}      //如果 a<b，则交换 a 和 b 的值
```

```
12        if (a<c) {t=a; a=c; c=t;}      // 如果 a<c，则交换 a 和 c 的值
13        if (b<c) {t=b; b=c; c=t;}      // 如果 b<c，则交换 b 和 c 的值
14        cout << "从大到小排列为：" << a <<" "<< b <<" "<< c << endl;
15        return 0;
16    }
```

以上程序代码中，第 11 行单分支 if 语句的判断条件 a<b 是一个判断大小的关系表达式，如果它成立，则借助临时变量 t，交换变量 a 和变量 b 的值；第 12 行根据关系表达式 a<c 成立与否，确定是否交换变量 a 和变量 c 的值；第 13 行根据关系表达式 b<c 成立与否，确定是否交换变量 b 和变量 c 的值。

程序运行结果如图 4.11 所示。

```
请任意输入 3个数（用空格分隔）：24 65 99
从大到小排列为：99 65 24

--------------------------------
Process exited after 17.83 seconds with return value 0
```

图 4.11 程序运行结果

编程训练

练习 4.2

期末数学考试满分为 150 分，成绩评价规则是 90 分以上为及格，不足 90 分为不及格。编写程序，输入学生的姓名和考试成绩，输出该学生的成绩评价（及格或不及格）。

4.2 逻辑运算和逻辑表达式

C++ 中有一种叫作 bool 型的基本数据类型，它用关键字 bool 定义变量，即布尔变量，也称为**逻辑变量**。C++ 编译系统在处理 bool 型（逻辑型）数据时，将 false 处理为 0，将 true 处理为 1。因此，逻辑型数据可以与数值型数据进行算术运算。如果将一个非 0 的数值赋给逻辑型变量，则按“真”（true）来处理。

逻辑型数据与逻辑型数据之间进行的运算称为**逻辑运算**。关系运算符用于判断左右两个值之间的关系（把它们相互比较），关系表达式的值是一个逻辑型数据。**逻辑运算符**把多个关系表达式组合起来，判断最终的结果是“真”还是“假”。用逻辑运算符组合起来的多个关系表达式称为**逻辑表达式**。因而，有时候逻辑运算符又被称为复合关系运算符。C++ 提供了 3 种逻辑运算符，如表 4.3 所示。

表 4.3　C++ 提供的 3 种逻辑运算符

<table>
<tr><th>运算符</th><th>含义</th><th>说明</th><th>示例</th></tr>
<tr><td>&&</td><td>逻辑与</td><td>运算符两边的表达式都成立（真），返回 1；只要有一个不成立（假），返回 0</td><td>(2==3)&&(3==3) 的值为 0；
(2<3)&&(3==3) 的值为 1</td></tr>
<tr><td>||</td><td>逻辑或</td><td>运算符两边的表达式只要有一个成立，返回 1；两边的表达式都不成立，返回 0</td><td>(2==3)||(3==3) 的值为 1；
(2<1)||(2==3) 的值为 0</td></tr>
<tr><td>!</td><td>逻辑非</td><td>运算符后边的表达式成立（真），返回 0，否则返回 1</td><td>!(2==3) 的值为 1；
!(2<3) 的值为 0</td></tr>
</table>

C++ 中逻辑运算符的优先级：逻辑非的优先级最高，不仅优先于关系运算符，甚至优先于算术运算符，其次是逻辑与，逻辑或的优先级最低，且逻辑与和逻辑或的优先级低于关系运算符。因此，当一个条件表达式中同时出现关系运算符、逻辑运算符、算术运算符时，其运算优先顺序（从高到低排序）如下：

() → ! → *、/、% → +、- → <、>、!=、<=、>=、== → && → ||

图 4.12 所示为一个复杂条件表达式的运算顺序。

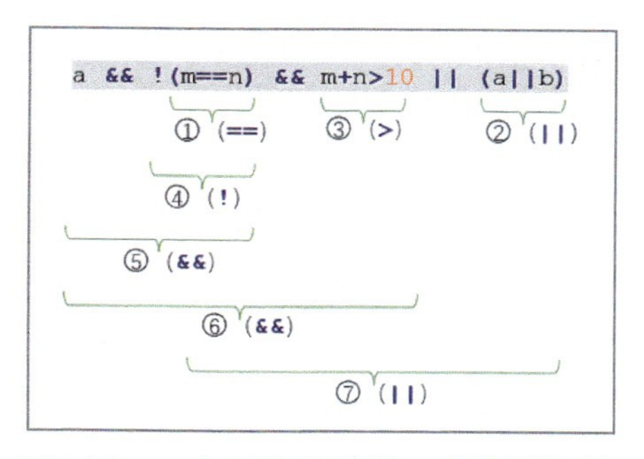

图 4.12　一个复杂条件表达式的运算顺序

逻辑表达式的值是一个逻辑值，即“真”或“假”。在 C++ 中，整型数据可以出现在逻辑表达式中，在进行逻辑运算时，根据整型数据的值是 0 或非 0，把它作为逻辑值“假”或“真”，然后参加逻辑运算。

下面分别给出逻辑运算的真值表，其中约定 p、q 为两个条件（关系表达式），值为 0 表示条件不成立，值为 1 表示条件成立。

逻辑非的真值表如表 4.4 所示，经过逻辑非运算，结果与原来的值相反。逻辑非示例饼图如图 4.13 所示。

图 4.13　逻辑非示例饼图

表 4.4　逻辑非的真值表

q	!q
0	1
1	0

逻辑与的真值表如表 4.5 所示。若参加运算的某个条件不成立，则其结果为不成立；只有参加运算的所有条件都成立，其结果才成立。逻辑与示例饼图如图 4.14 所示。

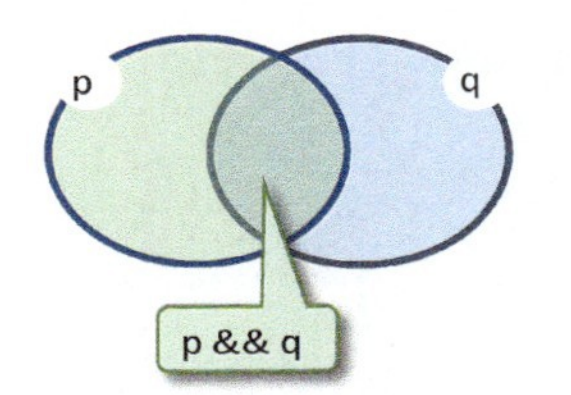

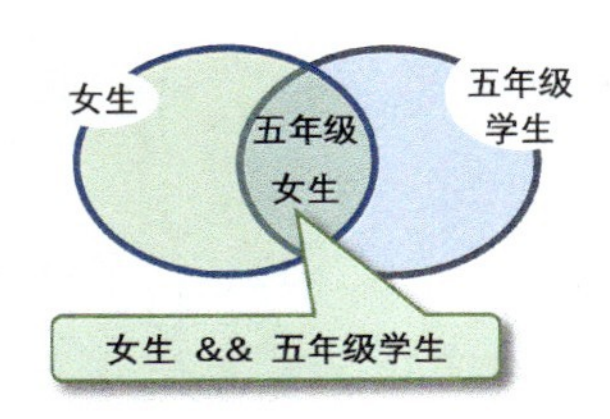

图 4.14　逻辑与示例饼图

表 4.5　逻辑与的真值表

p	q	p && q
0	0	0
0	1	0
1	0	0
1	1	1

逻辑或的真值表如表 4.6 所示。若参加运算的某个条件成立，则其结果成立；只有参加运算的所有条件都不成立，其结果才不成立。逻辑或示例饼图如图 4.15 所示。

图 4.15　逻辑或示例饼图

表4.6　逻辑或的真值表

p	q	p || q
0	0	0
0	1	1
1	0	1
1	1	1

编程案例

案例 4.5

编写程序，输入 3 条边 a、b、c 的值，判断这 3 条边能否构成三角形。若能构成三角形，则输出该三角形的面积。

问题分析

根据数学定义，三角形的 3 条边中，任意两条边之和一定大于第三条边，用逻辑表达式表示为

```
a+b>c && b+c>a && a+c>b   //若值为真，则构成三角形，否则不能构成三角形
```

若表达式值为真，则能构成三角形，否则不能构成三角形。

也可以这样理解，只要某两条边之和小于或等于第三条边，就不能构成三角形，用逻辑表达式表示为

```
a+b<=c || b+c<=a || a+c<=b //若值为真，则不能构成三角形，否则能构成
```

若表达式值为真，则不能构成三角形，否则能构成三角形。

已知三角形的 3 条边的长，求三角形面积的公式（海伦公式）如下：

$$s=\sqrt{p\times(p-a)\times(p-b)\times(p-c)}\quad\left(p=\frac{a+b+c}{2}\right)$$

转换为 C++ 的算术表达式为

```
p = (a+b+c)/2.0;                    //p 为三角形的半周长
s = sqrt(p*(p-a)*(p-b)*(p-c));      //s 为三角形的面积
```

判断 3 条边能否构成三角形的算法流程图如图 4.16 所示。

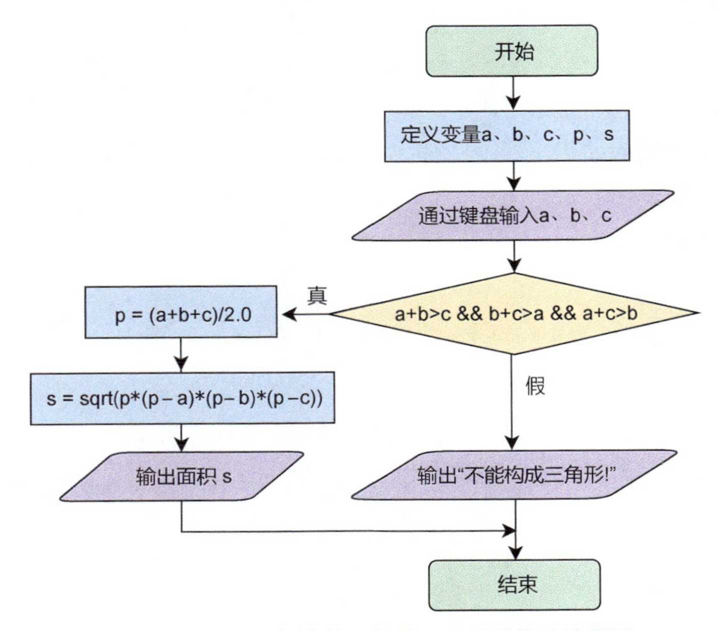

图 4.16　判断 3 条边能否构成三角形的算法流程图

程序代码 4.5.1

```
01  /*
02       判断 3 条边能否构成三角形（逻辑与）。
03  */
04  #include <cstdio>
05  #include <cmath>
06  using namespace std;
07  int main(){
08      float a,b,c;
09      float p,s;
10      printf(" 请输入三角形的 3 条边长，用空格分隔：");
11      scanf("%f%f%f",&a,&b,&c);
12     if(a+b>c && b+c>a && a+c>b)
13     {
14          p = (a+b+c)/2.0;
15          s = sqrt(p*(p-a)*(p-b)*(p-c));
16          printf(" 三角形的面积为：%.2f\n",s);
17      }
18      else
19          printf(" 不能构成三角形！ ");
20      return 0;
21  }
```

以上程序代码中，第 12 ～第 19 行的双分支 if-else 语句中，逻辑表达式 (a+b>c && b+c>a && a+c>b) 表示任意两条边之和都大于第三条边，若其判断结果为真，则表示这 3 条边能构成三角形，计算并输出三角形的面积；若不为真，则表示这 3 条边不能构成三角形，输出“不能构成三角形！”。

程序代码 4.5.2

```
01  /*
02       判断 3 条边能否构成三角形（逻辑或）。
03  */
04  #include <cstdio>
05  #include <cmath>
06  using namespace std;
07  int main(){
08      float a,b,c;
09      float p,s;
10      printf(" 请输入三角形的 3 条边长，用空格分隔：");
11      scanf("%f%f%f",&a,&b,&c);
12      if(a+b<=c || b+c<=a || a+c<=b)
13          printf(" 不能构成三角形！ ");
14      else
15      {
```

```
16          p = (a+b+c)/2.0;
17          s = sqrt(p*(p-a)*(p-b)*(p-c));
18          printf(" 三角形的面积为：%.2f\n",s);
19      }
20      return 0;
21  }
```

以上程序代码中，第 12 ～第 19 行的双分支 if-else 语句中，逻辑表达式 (a+b<=c || b+c<=a || a+c<=b) 表示任意两条边之和小于等于第三条边，若其判断结果为真，则表示这 3 条边不能构成三角形，输出“不能构成三角形！”；若不为真，则表示这 3 条边能构成三角形，计算并输出三角形的面积。

程序运行结果如图 4.17 所示。

```
请输入三角形的 3 条边长，用空格分隔：12 15 19
三角形的面积为：89.98

--------------------------------
Process exited after 16.02 seconds with return value 0
```

图 4.17　程序运行结果

案例 4.6

编写程序，输入年份，判断该年是否为闰年。

问题分析

某年是否为闰年可以依据“四年一闰，百年不闰，四百年闰”来判断。也就是说，在能被 4 整除的年份当中，除了那些能被 100 整除但不能被 400 整除的年份外，其余的年份都是闰年。图 4.18 所示为判断某年是否为闰年的方法。

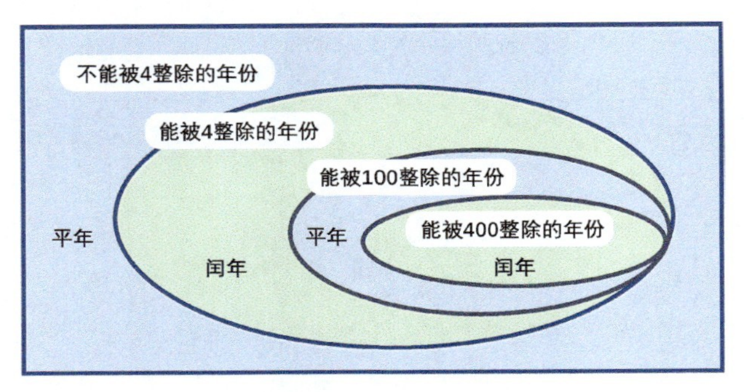

图 4.18　判断某年是否为闰年的方法

由图 4.18 可以看出，凡是能被 400 整除的年份都是闰年，能被 4 整除但不能被 100 整除的年份也是闰年。一个数能否被另一个数整除可以用求模运算符“%”来判断。

“年份能被 400 整除”的条件表达式为

```
year%400==0                              //若值为真，则 year 为闰年
```

“年份能被 4 整除但不能被 100 整除”的条件表达式为

```
year%4==0 && year%100!=0                 //若值为真，则 year 为闰年
```

上面两个表达式构成“或”的关系，其逻辑表达式为

```
year%400==0 || (year%4==0 && year%100!=0) //若值为真，则 year 为闰年
```

若表达式的值为真，则 year 为闰年，否则 year 不是闰年。

判断输入的年份是否为闰年的算法流程图如图 4.19 所示。

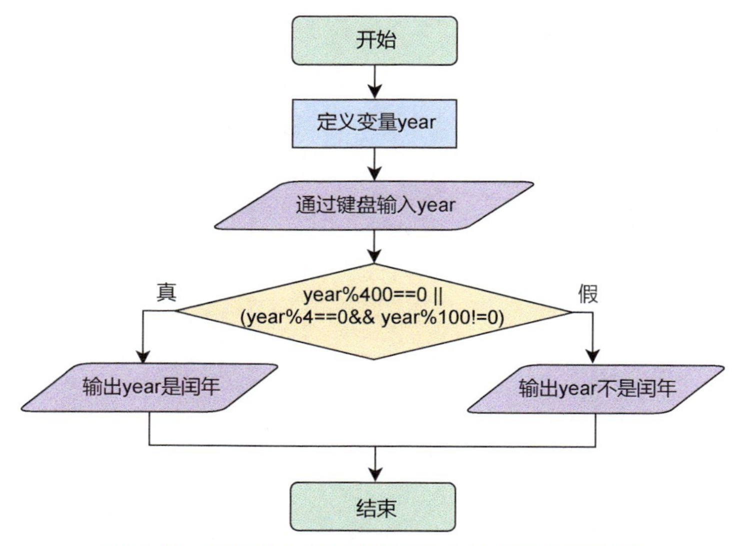

图 4.19　判断输入的年份是否为闰年的算法流程图

程序代码 4.6

```
01  /*
02      输入年份，判断是否为闰年。
03  */
04  #include <iostream>
05  using namespace std;
06  int main() {
07      int year;
08      cout << "输入年份XXXX：";
09      cin >> year;
10      if(year%400==0 || (year%4==0 && year%100!=0))
11          cout << year << "年是闰年" << endl;
12      else cout << year << "年不是闰年" << endl;
13      return 0;
14  }
```

程序运行结果如图 4.20 所示。

```
输入年份XXXX：2020
2020年是闰年

--------------------------------
Process exited after 5.927 seconds with return value 0
```

图 4.20　程序运行结果

编程训练

练习 4.3

编写程序，通过键盘输入任意一个字母，如果是大写字母，则将其转换为小写字母并输出。

4.3 三目条件运算符“？:”

编程时要尽可能地减少代码的输入量。使用**条件运算符“?:”**替换 if-else 语句，如图 4.21 所示，不仅能减少代码输入量，还能避免漏掉必需的花括号“{}”。

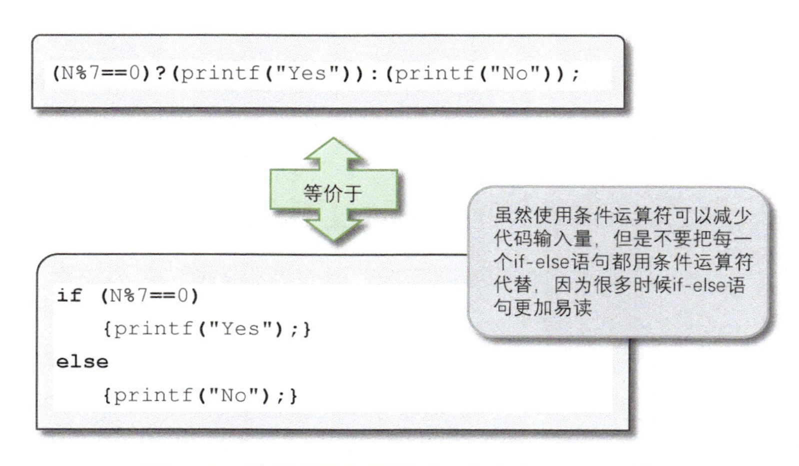

图 4.21　使用条件运算符“? :”替换 if-else 语句

有时候把用条件运算符组合起来的多个表达式称为**条件表达式**，其一般格式如下：

```
(表达式 1)?( 表达式 2):( 表达式 3);
```

条件表达式有 3 个操作对象，因而条件运算符也称为**三目（元）条件运算符**。

问号“?”和冒号“:”一起出现在条件表达式中，条件运算符可以看成“用问号询问一个条件是否成立，若它成立，就做冒号之前的事，否则就做冒号之后的事”。条件表达式的运算规则如下。

（1）判断表达式 1 所表示的条件是否成立，即计算表达式 1 的值。

（2）若表达式 1 的值为真（条件成立），则计算表达式 2 的值，并将其结果作为整个条件表达式的值。

（3）反之，若表达式 1 的值为假（条件不成立），则计算表达式 3 的值，并将其结果作为整个条件表达式的值。

表 4.7 所示为条件表达式在程序中的作用。

表 4.7　条件表达式在程序中的作用

条件表达式	作用
`int MaxN = (a>b) ? a : b;`	将两个变量 a、b 中的较大值赋给变量 MaxN
`y = (x>0) ? 1 : -1;`	当 x>0 时，将 1 赋给 y；当 x<=0 时，将 -1 赋给 y
`cout<<((N%2==0)?"even":"odd");`	当 N 为偶数时，输出“even”；当 N 为奇数时，输出“odd”

在程序中，用条件运算符组合在一起的条件表达式可以出现在 if-else 语句不能出现的地方。例如下面的 printf() 语句中，如果梨（pear）的个数大于 1，就输出其复数形式（在最后多输出一个 s），具体情况如图 4.22 所示。

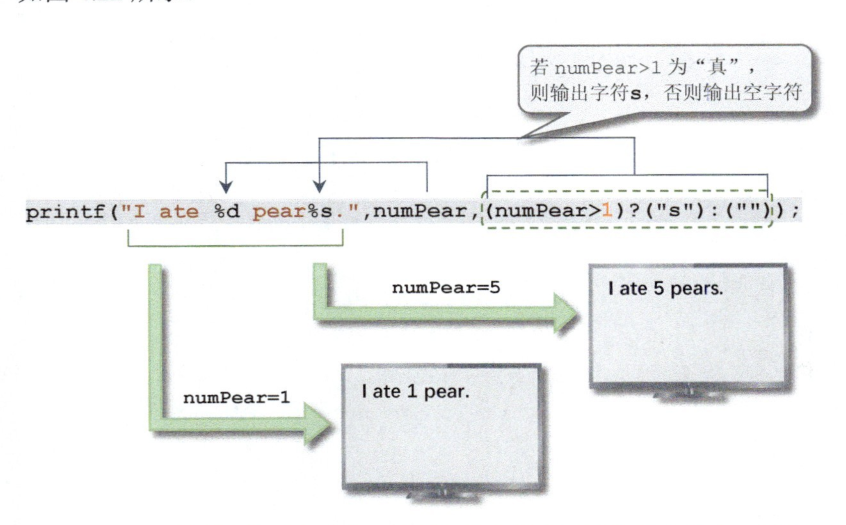

图 4.22　用条件运算符组合在一起的条件表达式可以出现在 if-else 语句不能出现的地方

编程案例

案例 4.7

编写程序，通过键盘输入一个整数（范围为 1 ～ 10000），判断它是不是偶数。如果是偶数，就输出“yes”；如果不是偶数，就输出“no”。

问题分析

一个数 N 是不是偶数，可以用 N%2 的结果是否为 0 来判断。

使用三目条件运算符判断一个数是不是偶数的算法流程图如图 4.23 所示。

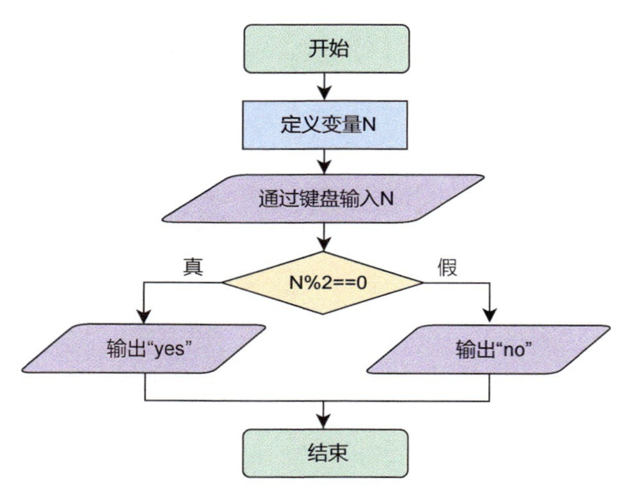

图 4.23　使用三目条件运算符判断一个数是不是偶数的算法流程图

程序代码 4.7

```
01  /*
02       使用三目条件运算符判断一个数是不是偶数。
03  */
04  #include <iostream>
05  using namespace std;
06  int main(){
07       int N;
08       cout << " 请输入一个整数（1~10000）：" <<endl;
09       cin >> N;
10       cout<<((N%2==0)?"yes":"no");
11       return 0;
12  }
```

以上程序代码中，第 10 行 cout 语句的输出内容为三目条件表达式 ((N%2==0) ?"yes":"no") 的运算结果，当 N%2==0 为真时，该表达式的结果为“yes”；为假时，该表达式的结果为“no”。

程序运行结果如图 4.24 所示。

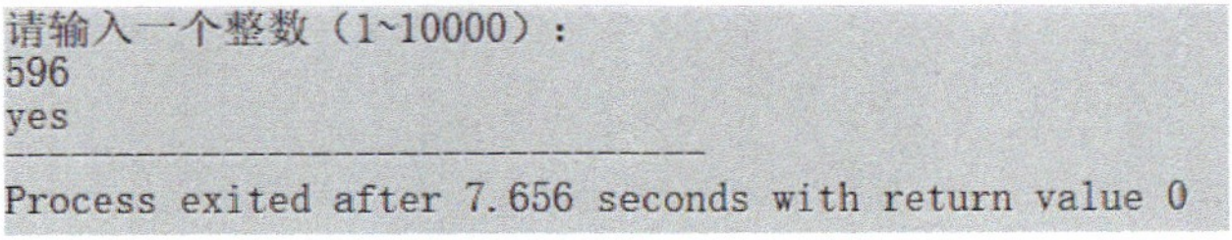

请输入一个整数（1~10000）：
596
yes

Process exited after 7.656 seconds with return value 0

图 4.24　程序运行结果

案例 4.8

编写程序，输入一个字符，判断它是否为大写字母，如果是，则将它转换为小写字母；如果不是，则不做任何转换。然后输出得到的字符。

问题分析

定义一个 char 型变量 ch，用来存放输入的字符。当逻辑表达式 `ch>='A' && ch<='Z'` 的值为真时，变量 ch 中存放的值为大写字母。

观察 ASCII 表，一个大写字母的 ASCII 值加 32 即小写字母。

解决该问题的算法流程图如图 4.25 所示。

开始
定义字符型变量ch
通过键盘输入ch
ch>='A' && ch<='Z'
真
假
ch = ch+32
ch = ch
输出 ch
结束

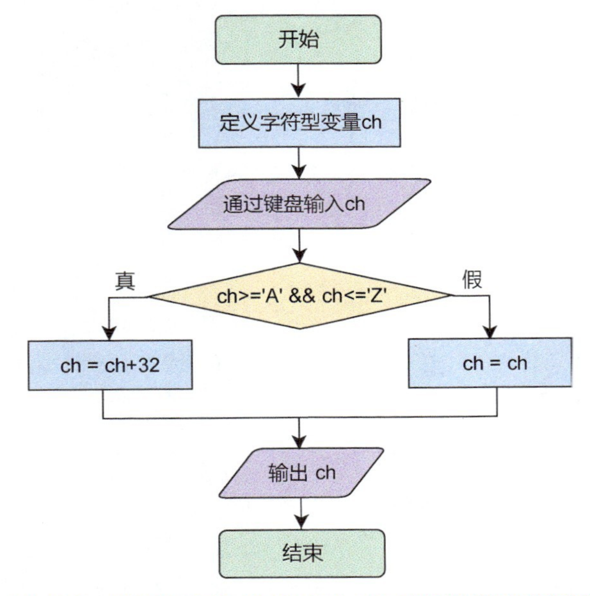

图 4.25　判断并转换大写字母为小写字母的算法流程图

程序代码 4.8

```
01  /*
02      转换大写字母为小写字母。
03  */
04  #include <iostream>
05  using namespace std;
06  int main(){
07      char ch;
08      cout << "输入一个字符（A~Z）：";
09      cin >> ch;
10      ch = (ch>='A' && ch<='Z') ?(ch+32):ch;
11      cout << ch <<endl;
12      return 0;
13  }
```

以上程序代码中，第 10 行中的变量 ch 的值为三目条件表达式 `(ch>='A' && ch<='Z') ?(ch+32):ch` 的运算结果，当 `ch>='A' && ch<='Z'` 为真时，该表达式的结果为 `ch+32`，否则为 ch。

程序运行结果如图 4.26 所示。

```
输入一个字符（A~Z）：B
b

--------------------------------
Process exited after 6.723 seconds with return value 0
```

图 4.26　程序运行结果

编程训练

练习 4.4

六一儿童节，超市根据客户购买玩具的总金额进行打折销售，总金额大于或等于 100 元按 5 折销售，小于 100 元按 7 折销售。编写程序，根据总金额计算折后的应付款。

练习 4.5

桐桐的妈妈买了一箱苹果，共有 n 个，但箱子里面有一只虫子。虫子每 x 小时就能咬坏一个苹果，假设虫子在咬坏一个苹果之前不会咬另一个，那么 y 小时后，箱子中还有多少个苹果没有被虫子吃过？

编写程序，输入任意的 n、x、y 的值，输出答案。

4.4 if语句的嵌套

if 语句的嵌套就是在 if-else 分支中嵌入另一个 if-else 语句。其一般格式如下：

```
if (condition_1)
    {
       ...
       if (condition_2)          // 嵌套在内层的 if-else 语句
           {语句块 A2;}
       else
           {语句块 B2;}
       ...
    }
else
    {
       ...
       if (condition_3)          // 嵌套在内层的 if-else 语句
           {语句块 A3;}
       else
           {语句块 B3;}
       ...
}
```

if 语句的嵌套多应用于需同时满足多个判断条件的选择结构。

编程案例

案例 4.9

编写程序，输入 3 个数，输出其中最大的数。

问题分析

方法一：输入 3 个数并分别存入变量 a、变量 b、变量 c 中，判断 a 是否为最大值，即 a 是否比 b 和 c 都大，如果不是，则判断 b 是否为最大值，如果 b 比 a 和 c 都大，则 b 为最大值，否则 c 为最大值。

该方法的算法流程图如图 4.27 所示。

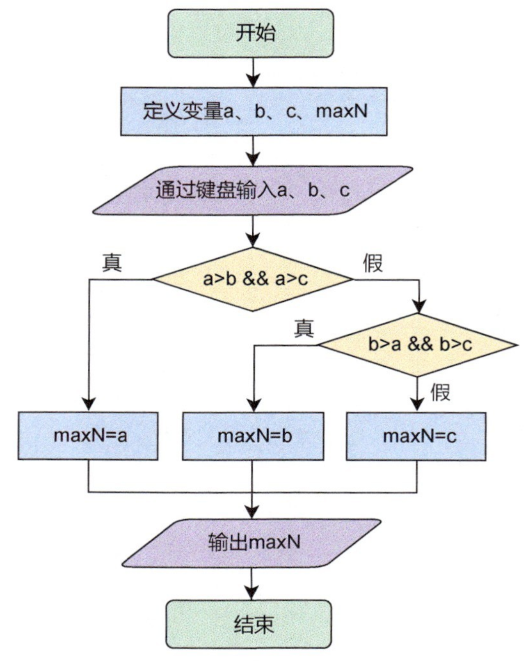

图 4.27　方法一的算法流程图

程序代码 4.9.1

```
01  /*
02      求 3 个数中的最大值（方法一：嵌套 if 语句）。
03  */
04  #include <iostream>
05  using namespace std;
06  int main(){
07      float a,b,c,maxN;
08      cout << "输入 3 个数：";
09      cin >> a >> b >> c;
10      if(a>b && a>c)
11          maxN=a;
12      else
13          if(b>a && b>c) maxN=b;          //嵌套 if 语句
14          else maxN=c;
15      cout << "最大数为："<< maxN <<endl;
```

```
16        return 0;
17    }
```

以上程序代码中，第 10 ～第 14 行是一个处于外层的 if 语句，第 13 ～第 14 行是嵌套在外层 if-else 语句的 else 内的又一个 if-else 语句。

程序运行结果如图 4.28 所示。

```
输入3个数：12 65 89
最大数为：89

--------------------------------
Process exited after 9.009 seconds with return value 0
```

图 4.28　程序运行结果

方法二：输入 3 个数并分别存入变量 a、变量 b、变量 c 中，定义变量 maxN 用于存放 3 个数中最大的数，首先给 maxN 赋初始值 a，即假设 a 为最大，接下来如果 b>maxN，那么将 b 的值赋给 maxN，然后如果 c>maxN，那么把 c 的值赋给 maxN，最后输出 maxN。

程序代码 4.9.2

```
01    /*
02        求 3 个数中的最大值（并列 if 语句）。
03    */
04    #include <iostream>
05    using namespace std;
06    int main(){
07        float a,b,c,maxN;
08        cout << "输入3个数：";
09        cin >> a >> b >> c;
10        maxN = a;
11        if(b>maxN) maxN=b;
12        if(c>maxN) maxN=c;
13        cout << "最大数为："<< maxN <<endl;
14        return 0;
15    }
```

该方法的算法流程图如图 4.29 所示。

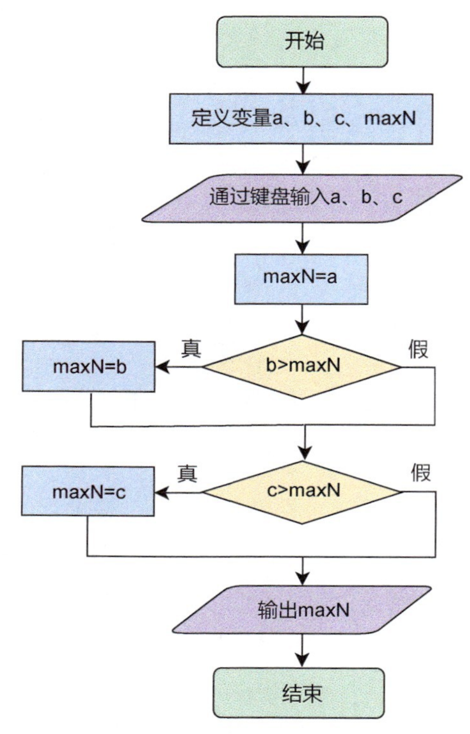

图 4.29　方法二的算法流程图

案例 4.10

超市双 11 推出以下优惠促销活动。

购物满 50 元，打 9 折；购物满 100 元，打 8 折；购物满 200 元，打 7 折；购物满 300 元，打 6 折。编写程序，计算当购物满 s 元时，实际付款额为多少。

问题分析

输入：消费额 s（保留两位小数的浮点数）。

输出：实际付款额（保留两位小数的浮点数）。

定义浮点型变量 f，用于存放实际付款额，根据题意，实际付款额 f 与消费额 s 的关系如下：

$$f=\begin{cases} s, & s<50 \\ s\times0.9, & 50\leqslant s<100 \\ s\times0.8, & 100\leqslant s<200 \\ s\times0.7, & 200\leqslant s<300 \\ s\times0.6, & s\geqslant300 \end{cases}$$

用 if 嵌套语句解决该问题的算法流程图如图 4.30 所示。

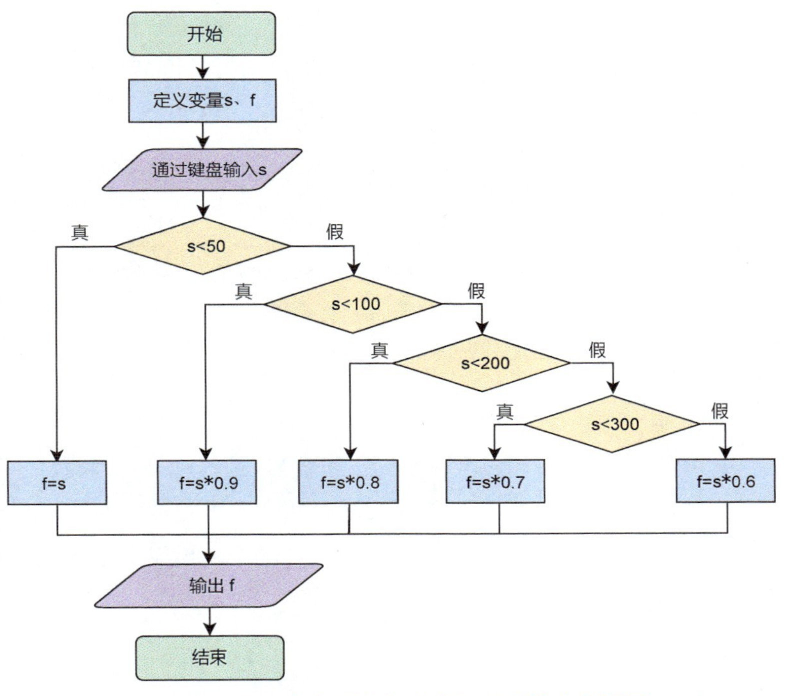

图 4.30　用 if 嵌套语句解决该问题的算法流程图

程序代码 4.10

```
01  /*
02      根据优惠规则计算实际付款额。
03  */
04  #include <iostream>
05  using namespace std;
06  int main(){
07      float s,f;
```

```
08        cout << "输入消费额: ";
09        cin >> s;
10        if (s<50) f = s;
11        else if (s<100) f = s*0.9;                              //9折
12              else if (s<200) f = s*0.8;                        //8折
13                    else if (s<300) f = s*0.7;                  //7折
14                          else f = s*0.6;                       //6折
15        printf("实际付款额为: %.2f\n",f);
16        return 0;
17    }
```

以上程序代码中，第 10 ～第 14 行共有 4 层嵌套的 if-else 语句。

程序运行结果如图 4.31 所示。

```
输入消费额: 250
实际付款额为: 175.00

--------------------------------
Process exited after 69.05 seconds with return value 0
```

图 4.31　程序运行结果

编程训练

练习 4.6

已知任意 3 条线段的长度（均为正整数），编写程序，判断这 3 条线段是否能构成一个三角形。若能构成三角形，则还需判断所构成的三角形的形状（等边三角形、等腰三角形、直角三角形、等腰直角三角形或普通三角形）。

4.5 switch语句

应用 if 语句可以很方便地在程序中实现两个分支，如果出现多个分支的情况，虽然可以使用 if 语句的嵌套，但是程序会显得比较复杂，不易阅读。

为了实现对多个条件分支的选择，C++ 提供了 **switch 语句**，其一般格式如下：

```
switch （表达式）        //表达式的值只能在下面的 case 值表中出现一次
{
    case 值 1：语句序列 1；break；   // 执行 break 语句，跳出 switch 语
                                      句，执行后续其他语句
    case 值 2：语句序列 2；break；
    case 值 3：语句序列 3；//若没有 break 语句，则继续执行后续 case 的语
                             句序列
    case 值 4：语句序列 4；
    …
    case 值 n：语句序列 n；break；
    default ：语句序列 n+1；   // default 部分是可选项
}
```

运行 switch 语句时，根据表达式的值，选取“{}”中的一个 case 分支开始执行。当表达式的值等于值 n 时，就执行 case 值 n 后面的语句序列 n。如果表达式的值没有出现在任何 case 后面，则执行 default 后面的语句序列 n+1。如果没有 default 部分，则结束 switch 语句，执行其后面的语句。switch 语句的执行流程如图 4.32 所示。

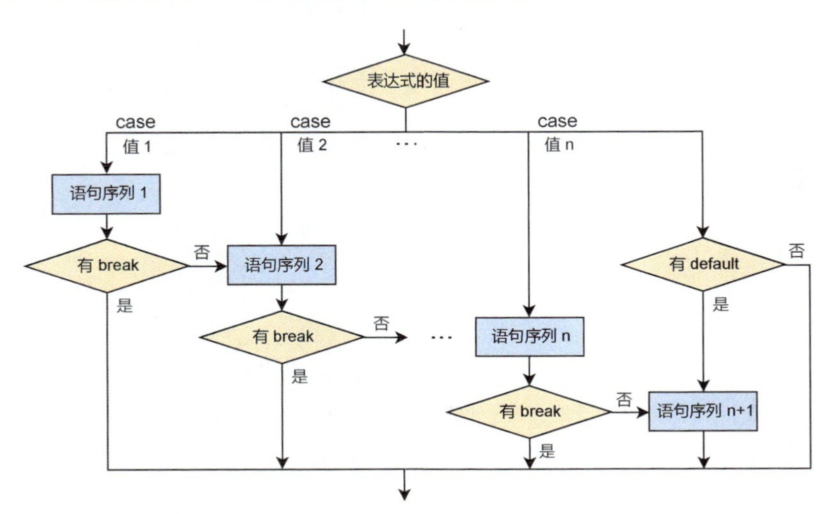

图 4.32　switch 语句的执行流程（一）

case 后面的值 n 的类型必须和表达式结果的类型一致，而且任意两个 case 后的值必须不同。多个 case 可以共用一个语句序列，即某些

case 后的语句序列可为空。例如：

```
switch (表达式){
    case 值1:
    case 值2:
    case 值3: 语句序列 3;
}
```

上述代码中，当 case 后面的值为值 1、值 2 或值 3 时，执行同一个语句序列 3，执行流程如图 4.33 所示。

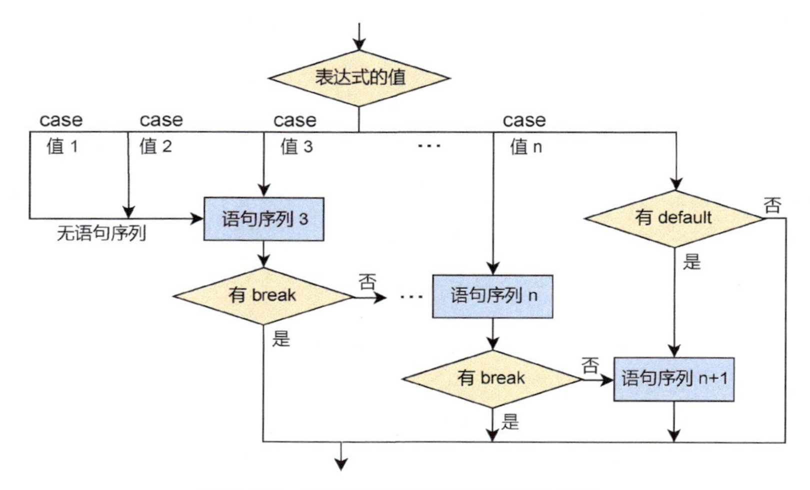

图 4.33　switch 语句的执行流程（二）

编程案例

案例 4.11

考试成绩一般都是百分制整数，学生档案中经常采用等级制评价学生成绩。编写程序，将百分制成绩转换为 A、B、C、D、E 5 个等级，等级与百分制成绩之间的对应关系如下。

A：90 ～ 100。

B：80 ～ 89。

C：70 ～ 79。

D：60 ～ 69。

E：0 ～ 59。

问题分析

输入：0 ～ 100 的任意整数。

输出：对应等级（A、B、C、D、E）。

问题中的 5 个等级相当于 5 个分支，该问题可用 switch 语句来解决。

观察等级与百分制成绩之间的对应关系可以发现，每个等级的百分制成绩划分都以 10 分为一个分数段。A 等级的每个分数整除 10 的结果为 9 或 10，B 等级的每个分数整除 10 的结果为 8，C 等级的每个分数整除 10 的结果为 7，D 等级的每个分数整除 10 的结果为 6，E 等级的每个分数整除 10 的结果为 0 ～ 5。

由此可见，如果百分制成绩为 x，则表达式 x/10 的值（0 ～ 10）就对应各个分数段。

使用 switch 语句解决该问题的算法流程图如图 4.34 所示。

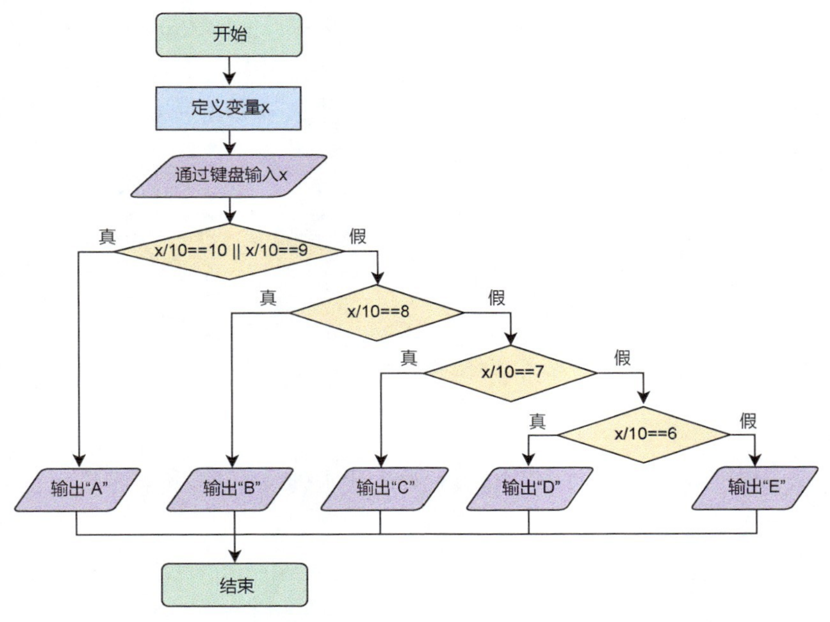

图 4.34　使用 switch 语句解决该问题的算法流程图

程序代码 4.11

```
01  /*
02      百分制成绩登记为等级制成绩。
03  */
04  #include <iostream>
05  using namespace std;
06  int main(){
07      int x;
08      cout << "输入一个百分制成绩（0~100 的整数）：";
09      cin >> x;
10      switch (x/10)
11      {
12          case 10:
13          case  9: cout << "A" <<endl; break;
14          case  8: cout << "B" <<endl; break;
15          case  7: cout << "C" <<endl; break;
16          case  6: cout << "D" <<endl; break;
17          default: cout << "E" <<endl;
18      }
19      return 0;
20  }
```

以上程序代码中，第 10 ～第 18 行是一个 switch 语句，根据算术表达式 x/10 的结果的不同，执行的 cout 语句也不同。每次根据 x/10 的结果输出等级后，都用 **break** 结束该 switch 语句。

程序运行结果如图 4.35 所示。

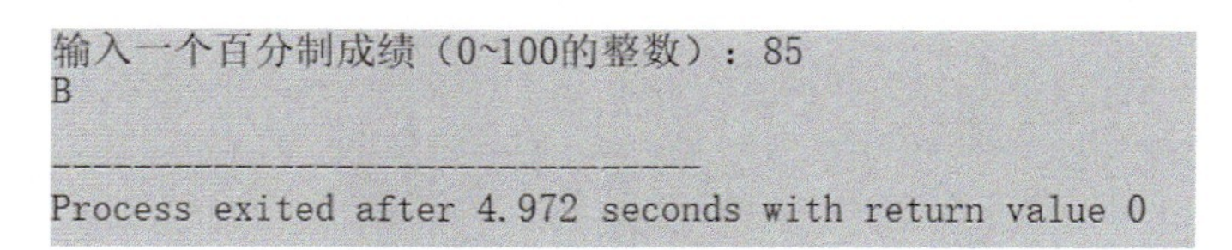

图 4.35　程序运行结果

案例 4.12

编写程序，输入年份和月份，计算并输出该月共有多少天。

问题分析

一年有 12 个月，其中 1、3、5、7、8、10、12 月各有 31 天，4、6、9、11 月各有 30 天。2 月比较特殊，闰年的 2 月有 29 天，平年的

2 月有 28 天。

用 switch 语句解决该问题的算法流程图如图 4.36 所示。

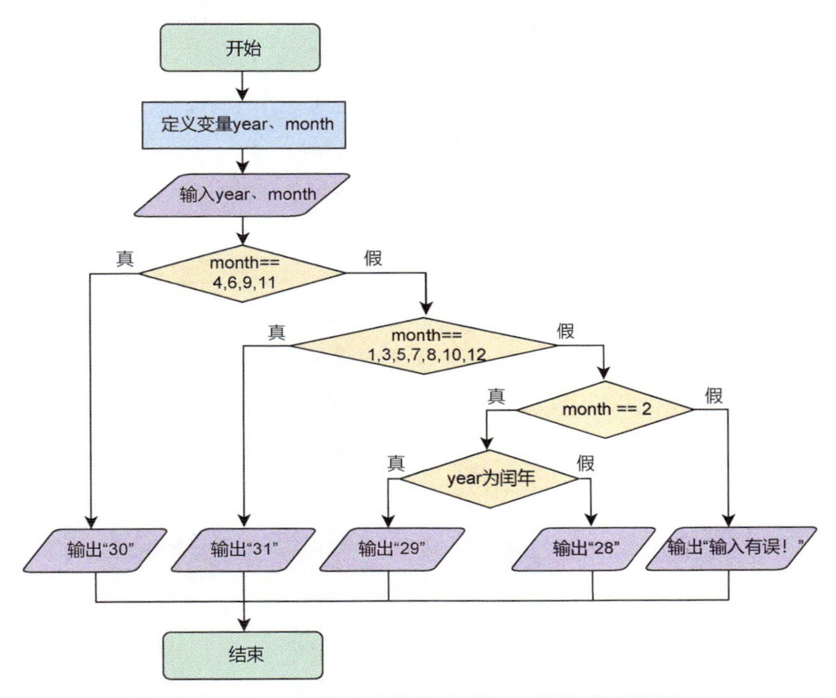

图 4.36　用 switch 语句解决该问题的算法流程图

程序代码 4.12

```
01  /*
02      输入年份和月份，计算并输出该月有多少天。
03  */
04  #include <iostream>
05  using namespace std;
06  int main(){
07      int year, month;
08      cout << "请输入年份和月份（#### ##）：";
09      cin >> year >> month;
10      switch (month){
11          case  4:
12          case  6:
13          case  9:
```

```
14            case 11: cout << "30" <<endl; break;
15            case  1: case 3: case 5: case 7: case 8: case 10:
16            case 12: cout << "31" <<endl; break;
17            case  2: if((year%400==0)||((year%4==0)&&
                       (year%100!=0)))
18                          cout << "29" <<endl;
19                       else
20                          cout << "28" <<endl;
21                       break;
22            default: cout << "输入有误！ "<<endl;
23        }
24        return 0;
25    }
```

以上程序代码中，第 10 ～第 23 行是一个 switch 语句，其中，第 11 ～第 14 行表示 4、6、9、11 月每月的天数都是 30，执行一条 cout 语句输出“30”即可，且这几行可以如第 15 行一样写在同一行中；第 17 ～第 21 行是 2 月的情况，用一个 if-else 语句判断，然后输出闰月或非闰月的天数。

程序运行结果如图 4.37 所示。

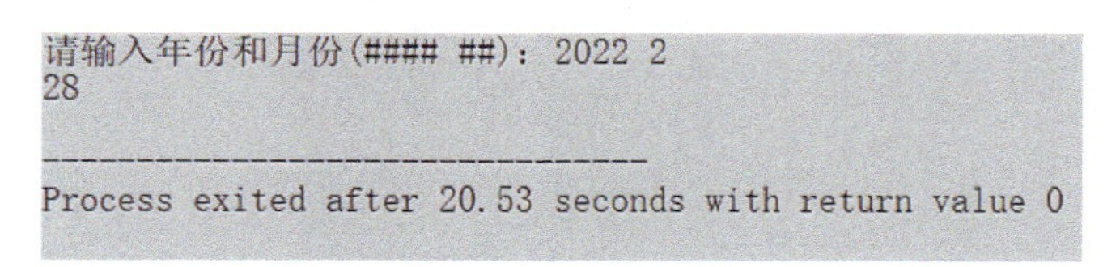

图 4.37　程序运行结果

编程训练

练习 4.7

用 1 表示星期一，用 2 表示星期二，以此类推，用 7 表示星期日。编写程序，输入 1 ～ 7 的任意整数，输出对应的表示星期的中文。

练习 4.8

A 和 B 两人在玩剪刀石头布的游戏。假设 0 代表剪刀，1 代表石头，2 代表布，两个整型变量 a 和 b 分别表示 A、B 两人各自的出法。编写程序，输入 A、B 两人的出法，分别存入变量 a 和变量 b，输出“A 胜”“B 胜”或“平手”。

第 5 章

循环结构：让某个操作重复执行多次

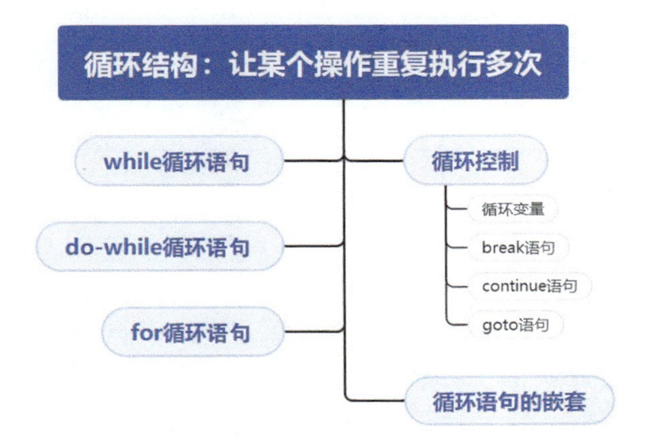

在编程中，有时需要重复执行一组操作，直到满足某个条件为止，这种重复操作被称为循环。本章将主要讲解 C++ 中的 3 种循环语句，即 while 循环语句、do-while 循环语句、for 循环语句，以及循环语句的嵌套；此外还将讲解如何正确使用 break 语句、continue 语句、goto 语句来控制循环中语句的执行流程。

5.1 while循环语句

while 循环语句能在某个条件成立时，重复执行一组指定的操作，直到该条件不成立为止。它适用于“当条件成立时重复执行”的循环控制，因而常被称为当型循环，其执行流程如图 5.1 所示。

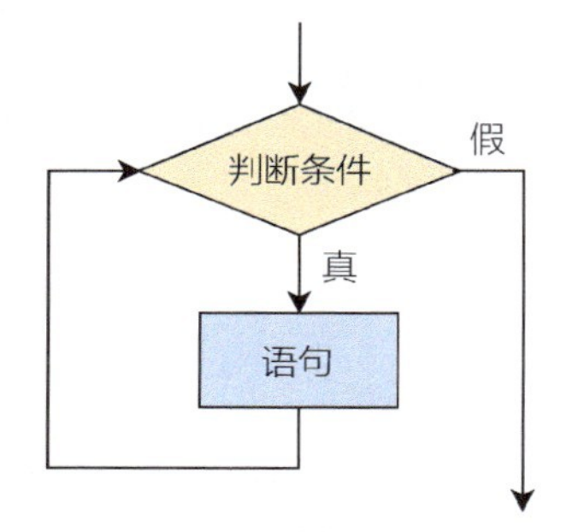

图 5.1 while 循环语句的执行流程

while 循环的语法结构如下：

```
while (condition)
{
    循环体 ;          // 一条或多条语句
}
```

condition 就是一个**关系判断表达式**，它与 if 语句中的 condition 一样，其外面的括号是必需的。

循环体是 while 循环语句的主体部分，是需要重复操作的一条或多条语句，当它为多条语句时，其外侧必须加上花括号“{}”。如果关系判断表达式 condition 的结果为“真”，就执行循环体里面的语句；之后再判断 condition，如果结果还是为“真”，则再次执行循环体里面的语句；如此重复操作，直到 condition 的结果为“假”时，不再执行循环体里面的语句，退出 while 循环，继续执行后续语句。

循环体内必须存在一条语句，执行后能够改变 condition 中变量的

值，从而使 condition 的判断结果发生变化，能够出现结果为“假”的情况，以此终止循环；否则这个循环会一直执行下去，出现死循环。

编程案例

案例 5.1

编写程序，输出 *n*（0 ～ 10）行“********”。

问题分析

输入：一个不大于 10 的正整数 *n*。

输出：*n* 行“********”。

用 while 循环语句循环执行 *n* 次输出“********”和换行的操作。为了不出现死循环，每次输出和换行以后，*n* 的值都减 1，直到 *n* 为 0 时结束循环。

解决该问题的算法流程图如图 5.2 所示。

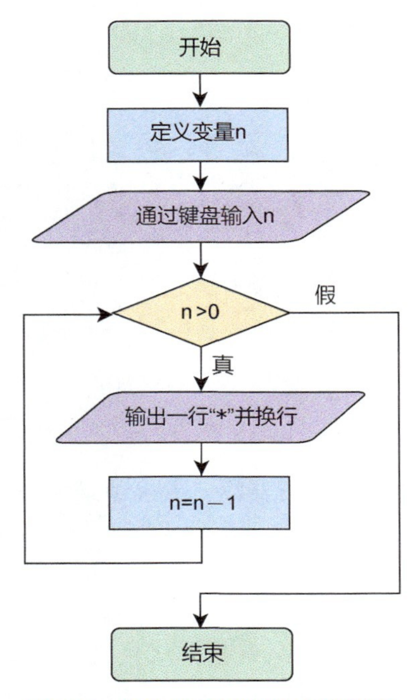

图 5.2　解决该问题的算法流程图

程序代码 5.1

```
01  /*
02      用 while 循环语句输出 n 行“*”。
03  */
04  #include <iostream>
05  using namespace std;
06  int main() {
07      int n;
08      cout<<"输入正整数 n (1~10): ";
09      cin >> n;
10      while(n>0){
11          cout<<"********"<<endl;
12          n--;        //修改循环控制变量 n 的值，当 n 为 0 时，结束循环
13      }
14      return 0;
15  }
```

以上程序代码中，n 为 while 循环语句的循环控制变量，由它来控制循环体内语句的重复执行次数，第 12 行用于修改循环控制变量 n 的值，当 n 的值为 0 时，结束循环。

程序运行结果如图 5.3 所示。

```
输入正整数n (1~10): 5
********
********
********
********
********

--------------------------------
Process exited after 7.374 seconds with return value 0
```

图 5.3　程序运行结果

案例 5.2

编写程序，计算并输出正整数 *m* 和 *n* 的最大公约数。

问题分析

输入：两个正整数。

输出：一个正整数（最大公约数）。

最大公约数（Greatest Common Divisor，GCD）是指几个数共有的因数之中最大的一个数，如 8 和 12 的最大公约数是 4，一般记作 gcd(8,12)=4。

求两个正整数的最大公约数可以使用**欧几里得算法**。欧几里得算法是古希腊数学家欧几里得在他的著作《几何原本》中提出的，利用这个方法可以较快地求出两个正整数的最大公约数。

用欧几里得算法求两个正整数的最大公约数的具体步骤：用较大的数除以较小的数，如果余数不为 0，则将余数和较小的数（除数）构成一对新数，继续用其中较大的数除以较小的数，这样反复相除，直到较大的数被较小的数除尽（余数为 0），这时较小的数就是原来的两个正整数的最大公约数，如图 5.4 所示。

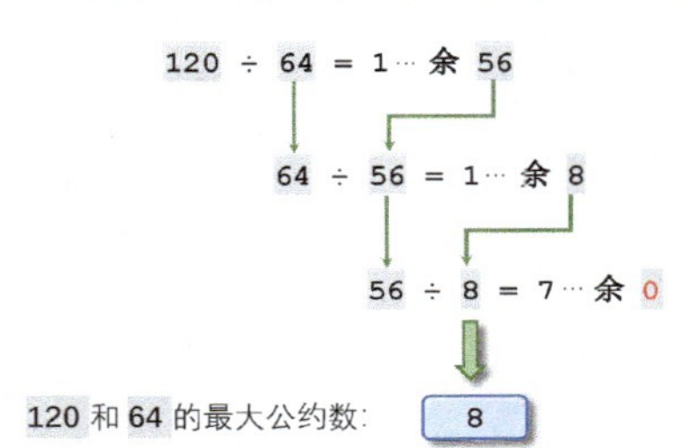

图 5.4　用欧几里得算法求两个正整数的最大公约数

用欧几里得算法求两个正整数的最大公约数的算法流程图如图 5.5 所示。

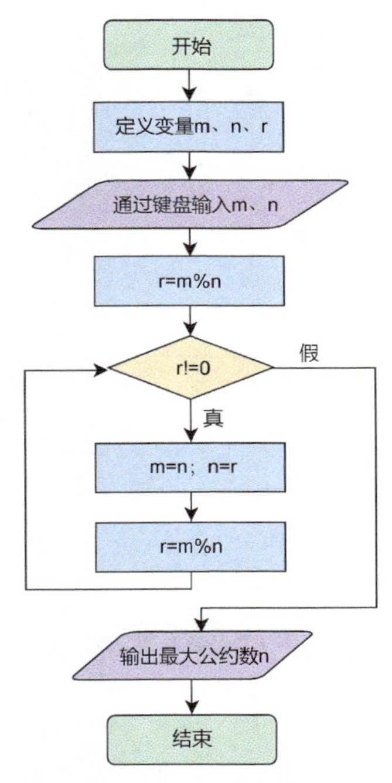

图 5.5　用欧几里得算法求两个正整数的最大公约数的算法流程图

程序代码 5.2

```
01  /*
02      用欧几里得算法求两个正整数的最大公约数。
03  */
04  #include <iostream>
05  using namespace std;
06  int main(){
07      int m,n,r;
08      cout<<"输入两个正整数（用空格分隔）：";
09      cin>>m>>n;;
10      r = m % n;              //r取m除以n的余数
11      while(r!=0)             //辗转相除
12      {   m = n;              //较小的数（除数）赋给m
13          n = r;              //余数赋给n
14          r = m % n;          //r再次取m除以n的余数
15      }
16      cout<<"最大公约数"<< n;
17      return 0;
18  }
```

程序运行结果如图 5.6 所示。

```
输入两个正整数（用空格分隔）：120 64
最大公约数8
--------------------------------
Process exited after 34.75 seconds with return value 0
```

图 5.6　程序运行结果

编程训练

练习 5.1

现有等差数列 1,3,5,7,…,$2n-1$（$n \leqslant 100$），请编写程序，输出前 n 项的和。

5.2 do-while循环语句

do-while 循环语句也是根据条件的真假来决定是否执行循环体的

语句，但它与 while 循环语句有很大的区别：while 循环语句是先检查条件是否成立，再执行循环体；而 do-while 循环语句则是先执行循环体，再检查条件是否成立。它适用于“重复操作直到条件不成立为止”的循环控制，因而常被称为**直到型循环**。其执行流程如图 5.7 所示。

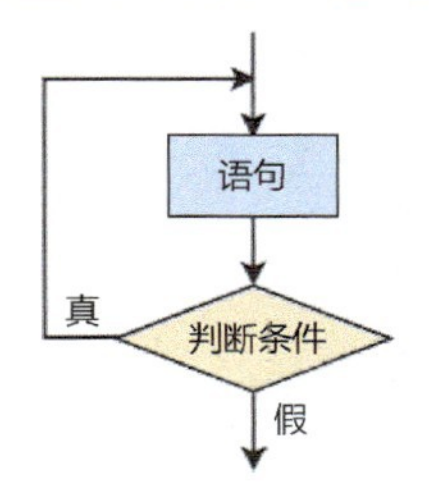

图 5.7　do-while 循环语句的执行流程

直到型循环的语法结构如下：

```
do
{
    循环体 ;                  // 一条或多条语句
}
while (condition);
```

do-while 循环语句是在执行一次循环体之后才判断 condition 的值，所以 do-while 循环语句的循环体至少执行一次。

跟 while 循环语句一样，要确保 do-while 循环语句的循环体部分修改了 condition 中的某个变量，从而改变 condition 的判断结果，结束循环，否则循环将永远执行下去，出现死循环。

特别注意，跟 while 循环语句不一样的是，do-while 循环语句的 condition 外的括号后面要加上分号。

编程案例

案例 5.3

编写程序，连续通过键盘输入若干个整数并输出，当输入“0”时就不能继续输入。

问题分析

使用 do-while 循环语句来解决该问题，要先通过键盘输入一个整数，赋给变量 n 并输出，然后判断 n 是否为 0，如果 n 为 0，则退出循环，否则继续通过键盘输入数据并输出。

解决该问题的算法流程图如图 5.8 所示。

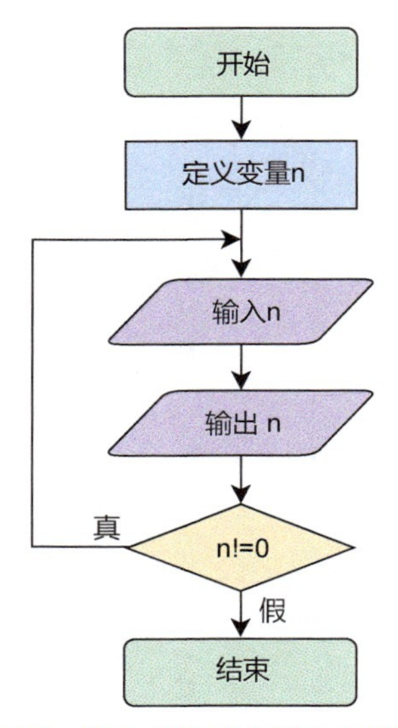

图 5.8 解决该问题的算法流程图

程序代码 5.3

```
01  /*
02      连续输入若干整数并输出。
03  */
04  #include <iostream>
05  using namespace std;
06  int main() {
07      int n;
08      cout<<"输入若干整数（用空格分隔）：";
09      do{
10          cin >> n;
11          cout << n <<" ";
12      }while(n!=0);
13      return 0;
14  }
```

以上程序代码中，第 09 ～第 12 行为 do-while 循环语句，循环的判断条件为 n 不等于 0；当 n 等于 0 时，结束循环。

程序运行结果如图 5.9 所示。

```
输入若干整数（用空格分隔）: 45 32 4 66 78 34 122 98 0
45 32 4 66 78 34 122 98 0
--------------------------------
Process exited after 19.5 seconds with return value 0
```

图 5.9　程序运行结果

案例 5.4

编写程序，计算 $s=1+2+\cdots+99+100$ 并输出结果。

问题分析

使用 do-while 循环语句来解决该问题，n 为循环控制变量，n 的初始值为 1，在循环体内先将 n 累加到 s，n 的值再加 1，然后判断 n 是否小于等于 100，若条件成立，则继续执行循环体中的语句，否则结束循环。

解决该问题的算法流程图如图 5.10 所示。

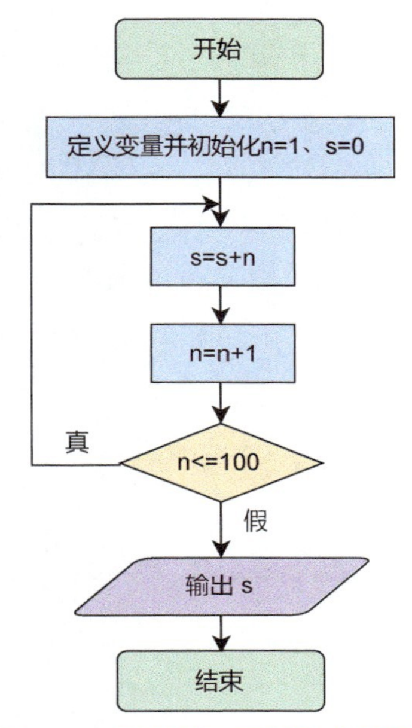

图 5.10　解决该问题的算法流程图

程序代码 5.4

```
01  /*
02      计算 s=1+2+···+99+100 的和。
03  */
04  #include <iostream>
05  using namespace std;
06  int main() {
07      int n=1,s=0;
08      do{
09          s+=n;            //s=s+n;
10          n++;             //n=n+1;
11      }while(n<=100);
12      cout<<"s=1+2+···+100="<< s <<endl;
13      return 0;
14  }
```

以上程序代码中，第 08 ～第 11 行为 do-while 循环语句，当 n 小于等于 100 时，将 n 累加到 s 中，然后 n 的值加 1；当 n 大于 100 时，结束循环。

程序运行结果如图 5.11 所示。

```
s=1+2+···+100=5050

--------------------------------
Process exited after 0.5589 seconds with return value 0
```

图 5.11　程序运行结果

编程训练

练习 5.2

编写程序，输出 0 ～ 100 内的所有能被 7 整除的数。

练习 5.3

编写程序，输入一个多位数整数 *n*，将其各位数字反序输出。例如，输入整数 1234，输出 4321。

练习 5.4

编写程序，将一个十进制整数 *n* 转换为二进制数，统计并输出该二进制数中 1 和 0 的个数。

5.3 for循环语句

前面介绍的 do-while 循环语句和 while 循环语句都适用于解决循环次数未知的重复操作问题。如果**已知重复操作的次数**，则可以使用 **for 循环语句**，它可以将循环体内的语句重复执行指定的次数，其执行流程如图 5.12 所示。

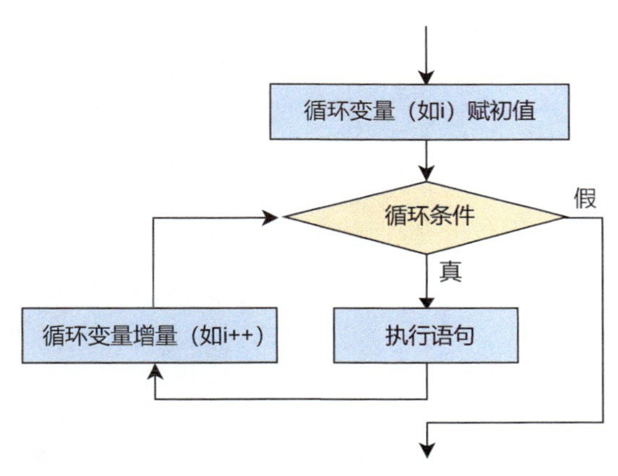

图 5.12　for 循环语句的执行流程

for 循环语句的语法结构如下：

```
for(循环变量初始化; 循环条件; 循环变量增量)
{
    循环体          //一条或多条语句
}                   //若循环体内只有一条语句，则花括号可以不写
```

循环变量必须在 for 循环语句之前定义，一般定义为 `int` 型。

一般情况下，**循环变量增量**是递增或递减循环变量的语句，如 `i++`、`i--`、`++i`、`i-=2`、`i=i+2`、`i%=4` 等。

for 循环语句的执行过程如下。

（1）给循环变量赋初始值。

（2）判断循环条件，如果成立，则执行循环体内的语句；如果不成立，则转到（5）。

（3）执行循环变量增量语句。

（4）转回（2）继续执行。

（5）循环结束，执行 for 循环语句后面的语句。

图 5.13 所示的程序代码段将输出 1 到 100 之间的所有整数（红色箭头为循环语句执行顺序），**i** 为循环变量。

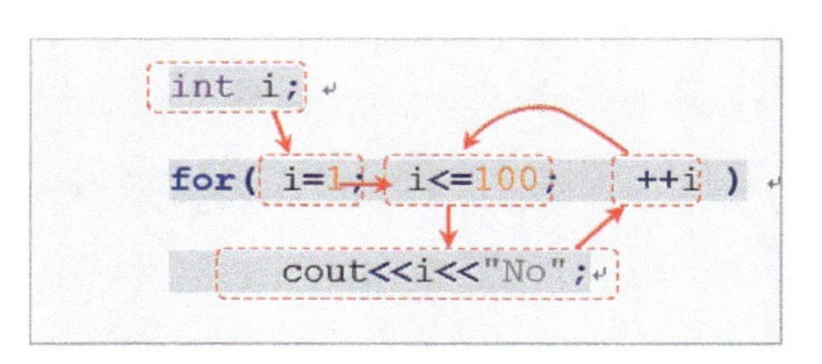

图 5.13　输出 1 到 100 之间的所有整数

编程案例

案例 5.5

编写程序，判断一个整数 n（n>1）是否为质数。

问题分析

输入：一个整数 n（n>1）。

输出：“Yes”或“ No”。

如果一个整数 n（n>1）不能被 1 和 n 以外的正整数整除，那么 n 就是质数。因此，只要把 2 至（n−1）之间的每一个数字分别作为除数，与 n 做除法，只要出现一次整除，就说明 n 不是质数；若一直没有出现整除现象，则说明 n 是质数。

一个整数的因子都是成对出现的，如果 x 能被 n 整除，则 n 是 x 的因子，x/n 同样是 x 的因子，成对的两个因子（除了 1 和本身）都不会大于 $n/2$。因此，判断 n 是否为质数时，用作除数的 2 至（n−1）之间的数字个数可以减半，用 2 至 $n/2$ 之间的数字作为除数即可。再进一步，可以把作为除数的数字范围缩小到 2 至 $\sqrt{n}$ 之间（$\sqrt{n}$ 在 C++ 中表示为 **sqrt(n)**）。

判断一个数是否为质数的算法流程图如图 5.14 所示。

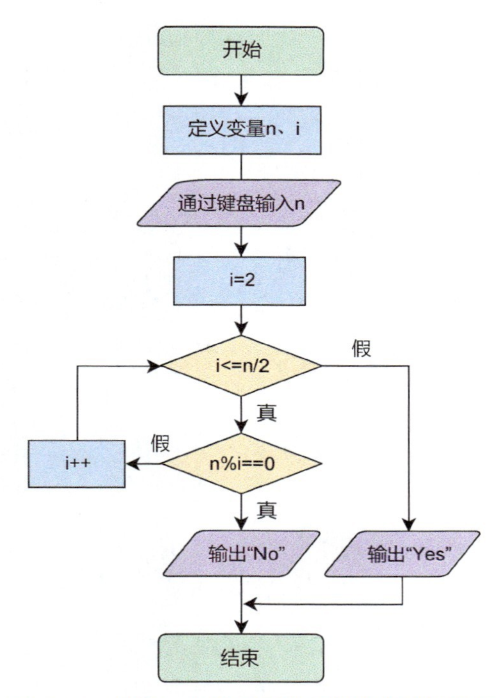

图 5.14　判断一个数是否为质数的算法流程图

程序代码 5.5

```
01  /*
02          判断一个数是否为质数。
03   */
04  #include <iostream>
05  using namespace std;
06  int main(){
07      int n,i;
08      cout<<"输入一个大于 1 的整数: ";
09      cin>>n;
10      for(i=2;i<=n/2;i++){
11          if(n%i==0) {
12              cout<<"No"<<endl;       //能被整除，不是质数
13              return 0;                //结束程序
14          }
15      }
16      cout<<"Yes"<<endl;              //是质数
17      return 0;
18  }
```

以上程序代码中，第 10 ～第 15 行为 for 循环语句，用于判断 n 能否被 2 ～ n/2 之间的整数整除，如果能被整除，则输出“No”并结束程序；如果循环结束（i 大于 n/2），则说明 n 是质数，输出“Yes”。

程序运行结果如图 5.15 所示。

```
输入一个大于1的整数：29
Yes

--------------------------------
Process exited after 3.969 seconds with return value 0
```

图 5.15　程序运行结果

案例 5.6

编写程序，按从大到小的顺序输出大于 0 小于等于 100 的所有偶数。

问题分析

使用 for 循环语句来解决，其中，i 为循环变量，初始值为 100，每循环一次，i 减 2，直至 i 等于 0，结束循环。循环体内输出 i 的值。

用 for 循环语句输出 100 以内的所有偶数的算法流程图如图 5.16 所示。

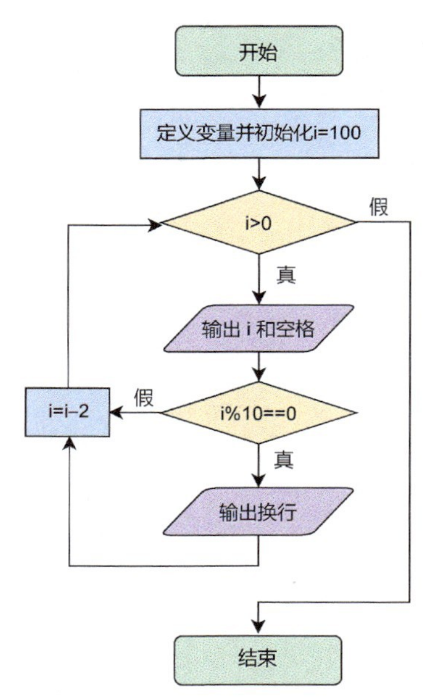

图 5.16　用 for 循环语句输出 100 以内的所有偶数的算法流程图

程序代码 5.6

```
01  /*
02     用 for 循环语句输出 100 以内的所有偶数。
03  */
04  #include <iostream>
05  using namespace std;
06  int main() {
07      for(int i=100;i>0;i-=2){
08          cout<< i << " ";
09          if(i%10==0) cout<<endl;      //换行
10      }
11      return 0;
12  }
```

以上程序代码中，第 07 ～第 10 行为 for 循环语句，循环变量 i 的初始值为 100，当判断条件 i>0 成立时，执行循环体语句，之后 i 减 2，再次判断进行下一次循环，第 09 行是 if 语句，当 i 能被 10 整除时，输出换行。

程序运行结果如图 5.17 所示。

```
100
98 96 94 92 90
88 86 84 82 80
78 76 74 72 70
68 66 64 62 60
58 56 54 52 50
48 46 44 42 40
38 36 34 32 30
28 26 24 22 20
18 16 14 12 10
8 6 4 2
--------------------------------
Process exited after 1.268 seconds with return value 0
```

图 5.17　程序运行结果

案例 5.7

编写程序，依次输入 *n* 个学生的学号、姓名、语文成绩、数学成绩、英语成绩和科学成绩，计算并输出平均分和总分。

问题分析

对每一个学生信息的处理方式都是一样的（输入、计算再输出），因而，可以用 for 循环语句（循环 *n* 次）来解决该问题。

程序代码 5.7

```
01  /*
02      用 for 循环语句输入 n 个学生的学号、姓名和各科成绩并输出平均分和总分。
03  */
04  #include <iostream>
05  using namespace std;
06  int main() {
07      int n;
08      string xh,xm;
09      float chi,math,eng,sci;
10      cout<<"输入学生人数 n: ";
11      cin >> n;
12      for(int i=1;i<=n;i++){
13          cout<<"--------------------"<<endl;
14          cout<<"输入学生的学号、姓名（用空格分隔）: ";
15          cin >> xh >> xm;
16          cout<<"依次输入语文、数学、英语和科学成绩（用空格分隔）: ";
17          cin >> chi >> math >> eng >> sci;
18          cout<<"平均分 = "<< (chi+math+eng+sci)/4.0 <<endl;
19          cout<<"总  分 = "<< chi+math+eng+sci <<endl;
20      }
21      return 0;
22  }
```

以上程序代码中，第 12 ～第 20 行是 for 循环语句，i 是循环控制变量，初始值为 1，每循环一次，i 的值增加 1，直至 i 的值大于 n，结束循环。程序运行结果如图 5.18 所示。

```
输入学生人数n: 2
--------------------
输入学生的学号、姓名（用空格分隔）: 1001 王小石
依次输入语文、数学、英语和科学成绩（用空格分隔）: 95 100 96.5 94
平均分 = 96.375
总  分 = 385.5
--------------------
输入学生的学号、姓名（用空格分隔）: 2002 吴菲儿
依次输入语文、数学、英语和科学成绩（用空格分隔）: 92 95.5 100 90
平均分 = 94.375
总  分 = 377.5

--------------------------------
Process exited after 225.8 seconds with return value 0
```

图 5.18　程序运行结果

编程训练

练习 5.5

编写程序，输出 1000 内能被 7 整除的数。

练习 5.6

印度有一个古老的传说，舍罕王打算奖赏国际象棋的发明人——宰相达依尔。国王问他想要什么，他对国王说："陛下，请您在这张棋盘的第 1 个小格里赏给我 1 粒麦子，在第 2 个小格里给 2 粒，在第 3 个小格里给 4 粒，像这样，后面一格里的麦粒数量总是前面一格里的麦粒数的 2 倍。请您把摆满棋盘全部的 64 格的麦粒，都赏给您的仆人吧！"国王觉得这要求太容易满足了，于是令人扛来一袋麦子，可很快就用完了。当人们把一袋一袋的麦子搬来开始计数时，国王才发现，就算把全印度的麦粒全拿来，也满足不了那位宰相的要求。那么，按照宰相的要求，他所得到的麦粒到底有多少呢？假如体积为 1 立方米的麦粒约为 1.42×10^8 粒，请编写程序，计算这些麦粒的体积。

练习 5.7

编写程序，依次输入全班 *n* 个学生的身高，找出全班学生身高的最大值和最小值。

5.4 循环控制

循环控制包括两方面的内容：一方面是控制循环变量的变化，另一方面是控制循环语句的跳转。控制循环语句的跳转需要用到 break、continue 这两个跳转语句。

5.4.1 循环变量

无论是 for 循环语句还是 while 循环语句、do-while 循环语句，都需要一个能够控制循环次数的变量，这个变量通常被称为**循环变量**。

下面的 do-while 循环代码段中的 **n** 就是循环变量，执行循环语句时由它来控制是否执行循环体：

```
do
{    if(n%2==1) s1++;
     else s0++;
     n/=2;              //改变循环变量的值
} while(n!=0);
```

下面的 while 循环代码段中的 **r** 是循环变量，执行循环语句时由它来控制是否执行循环体。

```
while(r!=0)
{    m = n;
     n = r;
     r = m % n;         //改变循环变量的值
}
```

do-while 循环语句和 while 循环语句的循环体中必须存在一条语句，用于改变循环变量的值，否则该循环将会是一个死循环。

下面的 for 循环代码段中的 **i** 是循环变量，执行循环语句时由它来控制循环的次数。

```
int i,s=0;
for(i=1; i<=100; i++)
     s += i;
cout<<s<<endl;
```

for 循环括号内的第三个表达式（如上面代码中的 **i++**）用于改变循环变量的值，这种改变可以是递增，也可以是递减，通过比较变量的初始值（如上面代码中的 `i=1`）和范围值（如上面代码中的 `i<=100`）来选择递增或递减。

5.4.2 break 语句

使用 break 语句可以跳出 switch 语句的分支结构。在循环结构中，同样可以用 break 语句跳出当前的循环体，从而终止当前循环，如图 5.19 所示。

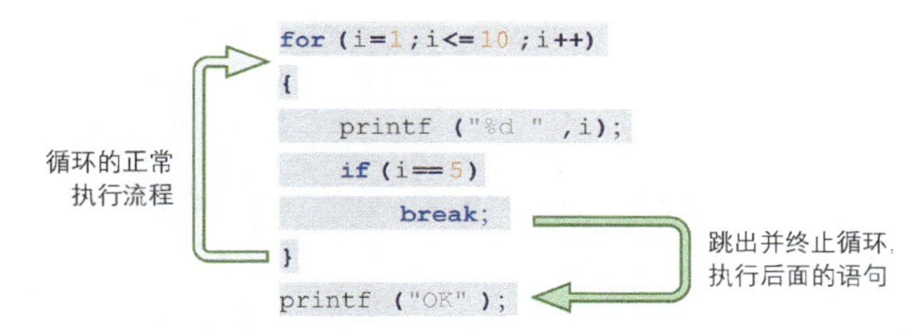

图 5.19　用 break 语句跳出并终止当前循环

编程案例

案例 5.8

编写程序，通过键盘输入 10 个数，计算这 10 个数的和，当输入的数小于等于 0 时，停止循环不再累加，并输出前面的累加结果。

问题分析

通过 for 循环语句输入并累加 10 个数。每次输入一个数后，判断输入的数是不是小于等于 0，如果成立，则使用 break 语句终止并跳出循环，执行 for 循环语句后面的输出语句。

解决该问题的算法流程图如图 5.20 所示。

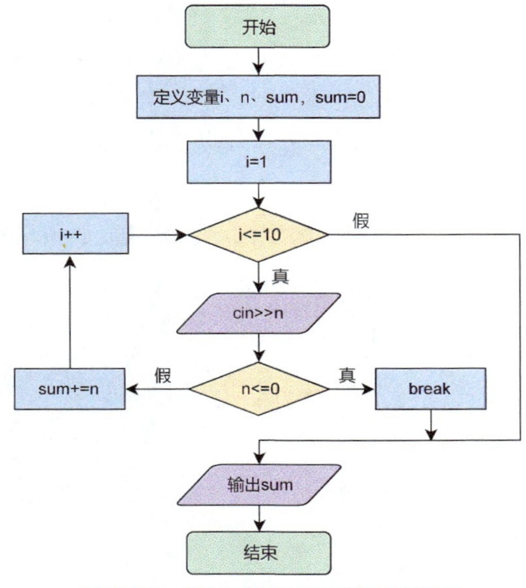

图 5.20　解决该问题的算法流程图

程序代码 5.8

```
01  /*
02    通过键盘输入 10 个数，计算这 10 个数的和。
      当输入的数小于等于 0 时，停止循环不再累加，并输出前面的累加结果。
03  */
04  #include <iostream>
05  using namespace std;
06  int main(){
07      int i,n,sum;
08      sum=0;
09      cout<<"输入 10 个数："<<endl;
10      for(i=1;i<=10;i++)
11      {
12          cout<<i<<":";
13          cin>>n;
14          if(n<=0)                    //判断输入的数是否为 0
15              break;
16          sum+=n;                     //累加
17      }
18      cout<<"累加结果："<<sum<<endl;
19      return 0;
20  }
```

该程序需要通过键盘输入 10 个数，当输入的数小于等于 0 时，就停止循环不再进行累加，并输出前面的累加结果。以上程序代码中，第 10 ～第 17 行为 for 循环语句，其中的第 14 ～第 15 行用于判断 n 是否小于等于 0，如果成立，则终止并跳出循环，执行第 18 行的 cout 输出语句。

例如输入 4 次 5，然后输入 0，程序运行结果如图 5.21 所示。

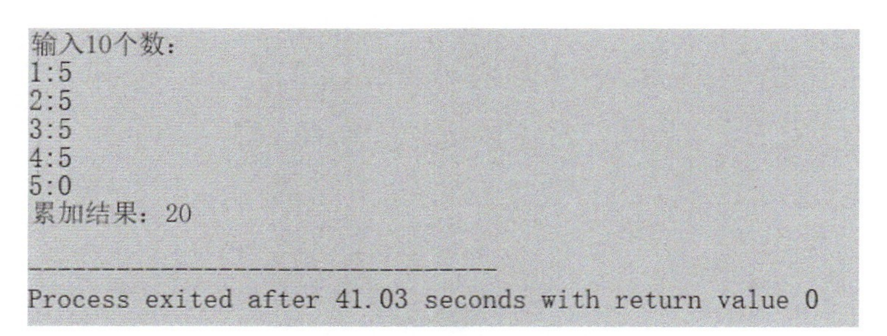

图 5.21 程序运行结果

案例 5.9

在一次聚会上，爱因斯坦给朋友出了一个问题。有一个楼梯，如果每步上 2 个台阶，最后还剩 1 个台阶到顶；如果每步上 3 个台阶，最后还剩 2 个台阶到顶；如果每步上 5 个台阶，最后还剩 4 个台阶到顶；如果每步上 6 个台阶，最后还剩 5 个台阶到顶；如果每步上 7 个台阶，最后一个台阶不剩到顶。问这个楼梯至少有多少个台阶。请编写程序求解。

问题分析

假设楼梯有 Count 个台阶，根据题意可知，Count 一定是 7 的倍数，并且 Count 必须满足以下 4 个条件：

（1）Count % 2 = 1 ;

（2）Count % 3 = 2 ;

（3）Count % 5 = 4 ;

（4）Count % 6 = 5 。

因此，只要从小到大穷举 7 的倍数，找到满足以上条件的最小值即可。

求解爱因斯坦阶梯问题的算法流程图如图 5.22 所示。

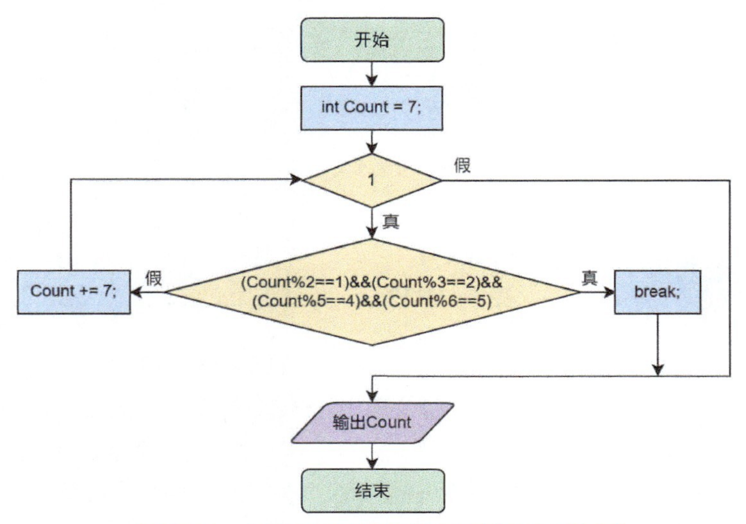

图 5.22　求解爱因斯坦阶梯问题的算法流程图

程序代码 5.9

```
01  /*
02     求解爱因斯坦阶梯问题。
03  */
04  #include <iostream>
05  using namespace std;
06  int main() {
07      cout<<"爱因斯坦阶梯问题求解：\n";
08      int Count = 7;              // 定义 Count 为 7 的倍数
09      while(1){
10          if((Count%2==1)&&(Count%3==2)&&(Count%5==4)&&
            (Count%6==5))
11              break;              // 找到，跳出循环
12          Count += 7;             // 7 的下一个倍数
13      }
14      cout<<"这个楼梯总共有 "<<Count<<" 个台阶！ "<<endl;
15      return 0;
16  }
```

以上程序代码中，第 09 行括号中的 1 表示“真”，它可以使 while 循环体中第 10 ～第 12 行的语句一直重复执行，直至第 10 行的 if 语句判断为真（找到需要的数），用 break 语句结束循环。

程序运行结果如图 5.23 所示。

```
爱因斯坦阶梯问题求解：
这个楼梯总共有 119 个台阶！
--------------------------------
Process exited after 1.014 seconds with return value 0
```

图 5.23　程序运行结果

5.4.3　continue 语句

break 语句可使循环语句还没有完全执行完就提前结束，与之相反，**continue 语句**并不终止当前的循环语句的执行，仅终止当前循环变量控制的一次循环，然后继续执行下一次循环。continue 语句的实际含义是**“忽略 continue 之后的所有循环体语句，回到循环的顶部并开始下一次循环”**，如图 5.24 所示。

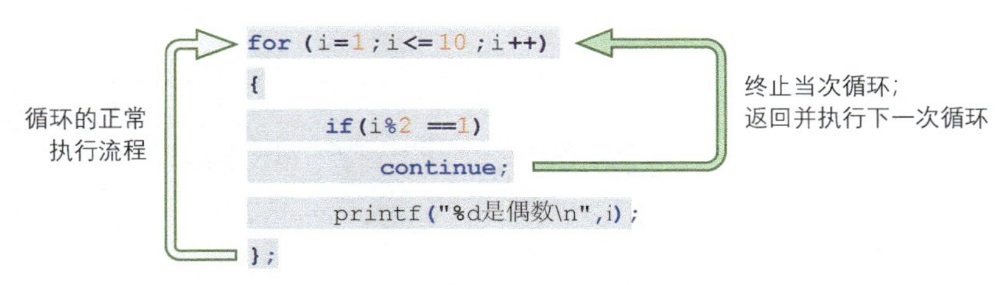

图 5.24　终止当次循环，返回并开始下一次循环

编程案例

案例 5.10

编写程序，通过键盘输入 [-100,100] 的任意 10 个整数，计算并输出其中大于 0 的数之和。

问题分析

使用 for 循环语句输入 10 个整数并累加。每次输入一个整数后，判断它是不是小于等于 0，如果成立，则不做累加，继续输入下一个整数。

解决该问题的算法流程图如图 5.25 所示。

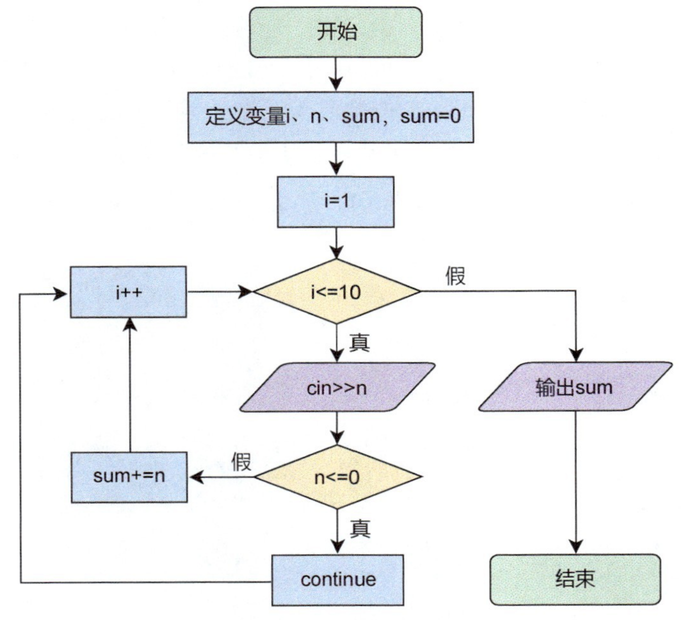

图 5.25　解决该问题的算法流程图

程序代码 5.10

```
01  /*
02   通过键盘输入[-100,100]内的任意10个整数，计算并输出其中大于0的数之和。
03  */
04  #include <iostream>
05  using namespace std;
06  int main(){
07      int i,n,sum;
08      sum=0;
09      cout<<"输入 10 个整数："<<endl;
10      for(i=1;i<=10;i++)
11      {
12          cout<<i<<":";
13          cin>>n;
14          if(n<=0)              // 判断输入的数是否小于或等于 0
15              continue;
16          sum+=n;               // 累加
17      }
18      cout<<"累加结果："<<sum<<endl;
19      return 0;
20  }
```

该程序需要通过键盘输入 10 个数，当输入的数小于等于 0 时，不进行累加。以上程序代码中，第 10 ～第 17 行为 for 循环语句，其中，第 14 ～第 15 行用于判断输入的数是不是小于等于 0，如果成立，就结束本次循环，不再执行后续的循环体语句，接着执行下一次循环。

例如输入 4 次 5，然后输入 -2，接着输入 5 个整数，程序运行结果如图 5.26 所示。

```
输入10个整数：
1:5
2:5
3:5
4:5
5:-2
6:5
7:5
8:0
9:5
10:5
累加结果：40

--------------------------------
Process exited after 20.23 seconds with return value 0
```

图 5.26　程序运行结果

5.4.4 goto 语句

goto 语句又称无条件跳转语句，用于改变程序中语句的执行顺序。其一般格式为

```
goto 标签；    // 转到程序中标签所在位置
```

其中，标签是用户自定义的一个标识符，以冒号结束，可以在程序中的任意位置。

编程案例

案例 5.11

编写程序，使用 goto 语句计算并输出 1 到 10 的和。

程序代码 5.11

```
01  /*
02     使用 goto 语句计算并输出 1 到 10 的和。
03  */
04  #include <iostream>
05  using namespace std;
06  int main(){
07       int i=0, num=0;                 // 定义变量，初始化为 0
08  label:                               // 定义一个名为 label 的标签
09       i++;                            //i 自加 1
10       num+=i;                         // 累加
11       if(i<10)                        // 判断 i 是否小于 10
12           goto label;                 // 转到标签 label 所在的位置
13       cout<<num<<endl;
14       return 0;
15  }
```

该程序利用 goto 语句跳转到标签位置从而实现循环功能。当程序执行到第 11 行 `if(i<10)` 时，如果条件为真，则程序跳转到标签 label 处，从第 9 行继续执行。程序运行结果如图 5.27 所示。

goto 语句是一种跳转语句，它会使程序的执行顺序变得混乱，CPU 需要不停地执行跳转，效率比较低，因此，在程序设计中要尽量避免使用 goto 语句。

```
55

--------------------------------
Process exited after 2.094 seconds with return value 0
```

图 5.27　程序运行结果

编程训练

练习 5.8

编写程序，使用 for 循环语句输入 n（$n \leqslant 100$）个学生的学号、姓名和性别，同时，统计男生的人数。当输入的学号为 0 时，结束循环，输出男生的人数。

5.5 循环语句的嵌套

如果把一个循环语句放在另一个循环语句的循环体中，就构成了循环语句的嵌套。循环语句有 while 循环语句、do-while 循环语句和 for 循环语句 3 种，这 3 种循环语句可以互相嵌套使用。

在 for 循环语句中嵌套 for 循环语句：

```
for(…)
{
    for(…)
    {
        …
    }
}
```

在 while 循环语句中嵌套 while 循环语句：

```
while(…)
{
    while(…)
    {
        …
    }
}
```

在 while 循环语句中嵌套 for 循环语句：

```
while(…)
{
    for(…)
    {
        …
    }
}
```

在嵌套 for 循环语句中，内层的 for 循环语句要执行外层的循环变量指定的次数。例如，要输出 3 行“1 2 3 4 5”，就可以使用嵌套 for 循环语句。外层的循环变量取值从 1 到 3，而内层的循环变量取值从 1 到 5，代码如下：

```
int i,j;
for(i=1;i<=3;i++)                //外层 for 循环语句
{
    for(j=1;j<=5;j++)            //内层 for 循环语句（执行 3 次）
        printf("%d ",j);       //只有一条语句（执行 5 次），省略花括号
    printf("\n");
}
```

以上代码中，外层 for 循环语句的循环变量 i 和内层 for 循环语句的循环变量 j 在程序执行过程中的变化情况如图 5.28 所示。

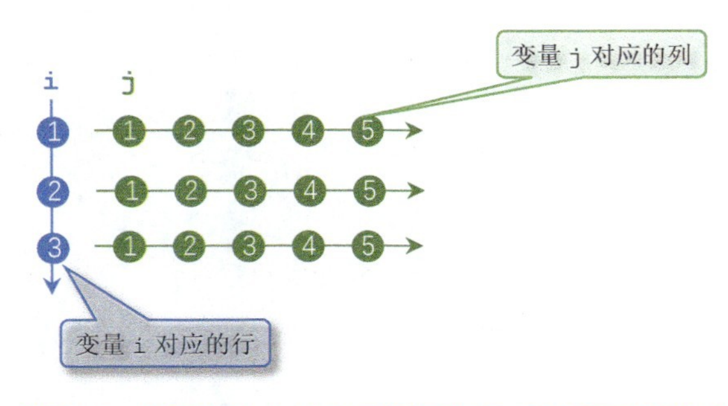

图 5.28　嵌套 for 循环语句中内外层循环变量 i 和循环变量 j 的变化情况

编程案例

案例 5.12

编写程序，输入一个整数，输出图 5.29 所示的由“*”组成的图形。

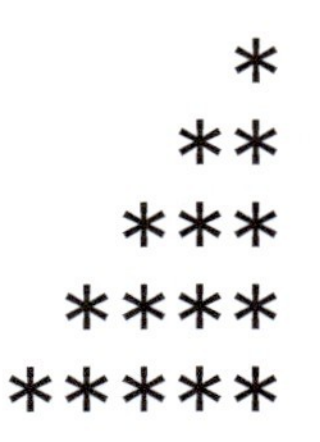

图 5.29 输出由“*”组成的图形

问题分析

这是一个输出图形问题，一般按行和列分别处理，找出每一行和每一列的规律，然后按行输出即可。根据题意进行程序设计，总共输出 n 行，第 i 行中先输出 n−i 个空格，然后输出 i 个“*”。用变量 i 控制外层循环 n 次，输出 n 行；用变量 j 控制第一个内层循环 n−i 次，输出 n−i 个空格；再用变量 j 控制第二个内层循环 i 次，输出 i 个“*”。内外层循环在运行过程中变量 i 和变量 j 的变化情况如图 5.30 所示。

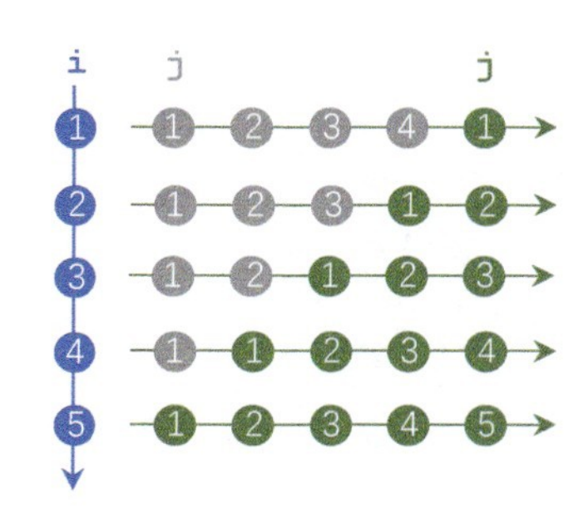

图 5.30 内外层循环在运行过程中变量 i 和变量 j 的变化情况

解决该问题的算法流程图如图 5.31 所示。

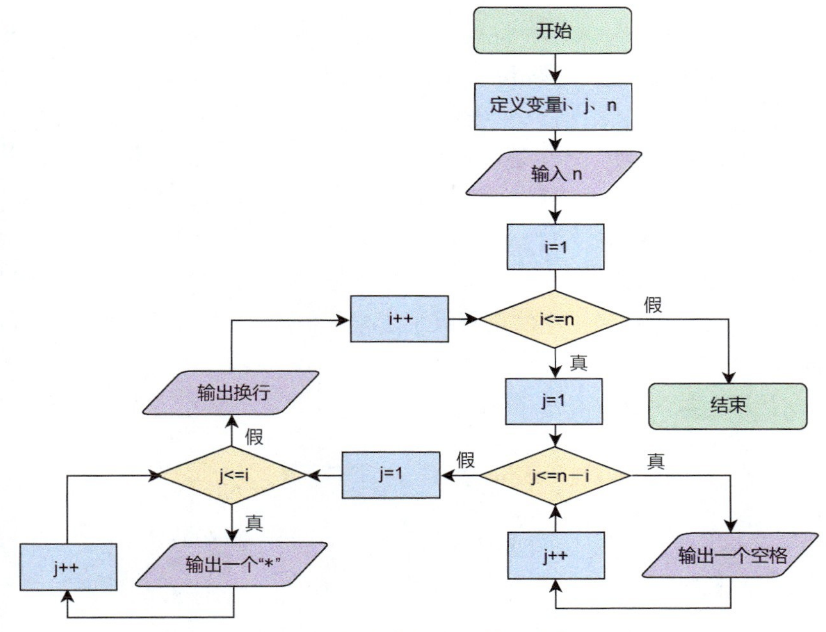

图 5.31　解决该问题的算法流程图

程序代码 5.12

```
01  /*
02     使用嵌套 for 循环语句输出由“*”组成的图形。
03  */
04  #include <iostream>
05  using namespace std;
06  int main() {
07        int n,i,j;
08        cout<<" 输入一个整数: ";
09        cin >> n;
10        for(i=1;i<=n;i++)                  //控制行的输出
11        {
12            for(j=1;j<=n-i;j++)            //控制列的输出
13                cout<<" ";                 //每一列输出 n-i 个空格
14            for(j=1;j<=i;j++)              //控制列的输出
15                cout<<"*";                 //每一列输出 i 个 “*”
16            cout<<endl;                    //当前行结束，输出换行符
```

```
17        }
18        return 0;
19    }
```

以上程序代码中，第 10 ～第 17 行为外层 for 循环语句，i 为循环变量，循环执行 n 次，负责输出 n 行；第 12 ～第 13 行为第一个内层 for 循环语句，j 为循环变量，负责每行中“*”前的空格的输出，每行输出空格数为 n 减去行号 i，即 n−i，因而，在输出每行的过程中，该 for 循环语句的循环次数为 n−i 次；第 14 ～第 15 行为第二个内层 for 循环语句，j 为循环变量，负责每行中“*”的输出，每行输出的“*”的数量为 i 个，因而，在输出每行的过程中，该 for 循环语句的循环次数为 i 次。

程序运行结果如图 5.32 所示。

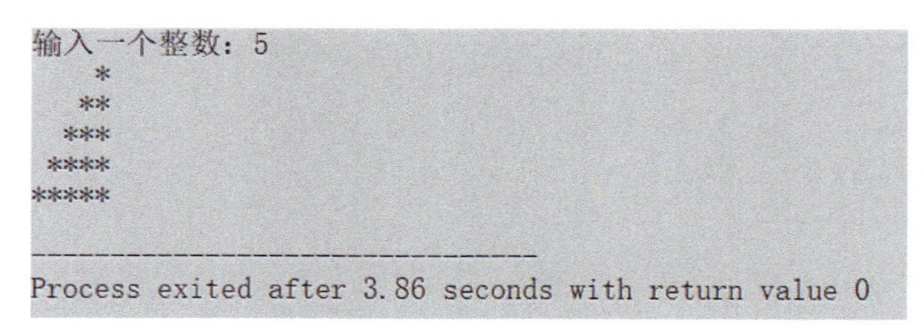

图 5.32　程序运行结果

案例 5.13

过年了，外婆给了桐桐 100 元压岁钱，桐桐想把它兑换成 50 元、20 元、10 元的小额钞票。请编写程序，帮桐桐计算共有多少种兑换方案，并输出每一种兑换方案。

问题分析

这个问题可以使用枚举法来解决。枚举法就是将问题的所有可能的答案全部列举出来，然后根据条件判断每个答案是否合适，合适的答案就保留，不合适的答案就丢弃。

假设兑换方案中 50 元、20 元、10 元的钞票张数分别是 a、b、c，则：

$$50a + 20b + 10c = 100$$

分析可知，a 的取值范围是 0 ～ 2，b 的取值范围是 0 ～ 5，c 的取值范围是 0 ～ 10，用嵌套 for 循环语句枚举 a、b、c 所有的可能组合，对于每一种可能组合，判断上面的等式是否成立，如果等式成立，这一种组合就是一种兑换方案。

解决该问题的算法流程图如图 5.33 所示。

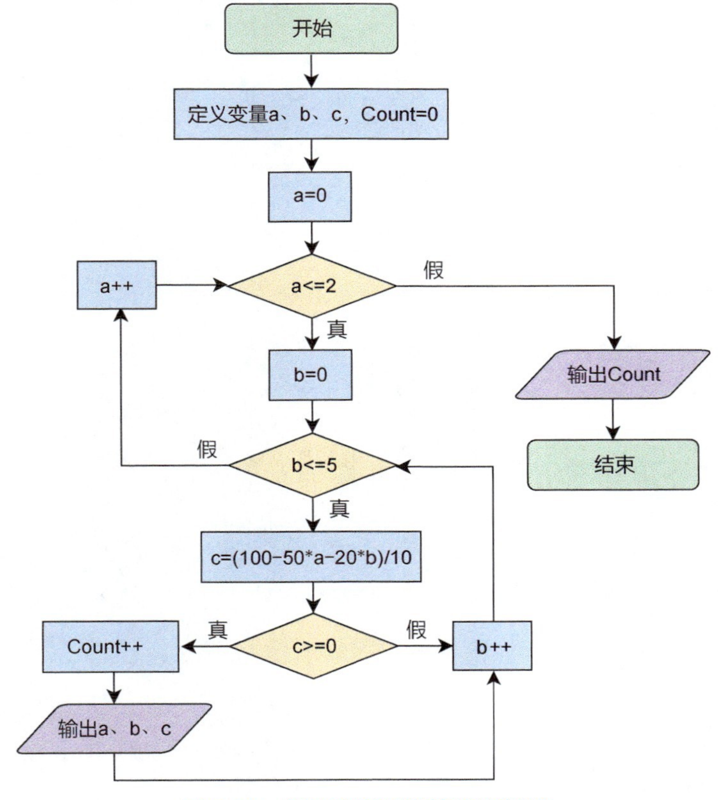

图 5.33　解决该问题的算法流程图

程序代码 5.13

```
01  /*
02    100 元的零钞兑换方案。
03  */
04  #include <iostream>
```

```
05  #include <iomanip>
06  using namespace std;
07  int main(){
08      int a,b,c,Count=0;
09      for(a=0;a<=2;a++)                    // 枚举 50 元钞票的可能张数
10          for(b=0;b<=5;b++)                // 枚举 20 元钞票的可能张数
11          {
12              c=(100-50*a-20*b)/10;       // 对于每一组 a、b 组合，计算 c
13              if(c>=0)                     // 判断是否为有效的兑换组合
14              {
15                  Count++;
16                  cout<<setw(4)<<a<<setw(4)<<b<<setw(4)<<c<<endl;
17              }
18          }
19      cout<<"100 元共有以上 "<<Count<<" 种兑换方案！ ";
20      return 0;
21  }
```

程序运行结果如图 5.34 所示。

```
   0   0  10
   0   1   8
   0   2   6
   0   3   4
   0   4   2
   0   5   0
   1   0   5
   1   1   3
   1   2   1
   2   0   0
100元共有以上10种兑换方案！
--------------------------------
Process exited after 2.371 seconds with return value 0
```

图 5.34　程序运行结果

案例 5.14

编写程序分解质因子，即把正整数 *n* 分解成质因子相乘的形式。例如 24=2×2×2×3。

问题分析

求解这个问题，需要重复判断从 2 开始且小于正整数 *n* 的每一个自然数 *i* 是不是 *n* 的因数，而一个正整数有多少个质因子是不确定的，因而可以用 do-while 循环语句来解决这个问题。

此外，由于一个正整数可能会有多个相同的质因子，因此在确定 *i*

是 n 的质因子以后，还需要计算 n 有几个质因子 i。可以用 while 循环语句来计算，用一个质因子反复地做除法，以找到所有相同的质因子，直到不能再整除为止。

解决该问题的算法流程图如图 5.35 所示。

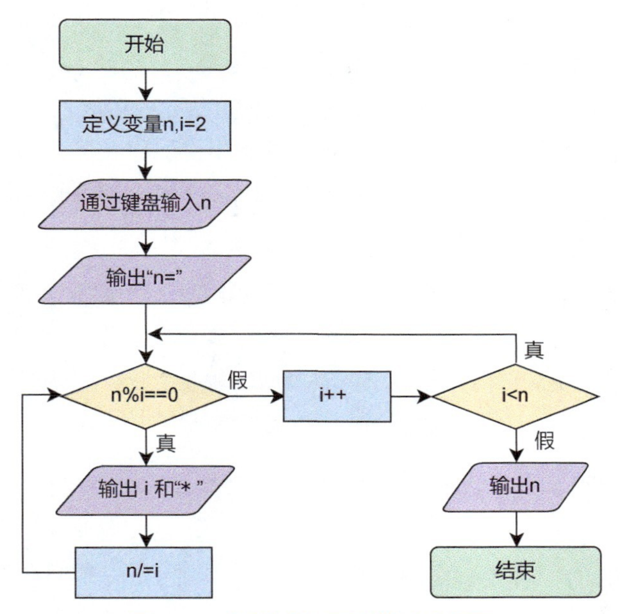

图 5.35　解决该问题的算法流程图

程序代码 5.14

```
01  /*
02    分解质因子。
03  */
04  #include <iostream>
05  using namespace std;
06  int main(){
07      int n,i=2;
08      cout<<"输入一个正整数: ";
09      cin>>n;
10      cout<<n<<"=";
11      do{
12          while(n%i==0) {     //如果 i 是 n 的质因子，则反复分解出 i
13              cout<<i<<"*";             //输出质因子和一个“*”
```

```
14                n /= i;   //等同于n=n/i，表示用整除后的商作为新的被除数
15            }
16            i++;                                  //生成新的 i
17        }while(i<n);
18        cout<<n;                                  //输出最后一个质因子
19        return 0;
20    }
```

以上程序代码中用到了循环语句的嵌套，外层的 do-while 循环语句用于判断从 2 开始的每一个 i 是不是正整数 n 的质因子，如果 i 是 n 的质因子，则在内层的 while 循环语句中用整除得到的商再次除以 i，并判断是否能整除，如此反复地做除法，直到不能再整除为止。

程序运行结果如图 5.36 所示。

```
输入一个正整数: 850
850=2*5*5*17
--------------------------------
Process exited after 5.091 seconds with return value 0
```

图 5.36　程序运行结果

编程训练

练习 5.9

编写程序，使用嵌套 for 循环语句输出图 5.37 所示的由“*”组成的三角形。

```
    *
   ***
  *****
 *******
*********
```

图 5.37　输出由“*”组成的三角形

练习 5.10

编写程序，使用嵌套 for 循环语句输出图 5.38 所示的乘法口诀表。

```
1×1= 1
2×1= 2 2×2= 4
3×1= 3 3×2= 6 3×3= 9
4×1= 4 4×2= 8 4×3=12 4×4=16
5×1= 5 5×2=10 5×3=15 5×4=20 5×5=25
6×1= 6 6×2=12 6×3=18 6×4=24 6×5=30 6×6=36
7×1= 7 7×2=14 7×3=21 7×4=28 7×5=35 7×6=42 7×7=49
8×1= 8 8×2=16 8×3=24 8×4=32 8×5=40 8×6=48 8×7=56 8×8=64
9×1= 9 9×2=18 9×3=27 9×4=36 9×5=45 9×6=54 9×7=63 9×8=72 9×9=81
```

图 5.38　乘法口诀表

练习 5.11

数学上有一种数被称为水仙花数，它等于自己各个数位上数字的立方和。例如 153 就是一个水仙花数，因为 $153=1^3+5^3+3^3$。编写程序，找出 3 位数中所有的水仙花数。

第 6 章

函数：模块化编程

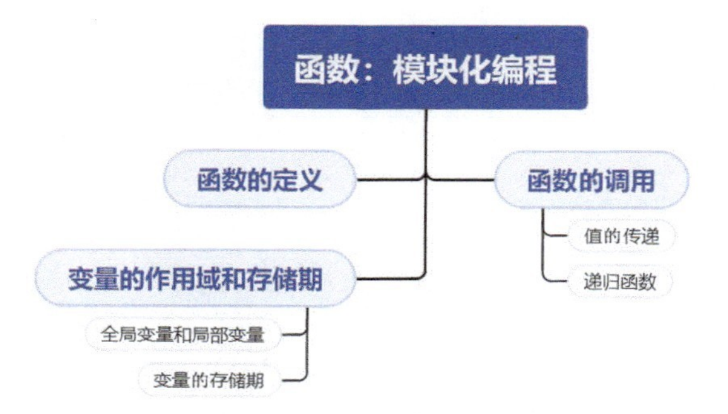
函数：模块化编程
函数的定义
函数的调用
值的传递
递归函数
变量的作用域和存储期
全局变量和局部变量
变量的存储期

程序是由函数组成的，C++ 程序的主体部分是一个 main() 函数，它在 C++ 程序中是必不可少的，每一个 C++ 程序都先从 main() 函数处开始执行。C++ 中有很多可以实现各种功能的内置函数，例如格式化输出函数 printf()。此外，我们也可以自己创建函数，即自定义函数，用来实现一些特定的功能。

6.1 函数的定义

函数就是可以完成某种特定功能的程序代码块，如果把整个程序看作一座由积木搭成的房子，那么函数就是积木，不仅可以反复使用，还可以拿来即用，不用考虑它内部的代码是什么样子的。函数由多个部分组成，如图 6.1 所示。

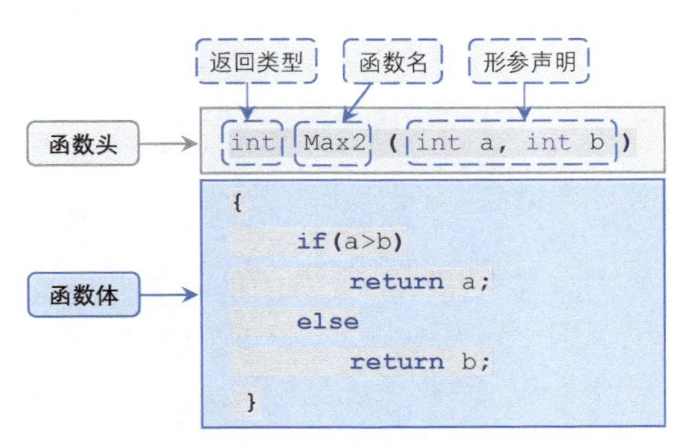

图 6.1　函数的组成

函数的一般定义格式如下：

```
返回类型 函数名 ( 形参声明 )          // 函数头
{
    函数体 ;                          // 一条或多条语句
}
```

在一些大型工程中，主施工方会把部分工作外包给其他施工方去做，主施工方只要验收其他施工方的施工结果即可。从解决问题的过程（算法）层面来讲，函数类似于这里的其他施工方。因而，主函数（main() 函数）只要接收函数返回的结果即可，而不用去管这个结果是怎么来的。

下面的代码定义了一个函数 Max2()，其功能是接收两个整数，返回较大的值：

```
int  Max2 ( int a, int b )
{
     if(a>b) return a;
     else     return b;
 }
```

函数头部分包含函数的**返回类型**、**函数名**以及一个或多个**形式参数**（简称形参）。它指出了该函数的使用方法（函数调用的形式）。

一般函数都会返回一个值（**return** 后面跟随的值），这个**返回值的数据类型就是函数的返回类型**。也有一些函数没有返回值，只执行一些具体的操作（如输出内容等），在定义时，这些没有返回值的函数的返回类型为 **void** 型，如图 6.2 所示。

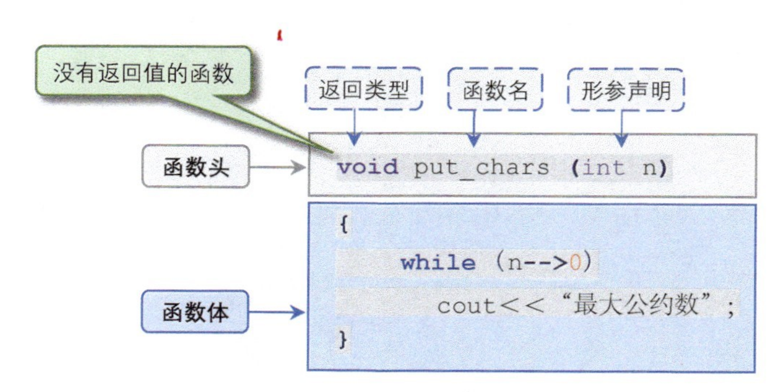

图 6.2　没有返回值的函数

函数头中用括号“()”括起来的内容是函数需要接收的变量的声明，即**形参**的声明，多个形参用半角逗号分隔。也有不接收任何形参的函数，此时，在括号中需写入 **void**。

函数体部分是用花括号“{}”括起来的复合语句。仅在某函数内部使用的变量，应在该函数的函数体中声明。

6.2 函数的调用

函数的调用指的就是函数的使用方法。

在程序中使用已经定义的函数，可以使用**函数调用表达式**，其一般格式如下：

```
函数名（实参 1，实参 2，…）                //实参对应函数定义时的形参声明
```

程序运行时，函数调用表达式将被函数的返回值代替，函数的返回值一般由 **return** 语句指定。

如果自定义函数在程序中的位置是在主函数 main() 的后面，则必须在 main() 函数的前面声明这个自定义函数的返回值和参数类型（函数头部分，并在后面添加半角分号），这就是**函数的声明**。例如：

```
int Max2 (int a, int b);       //main() 函数前面的自定义函数声明语句
```

6.2.1 值的传递

程序调用函数后，执行流程会转到被调用的函数处，同时**传递过来的实参的值会被赋给函数对应的形参**；接着执行函数体语句，在遇到 return 语句或者执行到函数体最后的花括号时，执行流程就会从该函数跳转到原来调用函数的位置，继续执行后续语句。

编程案例

案例 6.1

编写程序，自定义函数，输入两个整数，输出其中较大的值。

问题分析

程序的主函数只负责数据的输入和输出，在自定义函数中比较两个数的大小，并返回其中较大的数。

解决该问题的算法流程图如图 6.3 所示。

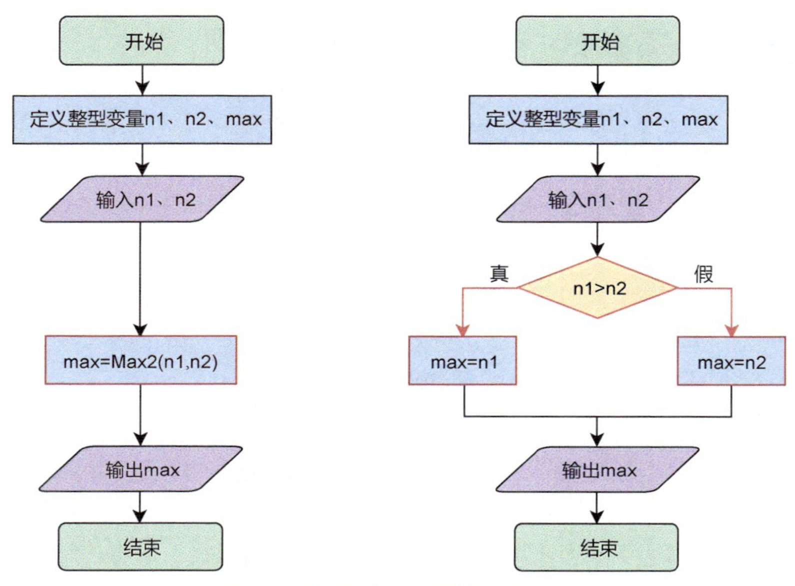

图 6.3　解决该问题的算法流程图

程序代码 6.1

```
01  /*
02      使用函数求两个整数中较大的值。
03  */
04  #include <iostream>
05  using namespace std;
06  int Max2 (int a, int b);                    // 函数声明语句
07  /*-- 主函数 --*/
08  int main(){
09      int n1,n2, max;
10      cout<<"请输入两个整数。"<<endl;
11      cout<<"整数 1: ";  cin>>n1;
12      cout<<"整数 2: ";  cin>>n2;
13  /*-- 调用自定义函数 --*/
14      max = Max2(n1,n2);                    // 调用 Max2() 函数
15      cout<<"较大的值是 "<<max<<endl;
16      return 0;
17  }
18  /*-- 自定义函数 Max2(): 返回较大的值 --*/
19  int Max2 (int a, int b){                    // 函数的定义
20      if(a>b)
```

```
21            return a;
22        else
23            return b;
24    }
```

以上程序代码中，main() 函数在第 14 行通过 Max2(n1,n2) 调用自定义函数 Max2() 时，实参 n1 的值被赋给 Max2() 的形参 a，实参 n2 的值被赋给 Max2() 的形参 b。此时 a 是 n1 的副本，两者具有相同的值；b 是 n2 的副本，两者具有相同的值。图 6.4 所示为调用函数时参数的传递和值的返回示例。这种通过值来进行参数传递的机制被称为**值传递**。

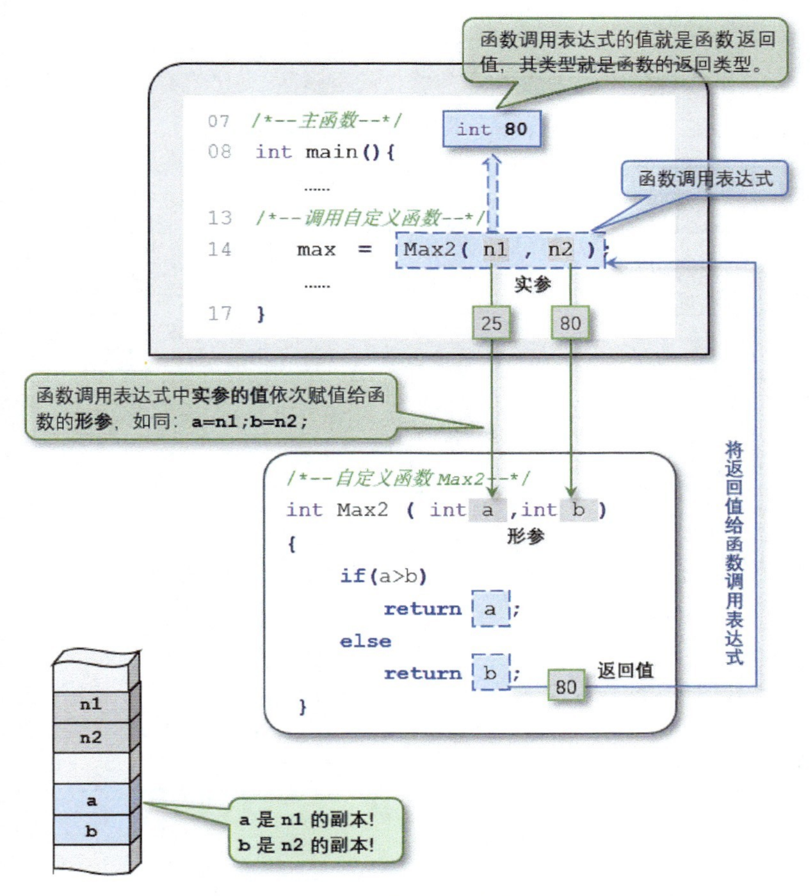

图 6.4　调用函数时参数的传递和值的返回

程序运行结果如图 6.5 所示。

```
请输入两个整数。
整数1：25
整数2：80
较大的值是80

--------------------------------
Process exited after 5.014 seconds with return value 0
```

图 6.5　程序运行结果

案例 6.2

编写程序，输入两个整数，计算并输出它们的平方差。

问题分析

主函数只负责输入和输出。定义一个函数，计算并返回一个数的平方值。定义另一个函数，计算并返回两个数的差值。

解决该问题的算法流程图如图 6.6 所示。

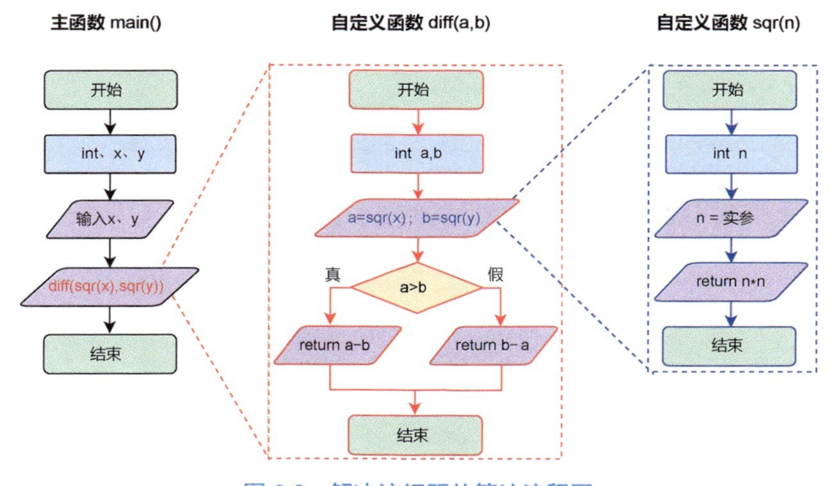

图 6.6　解决该问题的算法流程图

程序代码 6.2

```
01  /*
02      求两个整数的平方差。
03  */
04  #include <iostream>
```

```
05  using namespace std;
06  /*-- 自定义函数：返回 n 的平方值 --*/
07  int sqr(int n){
08      return n*n;
09  }
10  /*-- 自定义函数：返回 a 和 b 的差值 --*/
11  int diff(int a, int b){
12      return (a>b?a-b:b-a);
13  }
14  /*-- 主函数：计算两个整数的平方差值 --*/
15  int main(void){
16      int x,y;
17      cout<<"整数 1: ";  cin>>x;
18      cout<<"整数 2: ";  cin>>y;
19      cout<<x<<" 和 "<<y<<" 的平方差是 "<<diff(sqr(x),sqr(y))<<endl;
20      return 0;
21  }
```

以上程序代码中，自定义函数 sqr() 用于返回一个数的平方值，自定义函数 diff() 通过条件表达式 (a>b?a-b:b-a) 返回两个数的差值；主函数（第 19 行）中，调用 diff() 函数输出差值，而 diff() 函数的实参又是函数 sqr() 的返回值。

由于**函数间参数的传递是通过值传递进行的**，因此函数调用表达式中的实参可以是另一个有返回值的函数调用表达式，如图 6.7 所示。

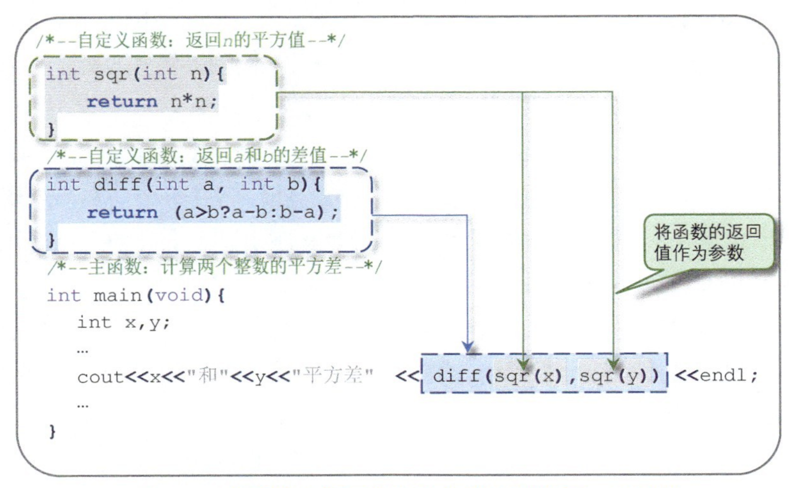

图 6.7　将函数的返回值作为参数传递给另一个函数

程序运行结果如图 6.8 所示。

```
整数1：8
整数2：10
8和10的平方差是36

--------------------------------
Process exited after 24.04 seconds with return value 0
```

图 6.8　程序运行结果

编程训练

练习 6.1

编写程序，输入学生的姓名和百分制的考试成绩，输出其评价等级（90 分及以上为“优秀”，60 ～ 89 分为“合格”，低于 60 分为“不合格”）。

练习 6.2

编写程序，找出 1000 以内的所有素数并输出。

6.2.2　递归函数

乘坐电梯时，如果你的前后各有一面镜子，你会发现自己在镜子里面的成像是无穷尽的。那是因为你在镜子 A 中的成像又在镜子 B 中成像，镜子 B 中的成像又在镜子 A 中成像，如此反复。

从前有座山，山上有座庙，庙里有个老和尚在给小和尚讲故事，讲的什么呢？讲的是从前有座山，山上有座庙，庙里有个老和尚在给小和尚讲故事，讲的什么呢？讲的是从前有座山，山上有座庙，庙里有个老和尚在给小和尚讲故事……

以上这种“你中有我，我中有你”“自己直接或间接又用到自己”的反复现象，就是递归。“内部操作直接或间接地调用了自己的函数”称为递归函数。

递归函数在其内部调用自己，以完成重复的操作。**递归函数适合**

用来解决子问题和原始问题形式完全相同，但子问题越来越简单的编程问题。递归函数可以用于完成阶乘运算、求解斐波那契数列和汉诺塔等问题。

编程中的递归函数和生活中的递归现象有相似之处，也有不同之处。相似之处在于它们都反复调用了自己，不同之处在于生活中的递归现象是无限递归，而递归函数中的递归是有终止条件的。当递归函数满足终止条件时，它就以某种特殊的方式处理，而不是继续调用函数来处理。例如阶乘函数 $f(n) = n!$ 可以定义为如下递归函数。

$$f(n)=\begin{cases}1, & n=1\\ n\times f(n-1), & n>1\end{cases}$$

上面的阶乘函数中的 $f(n) = 1$ 就是**终止条件**。当 $n=1$ 时，不再调用阶乘函数本身，结果直接等于 1；当 $n>1$ 时，$f(n) = n \times f(n-1)$ 就是**递归关系式**。

编程案例

案例 6.3

编写程序，使用递归函数计算 1+2+3+…+n，输出结果。

问题分析

假设 n 个自然数的和为 S_n，则：

$$S_1 = 1$$
$$S_2 = 1 + 2 = S_1 + 2$$
$$S_3 = 1 + 2 + 3 = S_2 + 3$$

以此类推：

$$S_n = S_{n-1} + n$$

综上，求 n 个自然数的和可以定义为递归函数：

$$f(n)=\begin{cases}1, & n=1\\ f(n-1)+n, & n>1\end{cases}$$

解决该问题的算法流程图如图 6.9 所示。

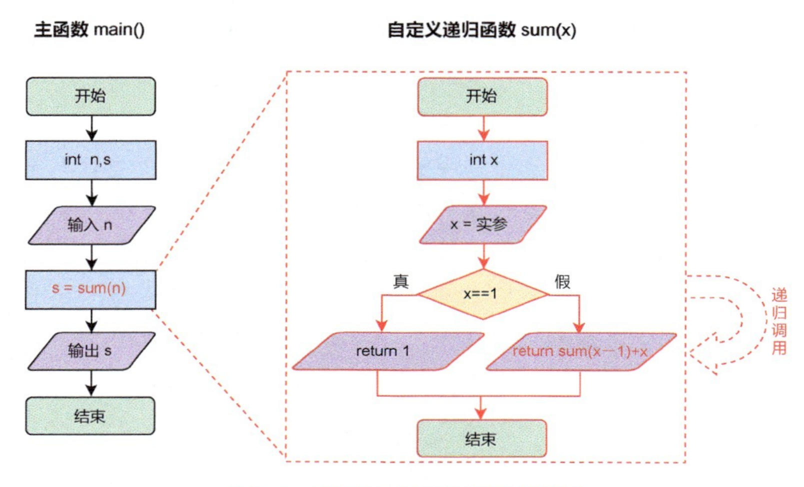

图 6.9　解决该问题的算法流程图

程序代码 6.3

```
01  /*
02      用递归函数计算 1+2+3+…+n。
03 */
04  #include <iostream>
05  using namespace std;
06  //=== 自定义递归函数 ===
07  int sum(int x){
08      if(x==1){
09          return 1;
10      }else{
11          return sum(x-1)+x;
12      }
13  }
14  //=== 主函数 ===
15  int main() {
16      int n,s;
17      cout<<"输入一个自然数 n (0<n<1000): ";
18      cin >> n;
19      s = sum(n);
20      cout<<"s="<< s <<endl;
21      return 0;
22      }
```

以上程序代码中，第 07 ～第 13 行是一个自定义递归函数，当

x==1 时函数的返回值为 1，当 x ＞ 1 时递归调用，返回 sum(x-1)+x 的值；主函数中，第 19 行调用函数 sum(n) 将返回值赋给 s。

程序运行结果如图 6.10 所示。

```
输入一个自然数n（0<n<1000）：100
s=5050

--------------------------------
Process exited after 7.04 seconds with return value 0
```

图 6.10　程序运行结果

案例 6.4

猴子第 1 天摘了若干个桃子，当即吃了一半，还不解馋，又多吃了一个；第 2 天，猴子吃剩下的桃子的一半，还不过瘾，又多吃了一个；以后每天猴子都吃前一天剩下的桃子的一半多一个，到第 10 天猴子想吃桃子时，只剩下一个桃子了。编写程序，计算并输出第 1 天共摘了多少个桃子。

问题分析

解决这个问题要采用逆向思维，从后往前推导。假设第 10 天的桃子数为 S_1，第 9 天的桃子数为 S_2，以此类推，第 1 天的桃子数为 S_{10}，则：

$$S_1 = 1$$

$$S_2 = 2 \times (S_1 + 1)$$

$$S_3 = 2 \times (S_2 + 1)$$

$$\cdots$$

$$S_{10} = 2 \times (S_9 + 1)$$

综上，可以定义递归函数：

$$f(n)=\begin{cases}1, & n=1\\ 2\times[f(n-1)+1], & n>1\end{cases}$$

程序代码 6.4

```
01  /*
02        猴子吃桃问题。
03  */
04  #include <iostream>
05  using namespace std;
06  //=== 用递归函数解决猴子吃桃问题 ===
07  long long peach3(int n){
08        if(n==1){
09           return 1;
10        }
11        else{
12           return (peach3(n-1)+1)*2;
13        }
14  }
15  //=== 主函数 ===
16  int main() {
17      int days;
18      long long peachNum;
19      cout<<"猴子吃桃问题求解! \n";
20      cout<<"输入天数 days: ";
21      cin >> days;
22      peachNum = peach3(days);
23      cout<<"第 1 天桃子的数量为:  "<< peachNum;
24      return 0;
25  }
```

以上程序代码中的第 07 ～第 14 行为递归函数。n==1 为递归结束条件，当 n>1 时，递归调用计算并返回倒数第 n 天的桃子数为 (peach3(n-1)+1)*2。

程序运行结果如图 6.11 所示。

```
猴子吃桃问题求解!
输入天数days: 10
第1天桃子的数量为:1534
--------------------------------
Process exited after 7.788 seconds with return value 0
```

图 6.11　程序运行结果

案例 6.5

汉诺塔由编号 1 到 n 且大小不同的圆盘和 3 根柱子 a、b、c 组成，圆盘的编号越小，圆盘越小。开始时，n 个圆盘由大到小依次从下到上套在 a 柱上，要求把 a 柱上的圆盘按下述规则移到 c 柱上，如图 6.12 所示。

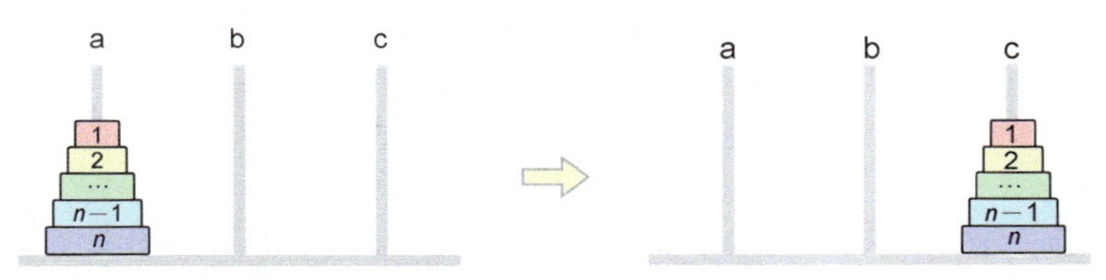

图 6.12　汉诺塔

（1）一次只能移动一个圆盘，且只能移动某个柱子顶端的圆盘。

（2）所有圆盘只能放置在 3 个柱子中的任意一个上。

（3）任何时刻都不允许大圆盘压小圆盘。

请编写程序，将这 n 个圆盘用最少的移动次数从 a 柱移动到 c 柱，输出每一步的移动方法。

输入：一个整数 n（$1 \leqslant n \leqslant 20$），表示圆盘的数量。

输出：若干行，每行的格式是“移动次序 . move 圆盘编号 from 源柱号 to 目标柱号”。

输入样例：

```
3
```

输出样例：

```
1. move 1 from a to c
2. move 2 from a to b
3. move 1 from c to b
4. move 3 from a to c
5. move 1 from b to a
6. move 2 from b to c
7. move 1 from a to c
```

问题分析

要把 a 柱上的从上到下编号为 1 到 *n* 的圆盘移动到 c 柱，先要把 1 到 *n*-1 号圆盘移动到空柱 b 上，再把 a 柱底部最大的 *n* 号圆盘移动到 c 柱；接下来用相同的方法把 b 柱上的 1 到 *n*-1 号圆盘移动到 c 柱。由此可以看出，这是一个递归问题。

定义函数`Move(n,a,b,c)`，用于把*n*个将圆盘从 a 柱移动到 c 柱，其中借助了空柱 b。那么可以得出如下关系。

（1）递归终止条件：当 *n* 等于 1 时，直接将圆盘从 a 柱移动到 c 柱。

（2）递归关系式：`Move(n-1,a,c,b)` 把 a 柱上的 *n*-1 个圆盘通过空柱 c 移动到 b 柱，`Move（1,a,b,c）`把 a 柱上剩下的编号为 *n* 的一个圆盘直接移动到 c 柱，`Move(n-1,b,a,c)` 把 b 柱上的 *n*-1 个圆盘通过空柱 a 移动到 c 柱。

递归移动过程如图 6.13 所示。

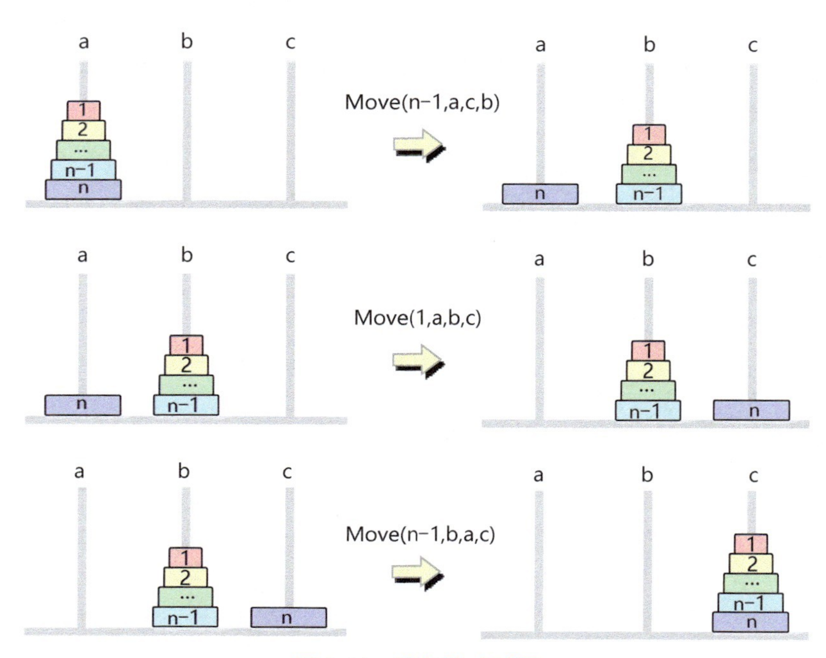

图 6.13 递归移动过程

程序代码 6.5

```
01  /*
02      汉诺塔。
03  */
04  #include <iostream>
05  using namespace std;
06  int step=0;                                     //全局变量
07  void Move(int n,char a,char b,char c)           //递归函数
08  {
09      if(n==1)
10          cout<<++step<<". move "<<n<<" from "<<a<<" to "<<c<<endl;
11      else
12      {
13          Move(n-1,a,c,b);                        //递归调用
14          cout<<++step<<". move "<<n<<" from "<<a<<" to "<<c<<endl;
15          Move(n-1,b,a,c);                        //递归调用
16      }
17  }
18  int main()                                      //主函数
19  {
20      int n;
21      cout<<"输入圆盘的数量 n:";
22      cin >> n;
23      Move(n,'a','b','c');                        //调用函数
24      return 0;
25  }
```

对以上程序代码，需要说明几点。第 06 行定义了一个全局变量 step，用于记录圆盘的移动次序。第 07 ～第 17 行是递归函数。`n==1` 为递归结束条件，用 cout 语句输出圆盘的移动情况，表示将这个圆盘从 a 柱移到 c 柱，完成游戏。当 n 不等于 1 时，先递归调用 `Move(n-1,a,c,b)`，表示将 a 柱上的 n-1 个圆盘移动到 b 柱；再用 cout 语句输出圆盘的移动情况，表示将 a 柱底部的圆盘移动到 c 柱；最后递归调用 `Move(n-1,b,a,c)`，表示将 b 柱上的 n-1 个圆盘移动到 c 柱。程序运行过程中，每次输出都表示某单个圆盘的移动情况，因而每次输出前，变量 step 的值都加 1，以记录圆盘的移动次序。

程序运行结果如图 6.14 所示。

```
输入圆盘的数量 n: 3
1. move 1 from a to c
2. move 2 from a to b
3. move 1 from c to b
4. move 3 from a to c
5. move 1 from b to a
6. move 2 from b to c
7. move 1 from a to c

--------------------------------
Process exited after 11.31 seconds with return value 0
```

图 6.14　程序运行结果

编程训练

练习 6.3

一个正整数的阶乘（Factorial）是所有小于及等于该数的正整数的积，0 的阶乘为 1。自然数 n 的阶乘写作 $n!$，即

$$n! = n\times(n-1)\times\cdots\times 3\times 2\times 1$$

用递归方式定义即

$$n! = \begin{cases} 1, & n=1 \\ n\times(n-1)!, & n>1 \end{cases}$$

编写程序，计算正整数 n 的阶乘 $n!$（$0 < n \leqslant 100$）。

练习 6.4

有 5 个小朋友各自拥有一些苹果，第 5 个小朋友说自己的苹果比第 4 个小朋友的多 2 个，第 4 个小朋友说自己的苹果比第 3 个小朋友的多 2 个，第 3 个小朋友说自己的苹果比第 2 个小朋友的多 2 个，第 2 个小朋友说自己的苹果比第 1 个小朋友的多 2 个，第 1 个小朋友说自己有 10 个苹果。

请编写程序，用递归算法计算并输出每个小朋友拥有的苹果数。

练习 6.5

一对大兔子每个月生一对小兔子，每对新生兔在出生一个月后也能生一对小兔子，假设在这个过程中兔子都不死亡，编写程序，计算并输出一对兔子一年能繁殖多少对兔子。

6.3 变量的作用域和存储期

6.3.1 全局变量和局部变量

变量的作用域是指一个变量在程序中起作用的区域，一般可以理解为变量所在的被花括号“{}”包围的区域。

在程序块（一个“{}”内）中声明的变量（一般称为**局部变量**），只在该程序块中起作用。也就是说，一个变量在从被声明的位置开始，到包含该变量声明的程序块最后的花括号“}”为止的区间内可以起作用。这样的作用域称为**块作用域**。

在 C++ 的 main() 函数和其他自定义函数外面的程序开始部分声明的变量（一般称为**全局变量**），从声明位置开始到该程序的结尾，都可以起作用。这样的作用域称为**文件作用域**。

编程案例

案例 6.6

编写程序，在 3 个不同位置分别声明变量 x，验证文件作用域和块作用域。

程序代码 6.6

```
01  /*
02      验证文件作用域和块作用域。
03  */
04  #include <iostream>
05  #include <cstdio>
06  using namespace std;
07  int x = 10;                          // A: 文件作用域
08  /*-- 自定义函数 --*/
09  void print_x(void)
10  {
```

```
11      printf("x=%-8d",x);
12  }
13  /*-- 主函数 --*/
14  int main(){
15      system("color 70");
16      int i;
17      int x = 999;                // B: 块作用域
18      print_x();                  //---- (1), 调用函数 print_x()
19      printf("// 循环前 print_x() 函数输出内容 (1)\n");
20      printf("x=%-8d",x);     //---- (2)
21      printf("// 循环前 printf() 函数输出内容 (2)\n");
22      for(i=0;i<5;i++)
23      {
24          int x = i*100;          // C: 块作用域
25          printf("x=%-8d",x);  //---- (3)
26          printf("// 第 %d 轮循环 (3)\n",i+1);
27      }
28      print_x();                  //---- (4), 调用函数 print_x()
29      printf("// 循环后 print_x() 函数输出内容 (4)\n");
30      printf("x=%-8d",x);    //---- (5)
31      printf("// 循环后 printf() 函数输出内容 (5)\n\n");
32      return 0;
33  }
```

程序运行结果如图 6.15 所示。

```
x=10      //循环前print_x()函数输出内容(1)
x=999     //循环前printf()函数输出内容(2)
x=0       //第1轮循环(3)
x=100     //第2轮循环(3)
x=200     //第3轮循环(3)
x=300     //第4轮循环(3)
x=400     //第5轮循环(3)
x=10      //循环后print_x()函数输出内容(4)
x=999     //循环后printf()函数输出内容(5)


--------------------------------
Process exited after 2.332 seconds with return value 0
```

图 6.15　程序运行结果

以上程序代码中，变量 **x** 的声明共有 3 处（用红色 **x**、蓝色 **x**、黑色 **x** 来区分），如图 6.16 所示。

```
04 #include <iostream>
05 #include <cstdio>
06 using namespace std;
07 int x = 10;                                        // A: 文件作用域
08 /*--自定义函数--*/
09 void print_x(void)
10 {
11     printf("x=%-8d",x);
12 }
13 /*--主函数--*/
14 int main(){
15     system("color 70");
16     int i;
17     int x = 999;                                   // B: 块作用域
18     print_x();                        //----(1)，调用函数 print_x()
19     printf("//循环前 print_x() 函数输出内容 (1) \n");
20     printf("x=%-8d",x);               //----(2)
21     printf("//循环前 printf() 函数输出内容 (2) \n");
22     for(i=0;i<5;i++)
23     {
24         int x = i*100;                             // C: 块作用域
25         printf("x=%-8d",x);           //----(3)
26         printf("//第%d 轮循环(3)\n",i+1);
27     }
28     print_x();                        //----(4)，调用函数 print_x()
29     printf("//循环后 print_x() 函数输出内容 (4) \n");
30     printf("x=%-8d",x);               //----(5)
31     printf("//循环后 printf() 函数输出内容 (5) \n\n");
32     return 0;
33 }
```

图 6.16　声明 3 个变量 x，验证文件作用域和块作用域

第 07 行的变量红色 **x**，是在函数外面声明的。它是全局变量，具有文件作用域。其后的自定义函数 print_x() 中输出的变量 x 就是上述全局变量红色 **x**，程序中每次调用该函数所输出的变量 x 都是该全局变量红色 **x**，因而第 18 行和第 28 行调用函数 print_x() 输出的都是变量红色 **x** 的值 10。

第 17 行的变量蓝色 **x**，是在 main() 函数内声明的。它具有块作用域，其作用范围直到 main() 函数结束，因而第 20 行和第 30 行输出的都是变量蓝色 **x** 的值 999。

第 24 行的变量黑色 **x**，是在 for 循环语句的循环块中声明的。它具有块作用域，其作用范围仅限于 for 循环语句的循环块，因而第 25

行循环输出的都是变量黑色 **x** 的值 0、100、200、300、400。

案例 6.7

输入一个正整数 $n(n \leqslant 10000)$，将其分解成质因数（又称质因子、素因数）相乘的形式并输出。

问题分析

进行程序设计时，先定义函数 isPrime(a) 判断 a 是否为质数（又称素数），再定义递归函数 PrimeFactor(n) 将 n 分解质因数。

如果当前 n 为质数，则 n 就只有它一个质因数，这个条件即递归函数 PrimeFactor(n) 的递归结束条件。如果当前 n 不是质数，则把当前 n 分成两部分来处理：第一部分就是当前 n 的第一个最小质因数 i；第二部分是 n 除以 i 后的商（表示为 n/i），对这一部分的处理就是递归调用 PrimeFactor(n/i) 将其分解质因数。

程序代码 6.7

```
01  /*
02       分解质因数。
03  */
04  #include <iostream>
05  #include <iomanip>
06  using namespace std;
07  //===== 自定义函数判断质数 =====
08  int isPrime(int a) {
09       int i;
10       for(i=2;i<=a/2;i++){
11            if(a % i ==0){          // 能被整除
12                 return 0;          // 不是质数，返回 0
13            }
14       }
15       return 1;                    // 是质数，返回 1
16  }
17  //===== 自定义函数分解质因数 =====
18  void PrimeFactor(int n){
19       int i;
20       if(isPrime(n)){              // 是质数，直接输出
21            cout<< n;
22       }
23       else{
```

```
24          for(i=2;i<=n/2;i++){
25              if(n%i==0){
26                  cout<< i <<" * ";          //第一个质因数
27                  PrimeFactor(n/i);          //递归调用分解 n/i
28                  break;                //找到第一个质因数就结束循环
29              }
30          }
31      }
32  }
33  //=====  主函数  =====
34  int main() {
35      int n;
36      cout<<"输入一个正整数 n（n≤10000）：";
37      cin >> n;
38      cout<< n <<" = ";
39      PrimeFactor(n);                  //调用函数对 n 分解质因数
40      cout<<endl;
41      return 0;
42  }
```

对以上程序代码，需要说明几点。第 08 ～第 16 行的自定义函数 isPrime(a) 用于判断 a 是否为质数；第 18 ～第 32 行的递归函数 PrimeFactor(n) 用于将 n 分解质因数并输出结果。第 20 ～第 22 行用于判断，如果 n 是质数，则它的质因数就是它本身，直接输出；此判断即递归结束条件。第 24 ～第 30 行的 for 循环语句用于从小到大寻找并输出 n 的质因数，该 for 循环只需找到并输出当前 n 的第一个（最小）质因数 i，并把剩余部分 n/i 通过递归调用 PrimeFactor(n/i) 来分解质因数，之后用 break 语句结束循环。第 26 行输出当前 n 的第一个质因数 i，然后输出一个星号“*”。第 27 行递归调用 PrimeFactor(n/i) 将 n/i 分解质因数。第 28 行 break 语句用于退出当前 for 循环，这一步必不可少，因为根据递归思路，for 循环只要找到当前 n 的第一个最小质因数 i 即可，无须再去判断后续的 i。

程序运行结果如图 6.17 所示。

```
输入一个正整数n（n≤10000）：100
100 = 2 * 2 * 5 * 5

--------------------------------
Process exited after 210 seconds with return value 0
```

图 6.17　程序运行结果

编程训练

练习 6.6

编写程序，计算组合数 $C(m,n)$ 的值（$m \leqslant 10$，$n \leqslant 10$）。

6.3.2 变量的存储期

变量的存储期是指在程序运行过程中，变量在内存中的生存期，可以理解为变量的寿命。C++ 中变量的存储期有**自动存储期**和**静态存储期**两种。

一般情况下，变量的存储期和作用域是紧密相关的。**在函数外面定义的全局变量都拥有文件作用域，同时被赋予静态存储期**，其生存期直至程序运行结束，可以理解为拥有“永久”寿命。

在函数内或其他程序块中定义的变量都拥有块作用域，一般情况下被赋予自动存储期，其生存期从被定义开始至该程序块结束（花括号“}”处）。

另外，在函数内或其他程序块中使用**存储类说明符 static** 定义的变量，也被赋予静态存储期，其生存期也从被定义开始至程序运行结束。

编程案例

案例 6.8

编写程序，输出变量的值，验证变量的存储期。

程序代码 6.8

```
01  /*
02      验证变量的存储期。
03  */
04  #include <iostream>
05  #include <cstdio>
06  using namespace std;
07  int fx = 0;                         // 静态存储期 + 文件作用域
08  /*-- 自定义函数 --*/
```

```
09  void func(void) {
10      static int sx = 0;          // 静态存储期 + 块作用域
11      int ax = 0;                 // 自动存储期 + 块作用域
12      printf("%3d %3d %3d\n",ax++,sx++,fx++);
13  }
14  /*-- 主函数 --*/
15  int main() {
16      int i;                     // 自动存储期 + 块作用域
17      printf("  i  ax  sx  fx\n");
18      printf("----------------\n");
19      for (i=0;i<10;i++) {
20          printf("%3d ",i);
21          func();
22      }
23      printf("----------------\n");
24      return 0;
25  }
```

程序运行结果如图 6.18 所示。

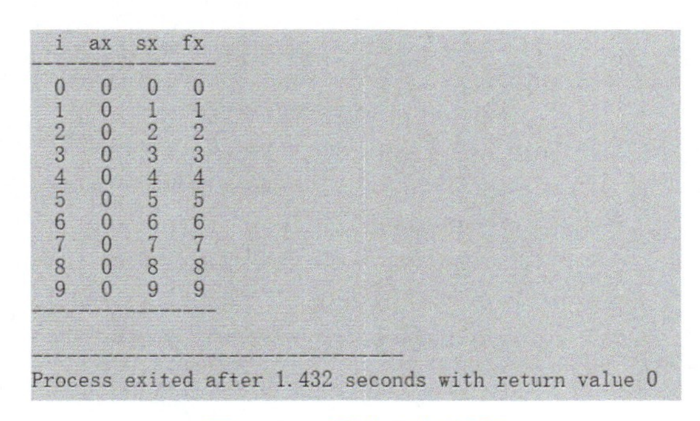

图 6.18　程序运行结果

以上程序代码中，变量 fx 是在函数外面被定义的，因而具有文件作用域，被赋予静态存储期。在程序运行到 `int fx= 0;` 的时候，内存中的变量 fx 被创建并被初始化，直至程序运行结束，变量 fx 才在内存中消失。

变量 sx、变量 ax、变量 i 都是在函数内被定义的，都具有块作用域。

其中的变量 sx 是用存储类说明符 **static** 定义的，因而被赋予静态存储期。在程序开始运行的时候（`main()` 函数执行之前），内存中的变量 sx 被创建并被初始化，直至程序运行结束才消失。

而变量 ax、变量 i 并没有用存储类说明符 **static** 定义，因而它们只被赋予自动存储期，在程序调用一次 `func()` 函数运行到 `int ax = 0;` 的时候，内存中的变量 ax 被创建并被初始化，当它所在的 `func()` 函数调用结束时，它就在内存中消失了。

在程序运行到 `main()` 函数中的 `int i;` 的时候，变量 i 被创建并被初始化，直至 `main()` 函数执行结束它才消失。

在整个程序运行过程中，需要注意的是，拥有静态存储期的变量 fx 和变量 sx 会一直自动增加，程序结束时，它们的值均为 9；而只在 `func()` 函数中存在的变量 ax，由于每次函数调用中，它都被重新创建并初始化为 0，因此即使它被创建了 10 次，它的值仍是 0。

图 6.19 所示为在程序运行过程中，内存中各变量对象的生成和消失过程。

A：`main()` 函数执行之前的状态，拥有静态存储期的变量 `fx` 和变量 `sx` 被创建，并生存至程序运行结束。
B：`main()` 函数开始执行时，创建拥有自动存储期的变量 `i`。
C：`main()` 函数中第一轮 for 循环首次调用 `func()` 函数时，创建拥有自动存储期的变量 `ax`。
D：`func()` 函数的首次调用结束时，变量 `ax` 消失。
E：第二轮 for 循环调用 `func()` 函数时，再次创建拥有自动存储期的变量 `ax`。
F：`func()` 函数的第二次调用结束时，变量 `ax` 再次消失。
G：`main()` 函数执行结束时，变量 `i` 随之消失。

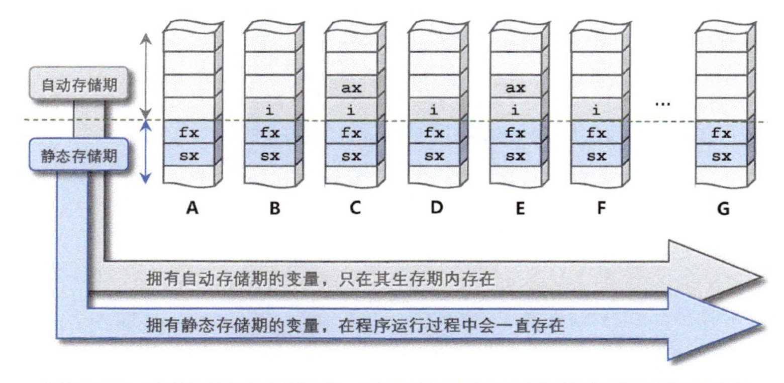

图 6.19　在程序运行过程中，内存中各变量对象的生成和消失过程

编程训练

练习 6.7

编写程序，用递归方法求 m 和 n 两个数的最大公约数（$m>0$，$n>0$，$m>n$）。

练习 6.8

编写程序，输入两个正整数，计算并输出这两个数的最小公倍数。

第 7 章

数组：多个相同类型的数据的存储

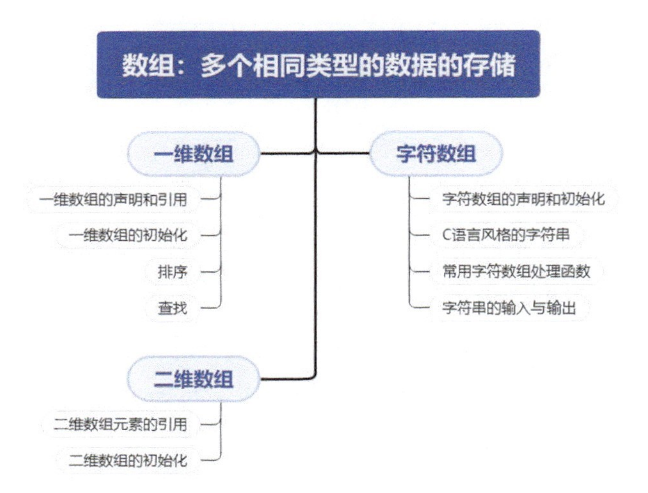

数组是若干个相同类型的数据的集合，它能将一组数据有序地组织在一起。使用数组可以减少对相同类型的变量的声明。指针是可以通过内存地址来操作内存中的数据的一种变量，指针变量中存放的是数据在内存中的地址。数组中的数据都存放在一段连续的内存空间中，数组在内存中的首地址可以保存在一个指针变量中，通过这个指针就可以操作数组。

7.1 一维数组

在 C++ 中，可以定义 int、char、float 等多种类型的变量，但是这样的变量中只能存放一个数据，如果要存储大量数据，就会比较麻烦。例如，如果要存储全校 1200 名学生的成绩，用这种方法就需要定义 1200 个变量，工作量太大。

幸好 C++ 提供了数组，当需要保存大量数据时，可以利用数组来处理。**数组**可以存储一组具有相同数据类型的值，使它们形成一个小组，可以把它们作为一个整体来处理，同时又可以区分小组内的每一个值。例如，一个班 50 名学生的数学成绩可以保存在一个数组中（见图 7.1），而这 50 名学生的性别又可以保存在另外一个数组中。

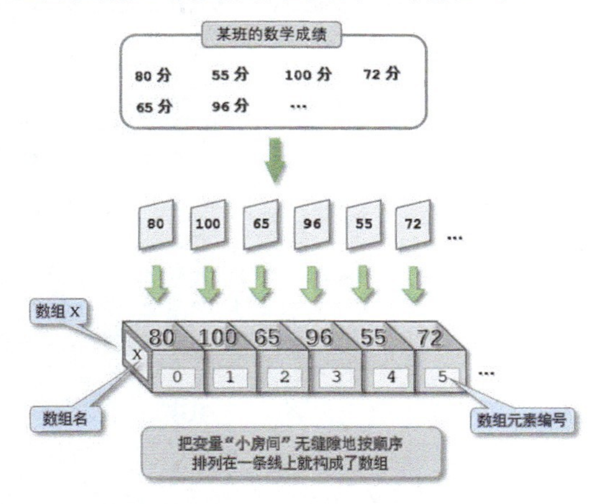

图 7.1　数组是把多个相同类型的变量按顺序排列的结果

同一数组中的所有数据必须拥有相同的数据类型和相同的含义。例如，一个班 50 名学生的数学成绩（浮点型）与性别（字符型）就不能存储在同一个数组中，因为它们的数据类型不同。而 50 名学生的数学成绩（浮点型）和体重（浮点型）也不能存储在同一个数组中，这是因为，虽然它们的数据类型相同，但是它们所表示的含义不同。

实际上，数组是由多个相同类型的变量按顺序排列形成的一个组合。前面我们把变量看作小房间，这里可以把数组看作一幢拥有许多相同小房间的楼。

7.1.1 一维数组的声明和引用

数组中包含相同数据类型的变量，因而数组本身也有数据类型之分，它的数据类型跟组成它的单个变量的数据类型是一样的。

为了区分不同的数组，需要给每个数组取一个唯一的名字，命名规则跟变量的命名规则是一样的。

在 C++ 中，数组和普通的变量一样，必须先定义（称为**声明数组**）才能使用。数组的声明和变量的定义是一样的，需要指定数据类型，并取一个唯一的名字（**数组名**）；不同之处在于，数组名后紧跟方括号“[ ]”，并且在方括号里面给出该数组包含的元素总数（也称为**数组大小**）。一维数组的声明格式如下：

```
数据类型 数组名 [ 常量表达式 ]// 常量表达式表示数组内元素的个数，即数组大小
```

例如：

```
int math[50];    // 声明整型数组 math，可存储 50 个数学成绩
float price[20]; // 声明浮点型数组 price，可存储 20 个价格
char a[5]={'H','E','L','L','O'}; // 声明字符数组 a 并初始化
```

数组的元素指的就是数组里面的单个数据。在 C++ 中，用**数组名 [下标]** 的方式来指定数组中的某个元素，这里的**下标**指的就是图 7.2 中数组 X 当中的元素编号，元素编号是从 0 开始的自然数序列号。如

果要获得数组 X 中的数据 100，就可以用 x[1] 来表示，读作“X 下标 1”或“X1”。对数组当中某个数据的获取和使用称为**数组元素的引用**。

例如图 7.2 中的数组 X，其中：

x[0] 表示存储在 X 数组中下标（元素编号）为 0 的元素（第 1 个数据 80）；

x[1] 表示存储在 X 数组中下标（元素编号）为 1 的元素（第 2 个数据 100）；

x[2] 表示存储在 X 数组中下标（元素编号）为 2 的元素（第 3 个数据 65）；

x[3] 表示存储在 X 数组中下标（元素编号）为 3 的元素（第 4 个数据 96）。

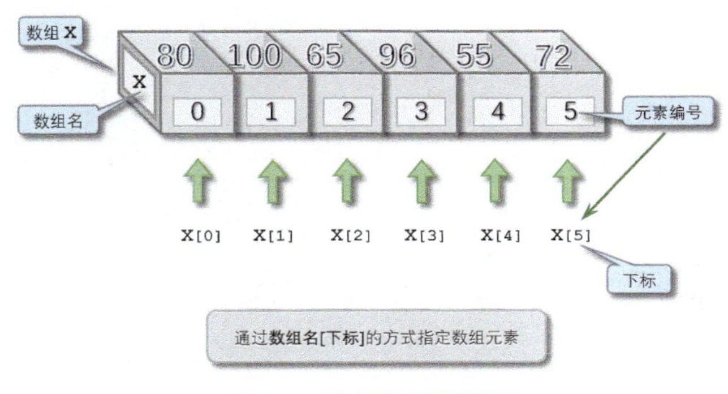

图 7.2　数组元素的引用

7.1.2　一维数组的初始化

数组的初始化就是给数组元素赋初始值。在 C++ 中，所有的数组都可以像变量一样，在声明语句中进行初始化，也就是在定义数组时就给数组的各个元素代入数据（值）。但这些代入数组元素的数据（值）必须包含在一对花括号“{}”中，而且这些数据（值）只能由常量或常量表达式组成，各个数据（值）之间用半角逗号隔开。例如：

```
int math[6]={89,85,90,75,69,95};
int math[6]={89,85,90};   //前 3 个元素被赋值，后 3 个元素的值为 0
int mathAll[]={89,85,90,75,69,95}; //“[]”中的数组大小可以省略
char words[5]={'a','e','i','o','u'};
```

在初始化时，花括号“{}”中的第一个数值被代入下标为 0 的数组元素，第二个数值被代入下标为 1 的数组元素，以此类推，直到所有的数值都被代入。如果“{}”内的数据个数少于“[]”中的数组大小，则后面多出的元素都会被赋为 0，如图 7.3 所示。

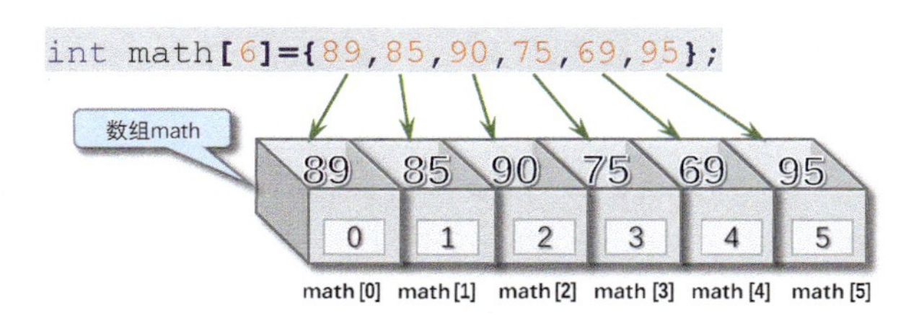

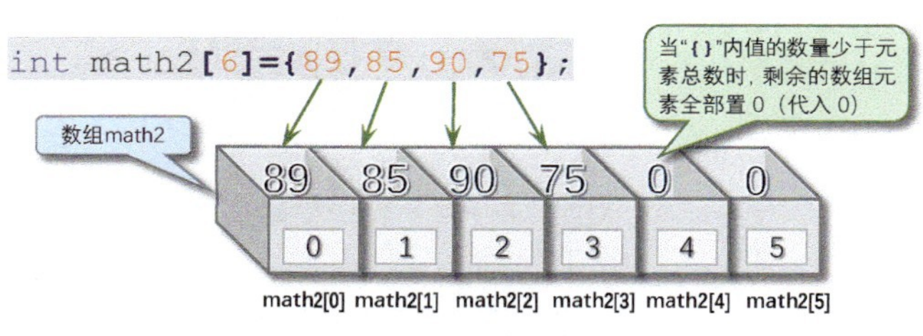

图 7.3　一维数组的初始化

例如对于数组声明：

```
int math[9]={89,85,90,75,69,95};
```

初始化后：

```
math[0]=89    math[1]=85    math[2]=90
math[3]=75    math[4]=69    math[5]=95
math[6]=0     math[7]=0     math[8]=0
```

当所有数组元素的值都包含在“{}”内时，“[]”中的数组大小（元素总数）可以省略。

通过下标引用数组元素以后，就可以对单个的数组元素进行赋值、输出等操作。下面通过案例来介绍如何通过引用数组元素为其赋值。

编程案例

案例 7.1

编写程序，创建一个一维数组，存入 1 ～ 10 的所有整数，然后输出数组元素。

问题分析

要存入 10 个整数，需要定义整型数组 a[10]。用 for 循环语句为每个数组元素赋值，循环变量 i 的取值为从 0 到 9，每循环一次就将 i+1 存入数组元素 a[i] 中。同样使用 for 循环语句来输出，每循环一次输出一个数组元素 a[i]。

解决该问题的算法流程图如图 7.4 所示。

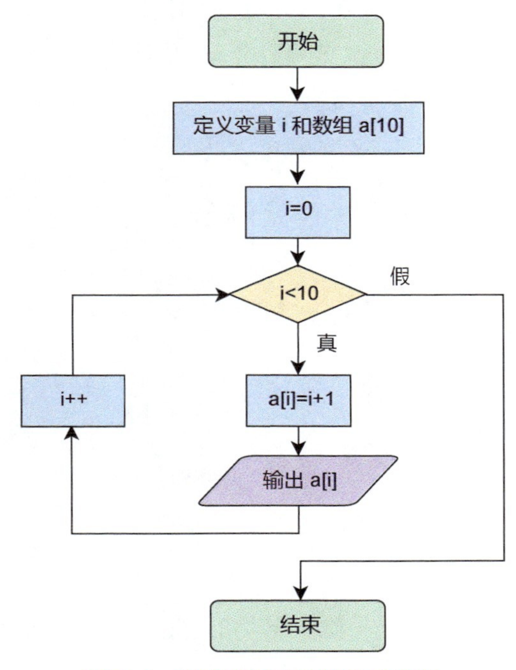

图 7.4　解决该问题的算法流程图

程序代码 7.1

```
01  /*
02    用 for 循环语句为一维数组赋值并输出数组元素。
03  */
04  #include <iostream>
05  using namespace std;
06  int main() {
07      system("color 70");
08      int a[10];        // 定义有 10 个元素的数组 a
09      for(int i=0;i<10;i++)
10      {
11          a[i]=i+1;    // 为数组元素 a[i] 赋值
12          cout<<"a["<<i<<"]="<<a[i]<<endl;
                          // 输出数组元素 a[i] 的值
13      }
14      return 0;
15  }
```

在以上程序代码的 for 循环语句的循环体中，第 11 行给数组元素 a[i] 赋值，第 12 行用 cout 语句输出 a[i] 的值。

程序运行结果如图 7.5 所示。

```
a[0]=1
a[1]=2
a[2]=3
a[3]=4
a[4]=5
a[5]=6
a[6]=7
a[7]=8
a[8]=9
a[9]=10

--------------------------------
Process exited after 2.789 seconds with return value 0
```

图 7.5　程序运行结果

案例 7.2

编写程序，创建一个一维数组，用于存储某学生 6 门学科的考试成绩，计算并输出总成绩。

问题分析

因为成绩是一个浮点数，所以需要将数组定义为浮点型。又因为有 6 门学科的成绩需要保存，所以需要将数组大小定义为 6。

解决该问题的算法流程图如图 7.6 所示。

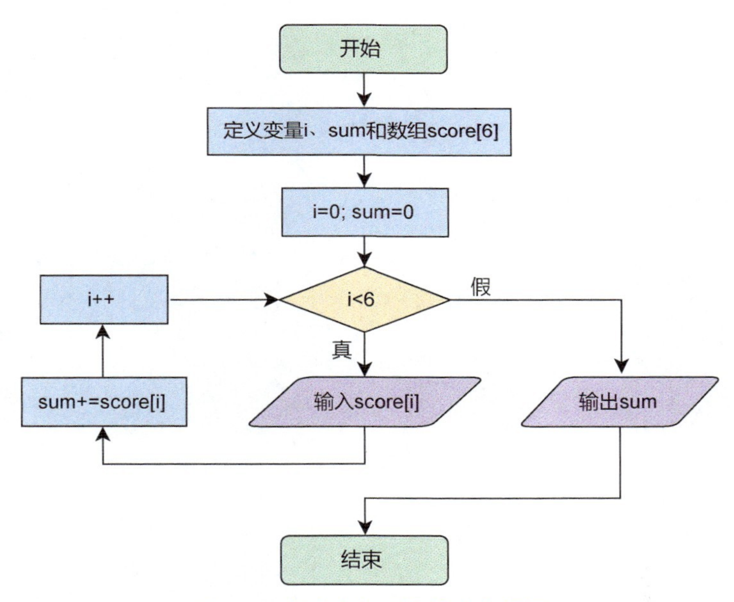

图 7.6　解决该问题的算法流程图

程序代码 7.2

```
01  /*
02      用一维数组存储各科成绩并计算总成绩。
03  */
04  #include <iostream>
05  using namespace std;
06  int main() {
07      double score[6];
08      double sum=0;
09      int i;
10      for(i=0;i<6;i++)
11      {
```

```
12            cout<<" 输入科目 "<<i+1<<" 成绩: ";
13            cin>>score[i];
14            sum += score[i];
15        }
16        cout<<" 总成绩是  "<<sum;
17        return 0;
18    }
```

以上程序代码中，第 10 ～第 15 行的 for 循环语句用于循环输入各科成绩并存入 score[i]，同时将输入的成绩累加到总成绩 sum 中。

程序运行结果如图 7.7 所示。

```
输入科目1成绩: 96
输入科目2成绩: 100
输入科目3成绩: 95.5
输入科目4成绩: 86.5
输入科目5成绩: 98
输入科目6成绩: 92.5
总成绩是 568.5
--------------------------------
Process exited after 33.16 seconds with return value 0
```

图 7.7　程序运行结果

案例 7.3

编写程序，通过键盘输入 10 个整数，将它们按与输入顺序相反的顺序（即倒序）输出，并求这 10 个数中所有偶数之和。

问题分析

要保存 10 个整数，需要一个大小为 10 的整型数组 a[10]。for 循环语句的循环变量 i 的取值为从 0 到 9，可以依次为数组元素 a[i] 赋值。输出时，for 循环语句的循环变量 i 的取值为从 9 到 0，即可倒序输出数组元素。每输出一个数组元素，都要判断其是不是偶数，如果是偶数，则将其累加到偶数和当中。

按一定的顺序引用数组中的所有元素的操作称为**遍历数组**。

解决该问题的算法流程图如图 7.8 所示。

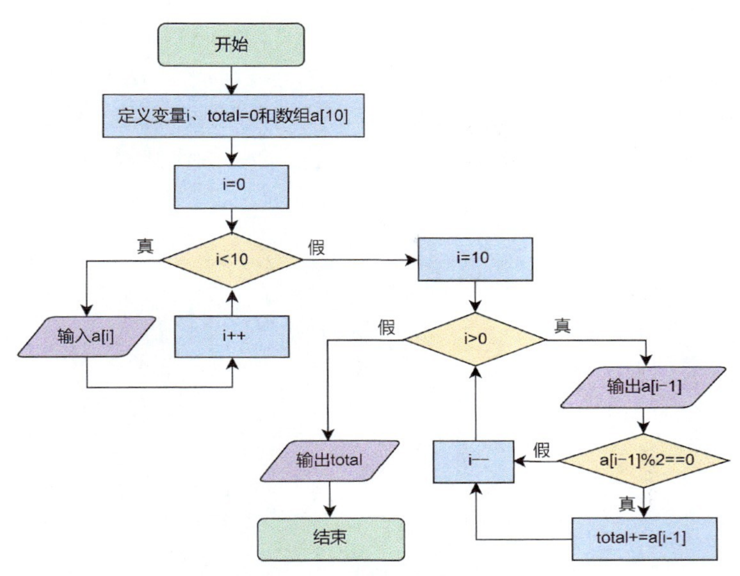

图 7.8　解决该问题的算法流程图

程序代码 7.3

```
01  /*
02        遍历数组：倒序输出 10 个整数并求其中偶数之和。
03  */
04  #include <iostream>
05  using namespace std;
06  int main(){
07      int i,total=0;
08      int a[10];                    // 定义整型数组
09      for(i=0;i<10;i++)             // 用 for 循环语句给数组元素赋值
10      {
11          cout<<" 输入第 "<<i+1<<" 个数：";
12          cin>>a[i];
13      }
14      for(i=10;i>0;i--)             // 用 for 循环语句遍历数组
15      {
16          cout<<a[i-1]<<" ";// 按下标倒序输出数组元素
17          if(a[i-1]%2==0) total+=a[i-1];// 累加偶数元素
18      }
19      cout<<endl<<" 所有偶数之和 total="<<total<<endl;
20      return 0;
21  }
```

以上程序代码中：第 09 ～第 13 行的 for 循环语句按照数组元素序号的递增顺序遍历 10 个数组元素并赋值；第 14 ～第 18 行的 for 循环语句按照数组元素序号的递减顺序遍历所有数组元素并输出；第 17 行的 if 语句用于判断数组元素的值，如果是偶数，则将其累加到 total 中。

程序运行结果如图 7.9 所示。

```
输入第1个数: 10
输入第2个数: 45
输入第3个数: 21
输入第4个数: 14
输入第5个数: 9
输入第6个数: 63
输入第7个数: 98
输入第8个数: 54
输入第9个数: 100
输入第10个数: 50
50 100 54 98 63 9 14 21 45 10
所有偶数之和total=326

--------------------------------
Process exited after 39.37 seconds with return value 0
```

图 7.9　程序运行结果

编程训练

练习 7.1

编写程序，依次接收用户输入的考试成绩，并将其保存在一个数组中，当用户输入“-1”时，停止接收与输入，并输出所有成绩的平均分。

练习 7.2

数组 a 中保存了若干学生的成绩，编写程序，输出所有及格（≥ 60）的成绩。数组 a 如下：

```
int a[10] ={89,45,90,55,69,95,98,65,72,60};
```

7.1.3 排序

排序（Sorting）就是调整数据的顺序，是计算机编程中经常要做的一件事情。对数据进行排序后，可以极大地提高查找的效率。

编程中对数据进行排序的方法有很多种：冒泡排序、直接插入排序、简单选择排序、希尔排序、堆排序、归并排序、快速排序等。此处只介绍最常用的冒泡排序。

冒泡排序（Bubble Sort）是用嵌套 for 循环语句来实现的，其名称源于这种排序方法的特征。在排序过程中，每一轮循环都使得较小或较大的值“浮”到列表的最上端。图 7.10 所示为用冒泡排序法对 5 个数进行排序（从大到小）的过程。

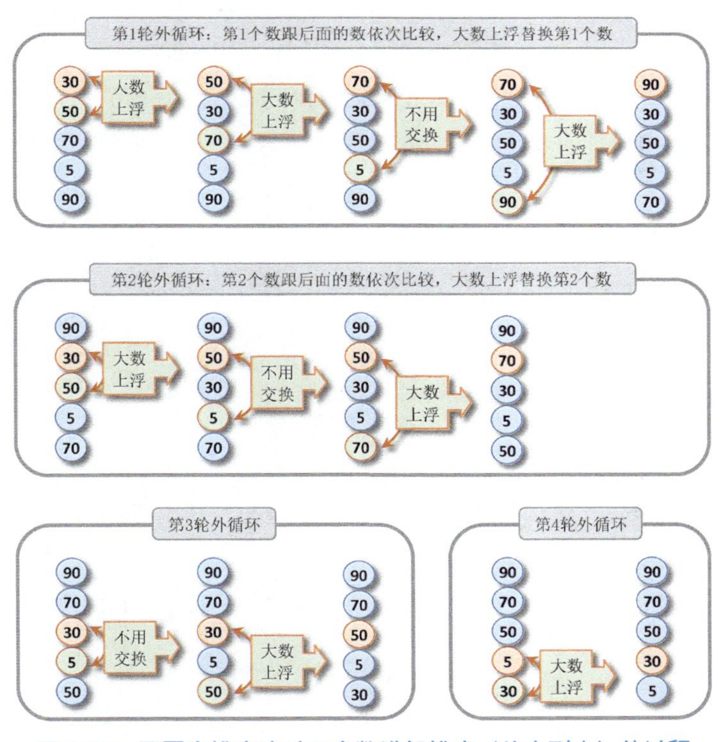

图 7.10　用冒泡排序法对 5 个数进行排序（从大到小）的过程

编程案例

案例 7.4

编写程序，随机生成 10 个两位的正整数，将其存入数组并按从小到大的顺序输出。

问题分析

整个排序过程用嵌套 for 循环语句来完成。外层循环的循环次数为 9 次，设置排序位置，使从第一个位置开始的每一个数都与其后面的所有数依次比较大小（内层循环）；内层循环负责数的比较，并把不符合顺序的数进行交换，其循环次数就是排序位置后面的数字的个数。

定义数组 nums[10]，用于存储 10 个数，这 10 个数用 10+rand()%90 随机生成。如果外层循环设置处在排序位置 outer 的元素是 nums[outer]，则其后的元素 nums[outer+1]，nums[outer+2]，…，nums[9] 都要与 nums[outer] 在内层循环中进行比较，并把不符合顺序的数进行交换，因而内层循环的循环变量范围可以设置为 outer+1 ～ 9。

解决该问题的算法流程图如图 7.11 所示。

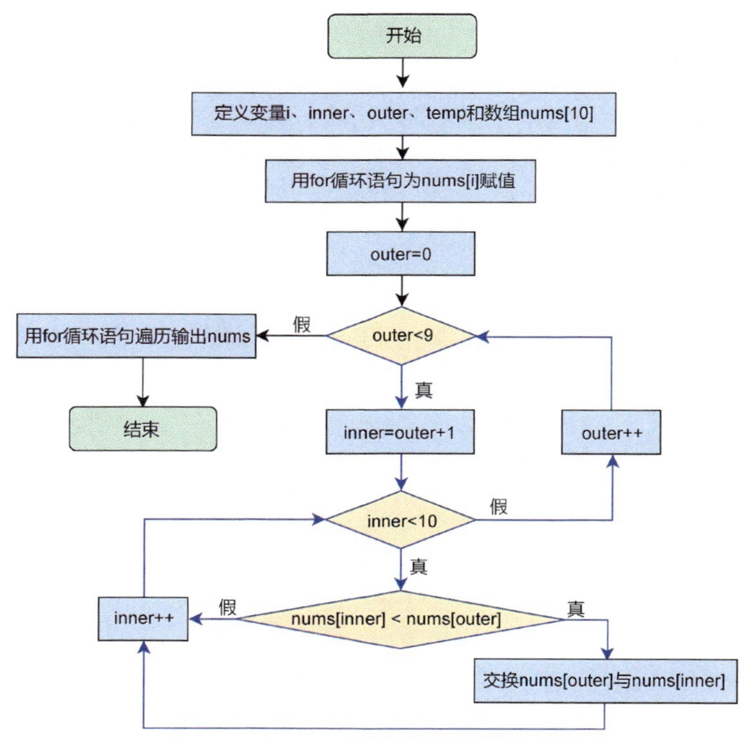

图 7.11 解决该问题的算法流程图

算法步骤描述如下。

（1）定义外层循环控制变量 outer 和内层循环控制变量 inner。

（2）定义用于交换数值的临时变量 temp。

（3）定义数组 nums[10]，用于存储 10 个数。

（4）用循环变量 i（0 ～ 9）控制循环并为数组 nums 的元素赋值：用10+rand()%90获得一个随机整数并赋给数组元素nums[i]；输出数组元素nums[i]。

（5）用循环变量 outer（0 ～ 8）控制外层循环，设置排序位置 outer；用循环变量 inner（outer+1 ～ 9）控制内层循环。如果 nums[inner] 的值小于排序位置 nums[outer] 的值，则交换 nums[inner] 和 nums[outer] 的值。代码如下：

```
temp = nums[outer];
nums[outer] = nums[inner];
nums[inner] = temp;
```

（6）用循环变量 i（0 ～ 9）控制排序后的数组 nums 的所有元素，并输出数组元素 nums[i]。

（7）结束。

程序代码 7.4.1

```
01  /*
02      随机生成 10 个两位的正整数，按从小到大的顺序输出。
03  */
04  #include <iostream>
05  using namespace std;
06  int main(){
07      int i,inner,outer,temp;
08      int nums[10];
09      cout<<" 排序前: ";
10      for(i=0;i<10;i++)                   // 随机生成 10 个数
11      {
12          nums[i] = 10+rand()%90;
13          cout<<" "<<nums[i];
14      }
15      for(outer=0;outer<9;outer++)                // 外层循环
```

```
16          for(inner=outer+1;inner<10;inner++)// 内层循环
17          {
18              if(nums[inner] < nums[outer])   // 比较大小
19              {
20                  temp = nums[outer];
21                  nums[outer] = nums[inner];
22                  nums[inner] = temp;
23              }
24          }
25      cout<<endl<<" 排序后： ";
26      for(i=0;i<10;i++)                        // 输出排序后的数
27          cout<<" "<<nums[i];
28      cout<<endl;
29      return 0;
30  }
```

以上程序代码中，第 15 ～第 24 行的嵌套 for 循环语句使用了冒泡排序，外层循环变量 outer 同时作为比较位置变量，内层循环中拿该位置的元素 nums[outer] 的值和其后所有元素 nums[inner] 的值一一进行比较，如果 nums[inner]<nums[outer] 成立，则交换两者的值。

程序运行结果如图 7.12 所示。

```
排序前:  51 27 44 50 99 74 58 28 62 84
排序后:  27 28 44 50 51 58 62 74 84 99

--------------------------------
Process exited after 0.738 seconds with return value 0
```

图 7.12　程序运行结果

C++ 提供了一个专门用来对数组元素排序的函数 sort()。sort() 函数包含在头文件 algorithm 中，它调用 C++ 标准库里的排序方法实现对数据的排序。sort() 函数的使用方法如下：

```
sort(start,end, 排序方法 );
```

sort() 函数有 3 个参数。

（1）第 1 个参数是要排序的数组的起始地址（数组名）。

（2）第 2 个参数是最后一个要排序的数组元素的地址（数组名加数组元素的个数）。

（3）第 3 个参数是排序的方法，可以是从大到小，也可以是从小到大，还可以不写，默认的排序方法是从小到大。

如果要设置 sort() 函数的第 3 个参数实现从大到小的排序，就需要先自定义一个返回值为 bool 型的比较函数，sort() 函数的第 3 个参数就是该比较函数的函数名。例如：

```
bool cmp(int a,int b){          //自定义比较函数
    return a>b;
}
int main() {                    //主函数
      …
sort(nums,nums+10,cmp);         //sort() 函数的调用
      …
```

sort() 函数的执行效率较高，可以将案例 7.4 的程序代码 7.4.1 修改为下面的程序代码。

程序代码 7.4.2

```
01  /*
02      随机生成 10 个两位的正整数，用 sort() 函数按从大到小的顺序输出。
03  */
04  #include <iostream>
05  #include<algorithm>
06  using namespace std;
07  bool cmp(int a,int b){              //自定义比较函数
08      return a>b;                     //返回较大的值
09  }
10  int main(){
11      int i, nums[10];
12      cout<<" 排序前: ";
13      for(i=0;i<10;i++) {             //遍历、赋值、输出
14          nums[i] = 1+rand()%99;      //为数组元素赋值
15          cout<<" "<<nums[i];         //输出数组元素
16      }
17      sort(nums,nums+10,cmp);         //将数组元素从大到小排序
18      cout<<endl<<" 排序后: ";
```

```
19        for(i=0;i<10;i++)            //遍历输出所有数组元素
20            cout<<" "<<nums[i];
21        cout<<endl;
22        return 0;
23    }
```

以上程序代码中，第 17 行调用 sort() 函数对数组 nums 的 10 个元素进行从大到小的排序，其第 3 个参数 cmp 为第 07 ～第 09 行定义的比较函数的函数名。

程序运行结果如图 7.13 所示。

```
排序前： 42 54 98 68 63 83 94 55 35 12
排序后： 98 94 83 68 63 55 54 42 35 12

--------------------------------
Process exited after 1.08 seconds with return value 0
```

图 7.13　程序运行结果

案例 7.5

数组 a 中保存了若干学生的成绩，编写程序，按从小到大的顺序输出所有成绩。数组 a 如下：

```
int a[10] ={89,45,90,55,69,95,98,65,72,60};
```

问题分析

先使用 sort() 函数对数组 a 的 10 个元素进行从小到大的排序，然后用 for 循环语句遍历输出所有元素。

程序代码 7.5

```
01  /*
02       用 sort() 函数对数组元素进行从小到大的排序。
03  */
04  #include <iostream>
05  #include <algorithm>              //引入 sort() 函数
06  using namespace std;
07  int main() {
08       int a[10] ={89,45,90,55,69,95,98,65,72,60};
09       cout<<"排序前: ";
10       for(int i=0;i<10;i++){   //遍历输出所有数组元素
```

```
11            cout<<a[i]<<" ";
12        }
13        sort(a,a+10);    //对数组a的10个元素按从小到大的顺序排序
14        cout<<endl<<"排序后：";
15        for(int i=0;i<10;i++){//遍历输出排序后的所有数组元素
16            cout<<a[i]<<" ";
17        }
18        return 0;
19    }
```

以上程序代码中，第 13 行调用 sort() 函数对数组 a 的 10 个元素进行排序，因为该函数没有设置第 3 个参数，所以默认按从小到大的方式排序。

程序运行结果如图 7.14 所示。

```
排序前：89 45 90 55 69 95 98 65 72 60
排序后：45 55 60 65 69 72 89 90 95 98
--------------------------------
Process exited after 1.055 seconds with return value 0
```

图 7.14　程序运行结果

编程训练

练习 7.3

编写程序，随机生成 10 个两位的整数并存入数组，用冒泡排序法对数组内的元素从大到小排序，然后输出。

练习 7.4

编写程序，依次接受用户输入的考试成绩，将其保存在一个数组中，当用户输入“-1”时，停止接受输入，并从大到小输出所有成绩。

7.1.4 查找

查找是计算机处理大量数据时最常用的功能。比较简单的查找方法是从第一个数据开始比较，直到找到目标数据，这种方法称为**顺序查找**，实际上是枚举法的应用。当数据量较大时，顺序查找的效率就比较低。

将数据排序后，就可以使用另一种更加高效的查找方法：**二分查找**。二分查找的思想如下。

在已经按照从小到大的顺序排列好的 *N* 个数据中，取出排在中间位置的数据进行比较，如果等于要找的数据，则查找结束；如果比要找的数据大，则要找的数据一定在左边部分（如果之前的数据是按从大到小的顺序排列的，则要找的数据在右边部分），在左边数据中继续用类似的方法查找；如果比要找的数据小，则在右边数据中继续用类似的方法查找。在整个过程中，查找的数据范围每次都被分成两半，因而称为二分查找，又称为折半查找。

例如，在**有序数据 {26，30，45，55，60，61，62，65，70，78，90}** 中查找 **55** 可以使用二分查找法，查找过程如图 7.15 所示。

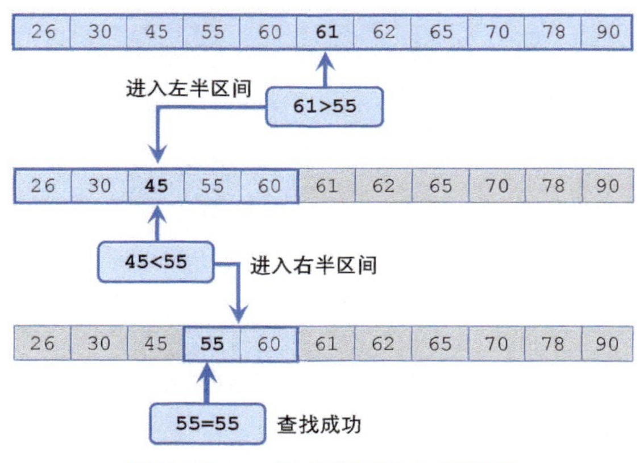

图 7.15 二分查找法的查找过程

编程案例

案例 7.6

数组 a 中保存了若干学生的成绩，编写程序，任意输入一个成绩，查找该成绩所处位置。数组 a 如下：

```
int a[15] ={86,89,92,78,79,62,68,81,55,60,70,90,73,97,99};
```

问题分析（一）

用顺序查找法查找某数在数组中的位置。用 for 循环语句遍历每一个数组元素，当某个数组元素的值等于输入的成绩时，该数组元素的下标加 1，就是该成绩在数组中的位置。

解决该问题的算法流程图如图 7.16 所示。

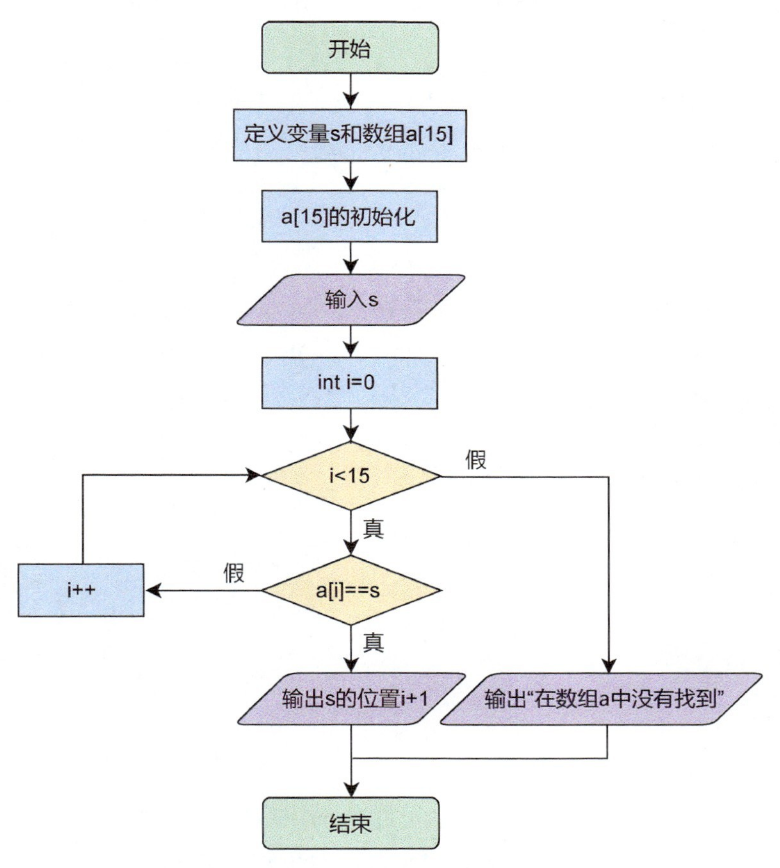

图 7.16　解决该问题的算法流程图

程序代码 7.6.1

```
01  /*
02       用顺序查找法查找某数在数组中的位置。
03  */
04  #include <iostream>
05  using namespace std;
```

```
06  int main() {
07      int a[15] ={86,89,92,78,79,62,68,81,55,60,70,90,73,97,99};
08      int s;
09      cout<<" 输入要查找的成绩： ";
10      cin >> s;
11      for(int i=0;i<15;i++){
12          if(a[i]==s){
13              cout<< s <<" 在数组 a 中的位置： "<< i+1 <<endl;
14              return 0;
15          }
16      }
17      cout<<" 在数组 a 中没有找到 "<< s <<endl;
18      return 0;
19  }
```

以上程序代码中：第 11 ～第 16 行用 for 循环语句遍历数组元素；第 12 行的 if 语句判断第 i 个数组元素是否等于 s，如果是，则输出 i+1，然后退出程序；如果在数组的所有元素中都没有找到 s，则输出“在数组 a 中没有找到”。

程序运行结果如图 7.17 所示。

```
输入要查找的成绩：90
90在数组a中的位置：12

--------------------------------
Process exited after 4.607 seconds with return value 0
```

图 7.17　程序运行结果

问题分析（二）

将所有成绩从大到小排序后，用二分查找法查找某数的名次。

设 mid 为数组中间位置，L 为当前查找数组区间的最左端，R 为最右端，则最初时，L=1，R=15，mid=(L+R)/2。如果此时的 a[mid−1] 等于要查找的 s，则输出其位置 mid，并退出程序；如果 s 大于 a[mid−1]，则把 R 的值设为 mid−1，在左半部分继续二分查找；如果 s 小于 a[mid−1]，则把 L 的值设为 mid+1，在右半部分继续二分查找。

解决该问题的算法流程图如图 7.18 所示。

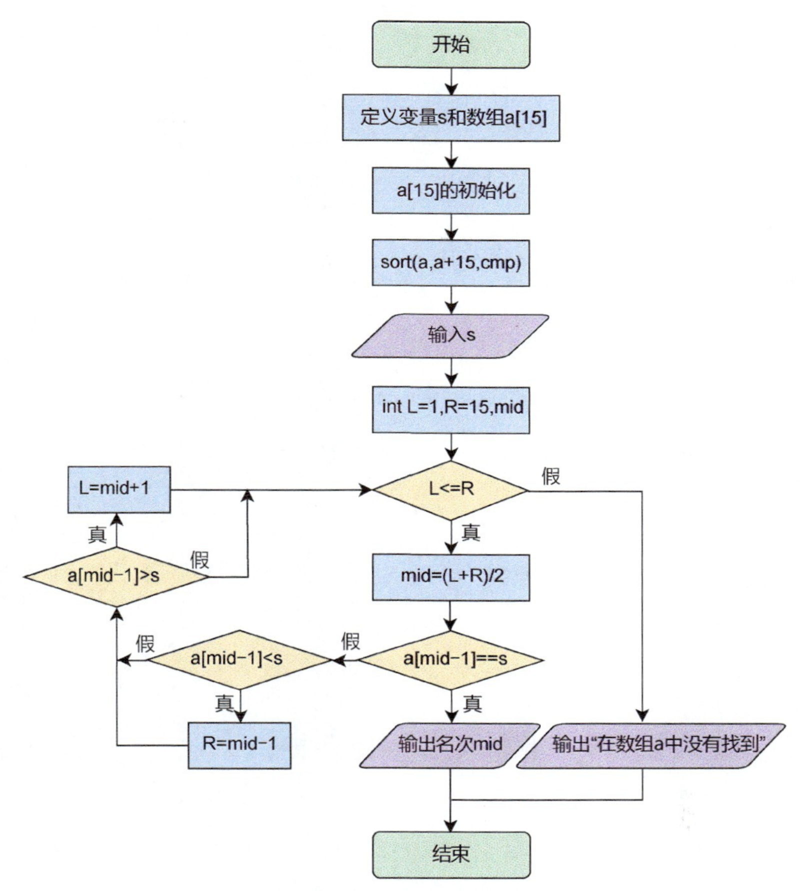

图 7.18　解决该问题的算法流程图

程序代码 7.6.2

```
01  /*
02      用二分查找法查找某数的名次。
03  */
04  #include <iostream>
05  #include <algorithm>        // 引入 sort() 函数
06  using namespace std;
07  bool cmp(int a, int b){     // 自定义比较函数
08      return a>b;             // 返回较大的值
09  }
10  int main() {
11      int a[15] ={86,89,92,78,79,62,68,81,55,60,70,90,73,97,99};
```

```
12        sort(a,a+15,cmp);    // 用 sort() 函数将数组元素从大到小排序
13        int s;
14        cout<<" 输入要查找的成绩: ";
15        cin >> s;
16        int L,R,mid;
17        L=1;R=15;                    //L 为左端位置， R 为右端位置
18        while(L<=R){                 //mid 为中间位置
19            mid=(L+R)/2;
20            if(a[mid-1]==s){         // 找到，输出名次
21                cout<<" 从大到小排序后的名次: "<<mid<<endl;
22                return 0;            // 查找结束，退出程序
23            }
24            if(s>a[mid-1]) R=mid-1; // 进入左半区间
25            if(s<a[mid-1]) L=mid+1; // 进入右半区间
26        }
27        cout<<" 在数组 a 中没有找到 "<< s <<endl; // 没有找到
28        return 0;
29    }
```

以上程序代码中，第 12 行用 sort() 函数将数组元素从大到小排序，第 16 ～第 26 行用二分查找法在排序后的数组中查找 s。

程序运行结果如图 7.19 所示。

```
输入要查找的成绩: 90
从大到小排序后的名次: 4

--------------------------------
Process exited after 3.038 seconds with return value 0
```

图 7.19　程序运行结果

编程训练

练习 7.5

编写程序，首先输入若干学生的成绩并保存在数组中，输入“0”以后不能继续输入；然后把所有成绩按从大到小的顺序排列；最后任意输入一个成绩，在排序后的数组中顺序查找该成绩，找到后输出该成绩的名次。

练习 7.6

编写程序，将练习 7.5 中的数组元素按从大到小的顺序排列后，任意输入一个成绩，在数组中用二分查找法查找该成绩，找到后输出该成绩的名次。

7.2 二维数组

生活中我们常常需要处理表 7.1 所示的多行多列数据。

表 7.1　某班级期中考试各科成绩表

学科	学号												
	1	2	3	4	5	6	7	8	9	10	……	49	50
语文	95	56	78	85	85	83	80	85	85	75	……	85	85
数学	80	85	85	75	100	88	100	75	82	83	……	82	75
英语	100	75	82	83	75	85	95	56	78	85	……	83	100
科学	88	68	90	88	68	75	80	85	85	75	……	88	90

这种**多行多列的二维表格数据**可以用**二维数组**来表示。

如果把一维数组比作排列成一排的许多小房间，那么二维数组就是一幢多层楼房，而且每一层都有相同的房间数。这里需要强调的是，每一层的房间数必须一样，如果不一样，则不能称为二维数组。

围棋棋盘上黑白棋子的位置，以及商品销售量统计表等二维表格数据，都可以使用二维数组来表示，如图 7.20 所示。

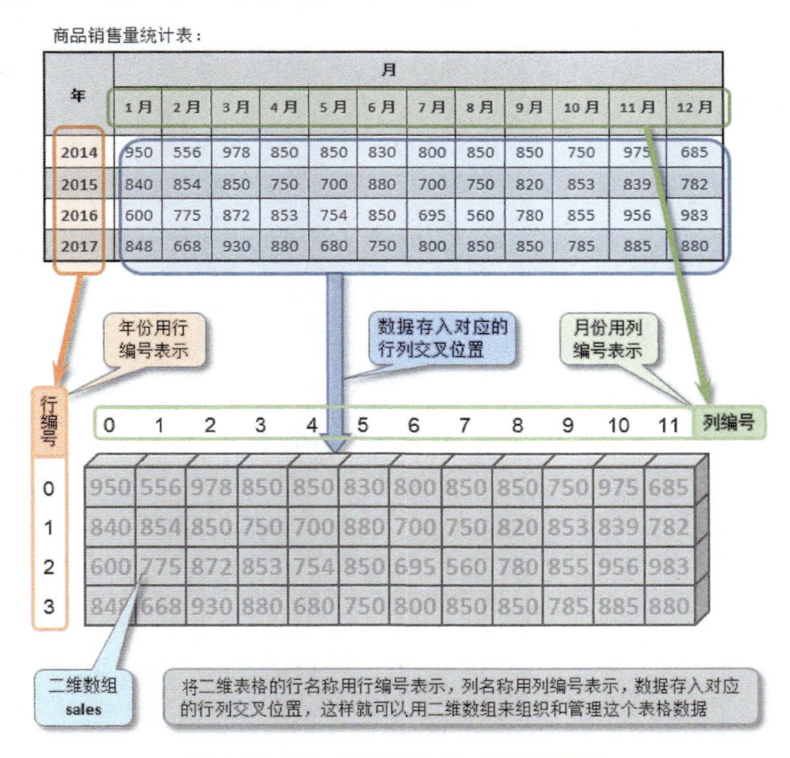

图 7.20　用二维数组存储二维表格数据

7.2.1 二维数组元素的引用

二维数组用两个下标来指定和引用数组元素，第一个下标表示元素的行编号，第二个下标表示元素的列编号。**在行和列交叉处的元素就是指定的数组元素**。因此，为了访问（引用）二维数组中的某一个特定元素，可以利用数组名和元素的行编号、列编号的组合来指定具体的数组元素。格式如下：

数组名 [行编号][列编号]

例如，二维数组 ARRAY 中行编号为 2、列编号为 6 的特定数组元素表示如下：

```
ARRAY[2][6]
```

在 C++ 中，二维数组的行编号、列编号都是从 0 开始的自然数序列号。ARRAY[2][6] 中的行编号 2 表示 ARRAY 数组的第 3 行，列编号 6 表示 ARRAY 数组的第 7 列，这样 ARRAY[2][6] 就表示 ARRAY 数组的第 3 行第 7 列交叉位置的数组元素，如图 7.21 所示。

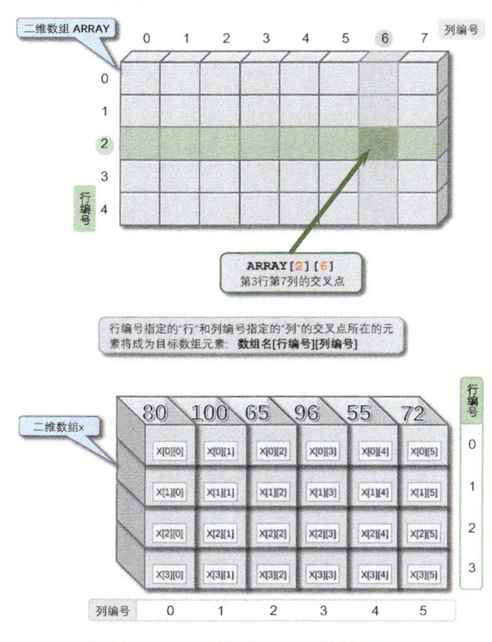

图 7.21 二维数组元素的引用

7.2.2　二维数组的初始化

二维数组的初始化和一维数组类似：可以在声明数组时使用“{}”为各个元素赋值；也可以在声明语句之后，引用单个元素并为其赋值。例如：

```
int score[3][4]={{89,85,80,83},{69,65,60,62},{99,96,93,98}};
//以上语句表示在声明数组时初始化数组，等同于下面12条单个数组元素的赋值语句：
score[0][0]=89; score[0][1]=85;
score[0][2]=80; score[0][3]=83;
score[1][0]=69; score[1][1]=65;
score[1][2]=60; score[1][3]=62;
score[2][0]=99; score[2][1]=96;
score[2][2]=93; score[2][3]=98;
```

图 7.22 所示为二维数组的初始化。

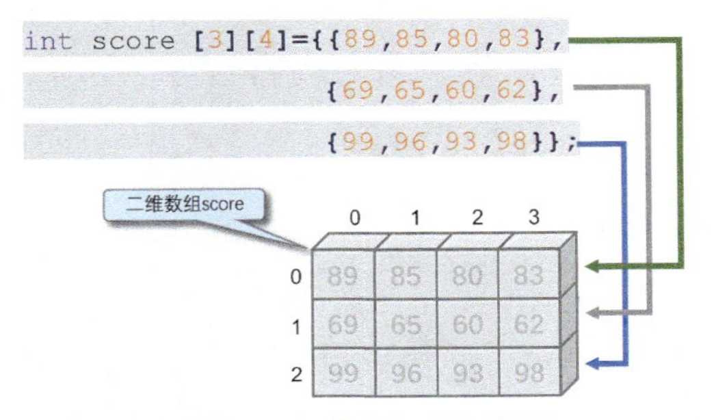

图 7.22　二维数组的初始化

与遍历一维数组类似，可以通过嵌套 for 循环语句遍历二维数组中的所有元素。嵌套 for 循环语句的外层循环变量对应二维数组的行编号，内层循环变量对应二维数组的列编号。例如，可以用下面的嵌套 for 循环语句遍历上面的二维数组 score[3][4] 的所有元素。

```
for(i=0;i<3;i++) {
    for(j=0;j<4;j++) {
        cout<<"score["<<i<<"]["<<j<<"]="<<score[i][j]<<" ";
    }
    cout<<endl;              //换行
}
```

编程案例

案例 7.7

编写程序，创建一个二维数组，用于存储表 7.2 所示 4 个学生期中考试 3 门学科的成绩，输出二维数组的所有元素。

表 7.2　4 个学生期中考试 3 门学科成绩表

学科	学号			
	1	2	3	4
语文	95	56	78	85
数学	80	85	85	75
英语	100	75	82	83

问题分析

观察案例中的成绩表，定义一个 3 行 4 列的二维数组 arr[3][4]。为了能够在自定义函数中对数组元素进行赋值和输出操作，可以将 arr[3][4] 定义为全局变量。

程序代码 7.7

```
01  /*
02      用二维数组存储 4 个学生的 3 门学科的成绩，输出二维数组的所有元素。
03  */
04  #include <iostream>
05  #include <iomanip>                 // 引入 setw() 函数
06  using namespace std;
07  int arr[3][4];                     // 定义全局变量
08  void arrayIO(int s){
09      for(int i=0;i<3;i++){
10          for(int j=0;j<4;j++){
11              if(s==0){              // 读入数据
12                  cin >> arr[i][j];
13              }
14              if(s==1){              // 输出数据
15                  cout<<"arr["<<i<<"]["<<j<<"]=" ;
16                  cout<<setw(3)<<arr[i][j]<<"  ";
17              }
18          }
19          if(s==1) cout<<endl;// 输出一行数据后换行
```

```
20         }
21     }
22     int main() {
23         cout<<"输入所有成绩（用空格或回车符分隔）：\n";
24         arrayIO(0);           //调用函数读入数据
25         cout<<"二维数组所有元素如下："<<endl;
26         arrayIO(1);          //调用函数输出数据
27         return 0;
28     }
```

对以上程序代码，需要说明几点。第 07 行定义二维数组 `arr[3][4]` 为全局变量。在第 8～第 21 行的自定义函数 `arrayIO(ints)` 中，用嵌套 for 循环语句遍历二维数组 arr 的所有元素，分为几种情况：当参数 s 的值为 0 时，用 cin 语句输入成绩并存入二维数组中（第 11～第 13 行）；当参数 s 的值为 1 时，用 cout 语句输出数组元素（第 14～第 17 行）；输出一行数据后，换行（第 19 行）。

主函数 `main()` 中，先调用 `arrayIO(0)` 读入数据，然后调用 `arrayIO(1)` 输出数据。

程序运行结果如图 7.23 所示。

```
输入所有成绩（用空格或回车符分隔）：
95 56 78 85
80 85 85 75
100 75 82 83
二维数组所有元素如下：
arr[0][0]= 95 arr[0][1]= 56 arr[0][2]= 78 arr[0][3]= 85
arr[1][0]= 80 arr[1][1]= 85 arr[1][2]= 85 arr[1][3]= 75
arr[2][0]=100 arr[2][1]= 75 arr[2][2]= 82 arr[2][3]= 83

--------------------------------
Process exited after 35.6 seconds with return value 0
```

图 7.23　程序运行结果

案例 7.8

矩阵就是由 *n* 行 *n* 列数据排列而成的数据阵列。编写程序，先输入一个 *n* 行 *n* 列（$2 \leqslant n \leqslant 10$）的整数矩阵，然后将行和列的数据沿左倾对角线交换后输出，即输出转置矩阵。图 7.24 所示为 3 行 3 列的矩阵的转置。

图 7.24 矩阵的转置

问题分析

要解决该问题，应该先了解什么是矩阵的转置。矩阵的转置就是将原矩阵第 i 行的所有数据，依次放入新矩阵的第 i 列，即原矩阵中第 n 行第 m 列的数据被放在了新矩阵的第 m 行第 n 列中。

求解矩阵问题时，通常先将矩阵元素存放在一个二维数组中，然后使用嵌套 for 循环语句来遍历这个二维数组，从而实现对矩阵中所有元素的操作。例如，可以将图 7.24 左边的矩阵存放在二维数组 `A`（`int A[3][3]`）中。

仔细观察转置前后的矩阵可知，转置后的矩阵左倾对角线上的元素 `A[0][0]`、`A[1][1]`、`A[2][2]` 的值并没有发生变化，只是位于对角线右上方的 3 个元素与位于对角线左下方的 3 个元素的值进行了交换，即 `A[0][1]` 和 `A[1][0]` 进行了交换、`A[0][2]` 和 `A[2][0]` 进行了交换、`A[1][2]` 和 `A[2][1]` 进行了交换。进一步观察进行交换的两个数组元素，会发现它们的行号和列号互换了。

根据这个发现我们可以设计算法，用嵌套 for 循环语句遍历数组 A，找出对角线左下角的元素（行号大于列号的元素），将其值与对角线右上角的对应元素（行号和列号互换后的元素）的值互换，就可以实现矩阵的转置。嵌套 for 循环语句如下：

```
for(i=0;i<n;i++) {
    for(j=0;j<n;j++) {
        if (i>j) {          //查找处于对角线左下角的元素
            k = a[i][j];
            a[i][j] = a[j][i];
            a[j][i] = k; //与对角线右上角的对应元素的值互换
        }
    }
}
```

程序代码 7.8

```
01  /*
02      输入 n×n 整数矩阵并输出其转置矩阵。
03  */
04  #include <iostream>
05  #include <iomanip>
06  using namespace std;
07  int n,a[10][10];        //定义全局变量
08  /*=== 自定义具有 n×n 矩阵的输入、转置、输出功能的函数 ===*/
09  void doubleCycle(int s) {
10      int i,j,k;
11      for(i=0;i<n;i++) {
12          for(j=0;j<n;j++) {
13              if(s==0) cin >> a[i][j];              //读入矩阵数据
14              if(s==1) cout<<setw(6)<<a[i][j]; //输出矩阵数据
15              if(s==2 && i>j) {                     //转置矩阵数据
16                  k=a[i][j];
17                  a[i][j]=a[j][i];
18                  a[j][i]=k;
19              }
20          }
21          if(s==1) cout<<endl;   //输出矩阵行结束符
22      }
23  }
24  /*=== 主函数 ===*/
25  int main() {
26      cout<<"输入一个正整数 n (1<n<10): ";
27      cin >> n;
28      cout<<"依次输入 "<<n<<"*"<<n<<" 矩阵所有 "<<n*n<<" 个元素: ";
29      doubleCycle(0);  //调用函数读入矩阵数据
30      cout<<"原始矩阵: "<<endl;
31      doubleCycle(1);  //调用函数输出原始矩阵
32      doubleCycle(2);  //调用函数将原始矩阵转置
33      cout<<"转置以后的矩阵: "<<endl;
34      doubleCycle(1);  //调用函数输出转置后的矩阵
35      return 0;
36  }
```

对以上程序代码，需要说明几点。

第 07 行把表示矩阵行列数的 n 和存储矩阵数据的二维数组 a 都定义为全局变量，以便在自定义函数和主函数中都可以使用它们。

自定义函数 doubleCycle(s) 带一个参数，该参数用于控制函数内部对矩阵数据进行的操作（0 表示读入矩阵数据并存入数组，1 表示输出数组中的矩阵数据，2 表示将数组中的矩阵数据转置存储）。

第 09 ～第 23 行的自定义函数 doubleCycle(s) 中，用嵌套 for 循环语句遍历二维数组 a 中的所有元素，分为几种情况：当参数 s 为 0 时，用 cin 语句读取数据并存入 a[i][j]（第 13 行）；当参数 s 为 1 时，输出 a[i][j]（第 14 行），同时每一轮内层循环结束后输出矩阵结束符（第 21 行）；当参数 s 为 2 时，查找行号大于列号（i>j）的数组元素 a[i][j]，将其值与数组元素 a[j][i] 互换（第 15 ～第 19 行）。

程序运行结果如图 7.25 所示。

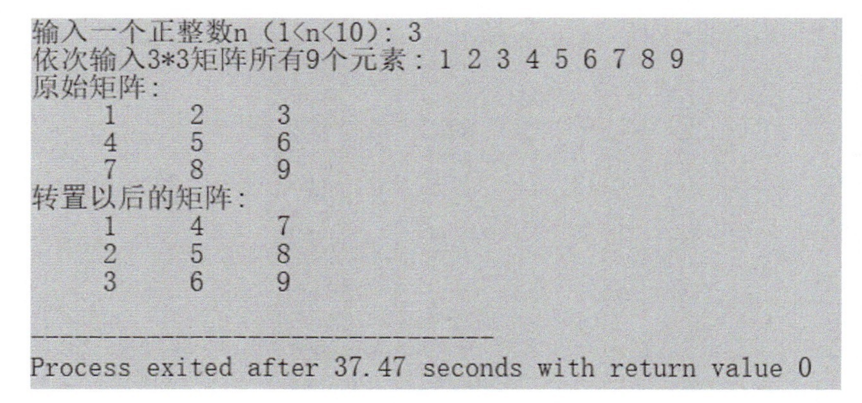

图 7.25 程序运行结果

编程训练

练习 7.7

杨辉三角形是一个由数字排列组成的三角形数表，其一般形式如图 7.26 所示。由图 7.26 可见，每行的开始和结尾处的数字都为 1，其他数字都是它所在行的上一行中靠近它的两个数之和。请编写程序，输出杨辉三角形的前 n（$n \leqslant 20$）行数字。

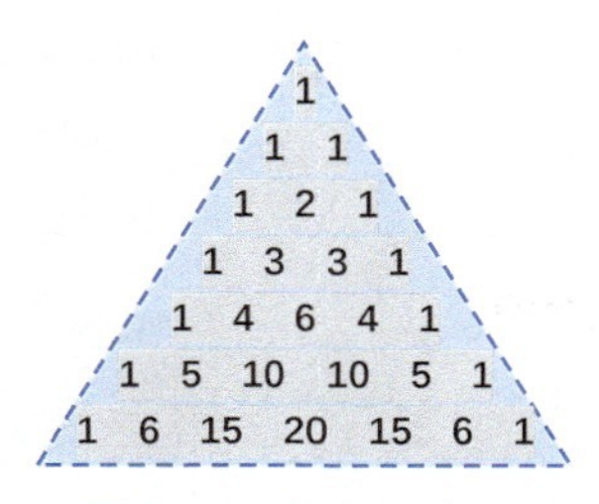

图 7.26　杨辉三角形

7.3 字符数组

在计算机内部，字符都是用数字（字符编码）来表示的，而字符串是“字符连续排列”的一种表现，是每个元素内都存储着字符的一维数组，通常称为字符数组。

C++ 提供了以下两种类型的字符串表示形式。

- **C 语言风格的字符串**（字符数组）。
- **C++ 引入的 string 型字符串**（详情参见本书的 2.6 节）。

因为字符数组中存储的都是 char 型的字符，所以字符数组的数据类型是 char 型。字符串实际上就是一个 char 型的一维数组。

7.3.1 字符数组的声明和初始化

字符数组就是 char 型的一维数组，使用 char 声明字符数组的格式如下：

```
char 字符数组名 [ 元素个数 ]      // 元素个数表示数组大小
```

例如：

```
char pWord[5];                       // 声明字符数组 pWord
char myName[10];                     // 声明字符数组 myName
char a[5]={'H','E','L','L','O'};    // 声明字符数组 a 并初始化
```

字符数组与其他数组一样，可以在声明时进行初始化；也可以先声明，之后再引用单个数组元素进行赋值。例如：

```
char a[5]={'H','E','L','L','O'};
                    //声明字符数组 a 的同时初始化
char pWord[5];      //声明字符数组 pWord
pWord[0]='A';       //引用字符数组 pWord 的第 1 个元素并赋值
pWord[1]='B';       //引用字符数组 pWord 的第 2 个元素并赋值
pWord[2]='C';       //引用字符数组 pWord 的第 3 个元素并赋值
pWord[3]='D';       //引用字符数组 pWord 的第 4 个元素并赋值
pWord[4]='E';       //引用字符数组 pWord 的第 5 个元素并赋值
```

注意：只有在声明字符数组的同时才可以一次性给数组中的多个元素赋值，在声明语句之外只能给单个元素赋值，不能同时对多个元素赋值，例如以下赋值方式是错误的。

```
char pWord[5];                              //声明字符数组 pWord
pWord[5]={'H','E','L','L','O'};             //错误的赋值方式
```

7.3.2 C 语言风格的字符串

C++ 完全继承了 C 语言风格的字符串类型。在 C 语言中，字符串是以字符数组的形式存在的，最后一个元素为字符串结束符“\0”，因而数组元素的个数比字符串中的实际字符个数多一个。

字符串包含的字符的个数就是这个字符串的长度，因而在定义字符数组风格的字符串时，数组大小应设为要存储的字符串长度的最大值加 1。图 7.27 所示为字符串的存储表示。定义字符串的格式如下：

```
char str[6]={'C','h','i','n','a','\0'};
char str[6]="China";
char str[]= "China";
char str[5]= "China"; //错误的赋值方式，元素个数不足
```

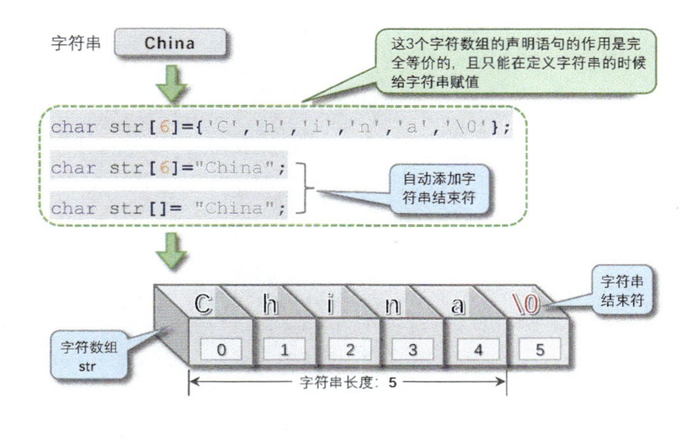

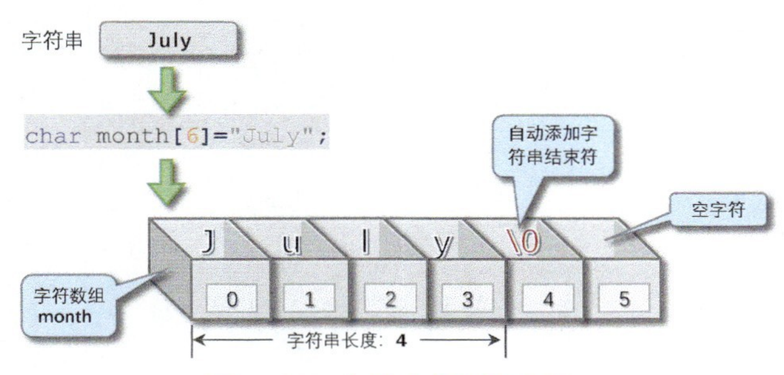

图 7.27　字符串的存储表示

编程案例

案例 7.9

编写程序，定义一个字符数组来保存字符串“abcdefghijk”，然后把其中的所有字符转换为大写字母并输出。

问题分析

字符串“abcdefghijk”包含 11 个字符，因而定义的字符数组的长度应该为 12。

在 ASCII 表中，小写字母 a 的编码为 97，大写字母 A 的编码为 65，两者相差 32，因而可以用表达式 `'a'-32` 将小写字母 a 转换为大写字母 A。

解决该问题的算法流程图如图 7.28 所示。

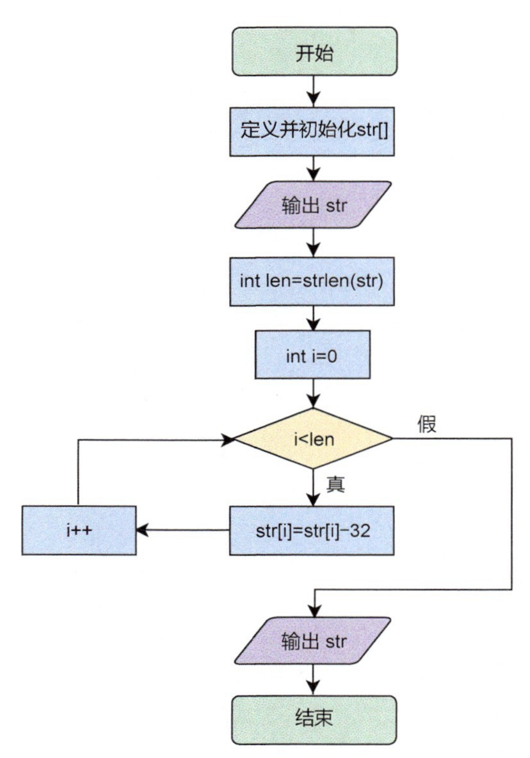

图 7.28　解决该问题的算法流程图

程序代码 7.9

```
01  /*
02      将字符串中的小写字母转换为大写字母并输出。
03  */
04  #include <iostream>
05  #include <cstring>                          // 引入 strlen() 函数
06  using namespace std;
07  int main() {
08      char str[]="abcdefghijk";   // 定义并初始化字符数组
09      cout<<" 原字符数组: "<< str <<endl; // 输出字符数组
10      int len;
11      len = strlen(str);          // 获得字符数组长度
12      for(int i=0;i<len;i++){     // 遍历字符数组
13          str[i]=str[i]-32;       // 将小写字母转换为大写字母
14      }
15      cout<<" 新字符数组: "<< str <<endl;   // 输出字符数组
```

```
16        return 0;
17    }
```

以上程序代码中：第 08 行定义并初始化字符数组 str；第 11 行调用函数 strlen(str) 获取字符数组 str 的长度；第 12 ～第 14 行用 for 循环语句遍历字符数组 str 中的所有元素；第 13 行将数组元素中的小写字母转换为大写字母；第 09、第 15 行分别输出转换前后的字符数组 str。

程序运行结果如图 7.29 所示。

```
原字符数组：abcdefghijk
新字符数组：ABCDEFGHIJK

--------------------------------
Process exited after 0.9826 seconds with return value 0
```

图 7.29　程序运行结果

C++ 中还可以用二维字符数组来保存多个字符串，数组的每一行保存一个字符串。输出时，用 cout 语句将数组中的字符逐个输出，直至遇到字符串结束标识符“\0”。例如：

```
char xm[][20]={"小明", "圆圆","王小军","李大胖","王芳"};
cout<<xm[0];      //输出 “小明”
cout<<xm[3];      //输出 “李大胖”
```

上面声明的二维数组 xm[][20] 有 5 行，可以分别用 xm[0]、xm[1]、xm[2]、xm[3]、xm[4] 来引用，每一行有一个字符串，而且字符串长度最长为 19（不包括字符串结束符“\0”）。

案例 7.10

编写程序，定义一个二维字符数组，依次通过键盘输入 5 个学生的姓名并将其保存在该二维数组中，按输入顺序输出所有姓名。

问题分析

假设姓名的字符串长度始终小于 20，则保存 5 个姓名的二维字符数组可以定义为 char xm[5][20]。分别用 xm[0] ～ xm[4] 引用这 5 个姓名。

程序代码 7.10

```
01  /*
02      用二维字符数组处理多个字符串。
03  */
04  #include <iostream>
05  using namespace std;
06  int main() {
07      char xm[5][20];     //定义二维字符数组
08      cout<<"输入 5 个姓名（用空格分隔）："<<endl;
09      int i=0;
10      do{                 //循环输入 5 个姓名
11          cin >> xm[i]; //读取姓名并存入 xm[i]
12          i++;
13      }while(i<5);
14      for(i=0;i<5;i++){ //遍历输出 5 个姓名
15          cout<<"xm["<<i<<"]="<<xm[i]<<endl;
16      }
17      return 0;
18  }
```

以上程序代码中：第 07 行定义一个二维字符数组 xm[5][20]，用于保存 5 个长度小于 20 的字符串；第 10 ～第 13 行用 do-while 循环语句读取 5 个姓名，依次存入 xm[i]（二维字符数组 xm 的第 i 行）；第 14 ～第 16 行用 for 循环语句循环 5 次，每次输出二维字符数组 xm 的一行（一个姓名）。

程序运行结果如图 7.30 所示。

```
输入5个姓名（用空格分隔）：
吴小芳 王小石 林傲雪 吴菲儿 刘大壮
xm[0]=吴小芳
xm[1]=王小石
xm[2]=林傲雪
xm[3]=吴菲儿
xm[4]=刘大壮

--------------------------------
Process exited after 80.21 seconds with return value 0
```

图 7.30　程序运行结果

编程训练

练习 7.8

编写程序，定义一个字符数组，用于保存字符串“0123456789”，把其中的每一个字符转换为对应的阿拉伯数字，并倒序保存在一个整型数组中，依次输出该整型数组内的所有元素。

程序运行结果如图 7.31 所示。

```
原字符数组：0123456789
转换后的整型数组：
num[0]=9
num[1]=8
num[2]=7
num[3]=6
num[4]=5
num[5]=4
num[6]=3
num[7]=2
num[8]=1
num[9]=0

--------------------------------
Process exited after 0.7452 seconds with return value 0
```

图 7.31　程序运行结果

练习 7.9

编写程序，使用二维字符数组建立学生档案，用于保存输入的姓名、生日、联系电话、特长爱好等信息，并输出建立的档案信息。

程序运行结果如图 7.32 所示。

```
请输入姓名：吴菲儿
请输入生日：2015.10.12
请输入联系电话：12345678900
请输入特长爱好：画画、拉丁舞
-----学生档案-----
姓名：吴菲儿
生日：2015.10.12
联系电话：12345678900
特长爱好：画画、拉丁舞

--------------------------------
Process exited after 32.84 seconds with return value 0
```

图 7.32　程序运行结果

7.3.3 常用字符数组处理函数

为了方便用户对字符数组进行处理，C 语言提供了众多实用的字符串处理函数，如表 7.3 所示。

表7.3 C语言中常用的字符串处理函数

函数	格式	说明	所属头文件
puts()	puts(str1)	输出字符串 str1 并换行	cstdio
gets()	gets(str1)	输入一个字符串并存入 str1	cstdio
strcpy()	strcpy(str1,str2)	把字符串 str2 复制到字符串 str1 中	cstring
strcat()	strcat(str1,str2)	把字符串 str2 连接到字符串 str1 后面	cstring
strcmp()	m=strcmp(str1,str2)	按 ASCII 顺序比较两个字符串的大小	cstring
strlen()	len1=strlen(str1)	获取字符串长度，不包括“\0”	cstring

使用 puts() 和 gets() 函数时，必须在程序预处理指令部分包含头文件 cstdio；使用 strcpy()、strcat()、strcmp() 和 strlen() 函数时，必须在程序预处理指令部分包含头文件 cstring。

在已经定义好的字符数组中存储字符串（**给字符串赋值**）时，不可以直接使用“=”进行赋值。前面讲到的几种初始化字符串的方法，只能在声明（定义）字符数组的时候使用。在程序其他部分给字符串赋值时，必须一次一个字符赋给对应的数组元素，或者使用**字符串赋值函数 strcpy()** 来实现。

下面的语句将字符串“China”赋给已经定义好的字符数组 **str**：

```
str[0]='C';
str[1]='h';
str[2]='i';
str[3]='n';
str[4]='a';
str[5]='\0';
```

下面的语句将字符串“July”赋给已经定义好的字符数组 **month**：

```
strcpy(month,"July");
```

程序中经常会用到字符串的长度，字符串中包含的字符的个数就是这个字符串的长度。要获得一个字符数组型字符串的长度通常可以使用下面两种方法。

☑ 使用 `strlen(str)` 函数求字符数组 str 中存储的字符串的长度。例如：

```
strLen=strlen(month);   //获得字符数组 month 中存储的字符串的长度
```

☑ 使用 `sizeof(str)` 函数计算字符数组 str 在内存中占的空间大小（以字节为单位）。例如：

```
strLen2=sizeof(month);//获得字符数组month中有效元素的个数，包含“\0”
```

函数 `sizeof()` 用于计算对象在内存中所占的空间大小。一个字符占 1 字节，字符串末尾的字符串结束符“\0”也占 1 字节，所以用 `sizeof(str)` 获得的是字符数组 str 的有效元素的个数（数组大小），包含字符串结束符“\0”，它比存储在字符数组里面的字符串的实际长度大 1，如图 7.33 所示。

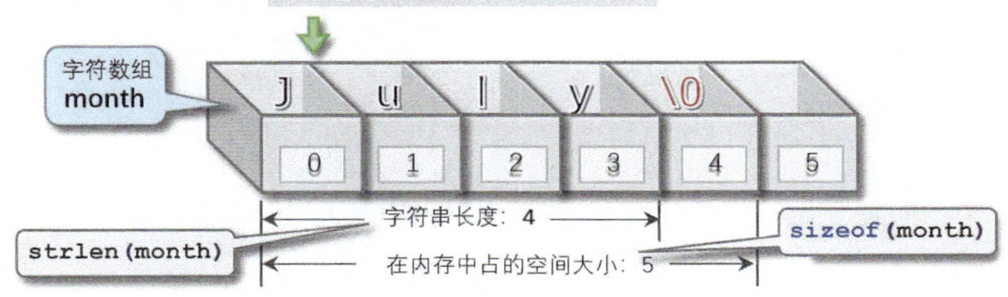

图 7.33　字符串长度

此外，还可以使用 `strcat()` 函数把两个字符串连接到一起。例如：

```
strcat(str1, str2);  //将字符串 str2 连接到字符串 str1 的后面
```

编程案例

案例 7.11

C 语言风格字符数组型字符串处理函数的应用示例。

程序代码 7.11

```
01  /*
02      字符串处理函数的应用示例。
03  */
04  #include <iostream>
05  #include <cstdio>           //引入函数 puts() 和 gets()
06  #include <cstring>
            //引入函数 strcpy()、strcat()、strcmp() 和 strlen()
07  using namespace std;
08  int main(){
09      char str1[30],str2[20];
10      int i=0,len1,len2;
11      cout<<"输入第一个字符串："<<endl;
12      gets(str1);              //输入字符串
13      cout<<"输入第二个字符串："<<endl;
14      gets(str2);              //输入字符串
15      i=strcmp(str1,str2);     //比较字符串
16      if(i>0)
17          cout<<"str1 > str2"<<endl;
18      else
19          cout<<"str1 < str2"<<endl;
20      len1=strlen(str1);       //获取字符串的长度
21      len2=strlen(str2);       //获取字符串的长度
22      cout<<"字符串 str1 的长度为："<<len1<<endl;
23      cout<<"字符串 str2 的长度为："<<len2<<endl;
24      strcat(str1,str2);       //连接字符串
25      cout<<"用 strcat() 函数连接 str1 和 str2 后新的字符串 str1 为：";
26      puts(str1);              //输出字符串并换行
27      strcpy(str1,str2);       //复制字符串
28      cout<<"用 strcpy() 函数把 str2 复制给 str1 后新的字符串 str1 为：";
29      puts(str1);              //输出字符串并换行
30      return 0;
31  }
```

程序运行结果如图 7.34 所示。

```
输入第一个字符串:
Hello
输入第二个字符串:
World!
str1 < str2
字符串str1的长度为: 5
字符串str2的长度为: 6
用strcat()函数连接str1和str2后新的字符串str1为: HelloWorld!
用strcpy()函数把str2复制给str1后新的字符串str1为: World!

--------------------------------
Process exited after 37.01 seconds with return value 0
```

图 7.34　程序运行结果

案例 7.12

编写程序，连续接受用户键盘输入。每当用户输入一个字符串并按“Enter”键，就输出该字符串；当用户输入“exit”时，输出“bye”，同时停止接受输入并退出程序。

问题分析

用 `while(1)` 循环语句实现连续接受用户输入，循环体内用 `if(strcmp(input,"exit")==0)` 判断输入的内容，如果输入内容为“exit”，则输出“bye”并退出程序。

输入字符串可以用 `gets()` 函数实现，输出字符串可以用 `puts()` 函数实现。

解决该问题的算法流程图如图 7.35 所示。

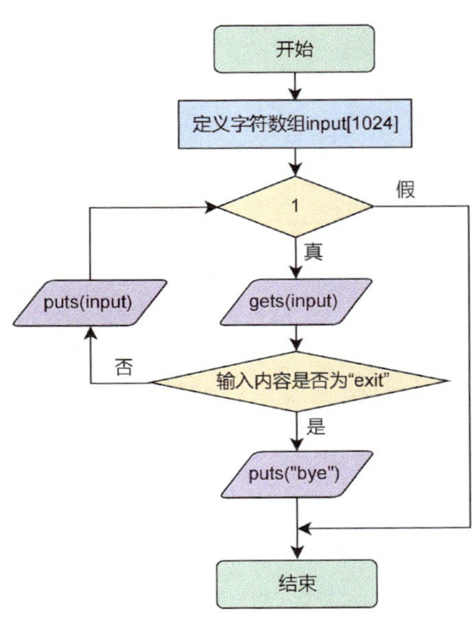

图 7.35　解决该问题的算法流程图

程序代码 7.12

```
01  /*
02      当用户输入“exit”时退出程序。
03  */
04  #include <iostream>
05  #include <cstring>
```

```
06  using namespace std;
07
08  int main() {
09      system("color 70");
10      char input[1024];
11  //  cout<<"连续输入字符串（用空格分隔）。"<<endl;
12  //  cout<<"“exit”退出程序。"<<endl;
13      puts("连续输入字符串（用空格分隔）。");  //输出字符串
14      puts("“exit”退出程序。");              //输出字符串
15      while(1) {
16          //cin >> input;
17          gets(input);                       //输入的字符串
18          if(strcmp(input, "exit")==0) {
19              //cout << "bye" << endl;
20              puts("bye");                   //输出字符串
21              return 0;                      //退出程序
22          }
23          else {
24              //cout << input << endl;
25              puts(input);                   //输出字符串
26          }
27      }
28      return 0;
29  }
```

以上程序代码中，第 15 ～第 27 行为 while 循环语句，第 17 行用 gets(input) 函数读取通过键盘输入的字符串并赋给字符数组 input，第 18 行判断输入内容是否为“exit”，第 13 行、第 14 行、第 20 行、第 25 行用 puts() 函数输出字符串并换行。

程序运行结果如图 7.36 所示。

```
连续输入字符串（用空格分隔）。
“exit”退出程序。
hello world!
hello world!
okok
okok
exit
bye

--------------------------------
Process exited after 31.09 seconds with return value 0
```

图 7.36　程序运行结果

编程训练

练习 7.10

吴菲儿使用某 App 购物时忘记了账号原来的密码（abc98760512），需要重新设置密码（abc20150512）。请编写程序，将账号原来的密码重置为新密码。

练习 7.11

在 ATM 中取钱时，用户只有输入正确的银行卡密码后，才能取钱。请编写程序，判断用户输入的密码是否为正确的银行卡密码（abc20150512）。

7.3.4　字符串的输入与输出

cin 语句读入多个数据时是以空格或回车符作为分隔符的，因而它不能读入空格，如下面的代码。

```
char ch1,ch2;                    //定义字符型变量 ch1 和 ch2
string str1;                     //定义 string 型字符串 str1
cin >> ch1 >> ch2 >> str1;       //依次读入数据
cout<< "ch1=" << ch1 <<endl;     //输出 ch1
cout<< "ch2=" << ch2 <<endl;     //输出 ch2
cout<< "str1="<< str1 <<endl;    //输出 str1
```

当以上代码运行时，输入“a bcdef ggg”，cin 语句将第 1 个字符“a”存入字符型变量 ch1 中，将第 2 个字符“ ”（空格）视为数据分隔符，将第 3 个字符“b”存入字符型变量 ch2 中，将后面的“cdef”存入字符串 str1 中，而之后的“ ggg”没有被读入。用 cin 语句读入字符数据的程序运行结果如图 7.37 所示。

```
a bcdef ggg
ch1=a
ch2=b
str1=cdef
```

图 7.37　用 cin 语句读入字符数据的程序运行结果

C++ 程序读入单个空格可以使用 cin.get() 和 getchar() 或 getch() 来实现，读入包含空格的字符串可以使用 cin.get(str,n) 和 cin.getline(str,n) 或 getline(cin,str) 来实现。

cin.get()、getchar() 和 getline() 都包含在头文件 cstring 中；getch() 继承自 C 语言，包含在头文件 conio.h 中。

- cin.get() 和 getchar() 读入通过键盘输入的字符流数据时，需要用户在输入结束后按“Enter”键，它们才会执行，而 getch() 则不需要按“Enter”键。它们的用法如下：

```
char ch1,ch2,ch3;                  //定义字符型变量ch1、ch2、ch3
ch1 = getch();
                  //使用getch()时，无须按“Enter”键即可读入一个字符
cout<< "ch1=" << ch1 <<endl;//输出ch1
ch2 = getchar();                   //用getchar()读入一个字符
ch3 = cin.get();                   //用cin.get()读入一个字符
cout<< "ch2=" << ch2 <<endl; //输出ch2
cout<< "ch3=" << ch3 <<endl; //输出ch3
```

当以上代码运行时，输入“ab cdef”，第 1 个字符“a”输入后立即被 getch() 读入 ch1，接着输出 ch1，第 2 个字符“b”在输入结束并按“Enter”键后被 getchar() 读入 ch2，第 3 个字符“ ”（空格）在输入结束并按“Enter”键后被 cin.get() 读入 ch3，之后的“cdef”没有被读入。程序运行结果如图 7.38 所示。

图 7.38 程序运行结果

- cin.get(str,n) 和 cin.getline(str,n) 都可以读入通过键盘输入的字符流数据中的 n-1 个字符，并将其存入 C 语言风格的字符数组 str 中（第 n 个字符默认为字符串结束符“\0”）。读入字符流时，如果字符流中的字符个数少于 n，则遇到回车符“\n”结束。它们的用法如下：

```
char str1[10],str2[20];          // 定义 C 语言风格字符数组 str1、str2
cin.get(str1,5);
// 用 cin.get() 读入 4 个字符，并和字符串结束符“\0”一起存入 str1
cin.getline(str2,20);
//cin.getline() 读入 19 个字符，并和字符串结束符“\0”一起存入 str2
cout<<"str1="<< str1 <<endl; // 输出 str1
cout<<"str2="<< str2 <<endl; // 输出 str2
```

当以上代码运行时，输入“a bcdefg hi　kkklmn”，字符串“a bc”被存入 str1 中，字符串“defg hi　kkklmn”被存入 str2 中。程序运行结果如图 7.39 所示。

```
a bcdefg hi   kkklmn
str1=a bc
str2=defg hi   kkklmn
```

图 7.39　程序运行结果

➢ getline(cin,str) 可以读入一行包含空格的字符流（遇到回车符“\n”结束）并将其存入 string 型的字符串 str 中；getline(cin,str,'#') 可以读入一串字符，遇到字符“#”结束，并将其存入 string 型的字符串 str 中。它们的用法如下：

```
string str1,str2;                // 定义 string 型字符串 str1 和 str2
getline(cin,str1);               // 用 getline() 读取一行字符并存入 str1
getline(cin,str2,'#');
                         // 用 getline() 读取“#”前的所有字符并存入 str2
cout<<"str1="<< str1 <<endl; // 输出 str1
cout<<"str2="<< str2 <<endl; // 输出 str2
```

当以上代码运行时：第一行输入“I’m a student！”，按“Enter”键后，被 cin 语句读取并存入 string 型的字符串 str1 中；第二行输入“I am　Chinese#abc”，按“Enter”键后，“#”前的所有字符被 cin 语句读取并存入 string 型的字符串 str2 中。程序运行结果如图 7.40 所示。

```
I'm a student!
I am Chinese#abc
str1=I'm a student!
str2=I am Chinese
```

图 7.40　程序运行结果

编程案例

案例 7.13

C++ 字符串的输入与输出示例。

程序代码 7.13

```
01  /*
02      C++ 字符串的输入与输出示例。
03  */
04  #include <iostream>
05  #include <cstring>                    // 引入函数 getchar()
06  #include <conio.h>                    // 引入函数 getch()
07  using namespace std;
08  int main() {
09     // 用 cin 语句直接读取字符和字符串
       // 输入“a bcdef”
10      cout<<" 输入“a bcdef”: "<<endl;
11      char ch1,ch2,ch3;            // 定义字符型变量 ch1、ch2、ch3
12      string str3;                  // 定义 string 型字符串 str3
13      cin >> ch1 >> ch2 >> str3;    // 依次读入数据
14      cout<< "ch1=" << ch1 <<endl; // 输出 ch1
15      cout<< "ch2=" << ch2 <<endl; // 输出 ch2
16      cout<< "str3="<< str3 <<endl;// 输出 str3
17      cout<< endl;
18      // 用 getch() 函数和 getchar() 函数读取单个字符
19      cout<<" 输入“ab”: "<<endl;    // 输入“ab”
20      ch1 = getch();
        // 用 getch() 函数时，无须按“Enter”键即可读入一个字符
21      cout<< "ch1=" << ch1 <<endl; // 输出 ch1
22      ch2 = getchar();              // 清除缓存中的回车符
23      ch2 = getchar(); // 用 getchar() 函数读入一个字符
24      ch3 = cin.get();  // 用 cin.get() 函数读入一个字符
25      cout<< "ch2=" << ch2 <<endl; // 输出 ch2
26      cout<< "ch3=" << ch3 <<endl; // 输出 ch3
27      cout << endl;
28  // 用 cin.get(str,n) 和 cin.getline(str,n) 读取字符串并存入 C 语言
```

```
      风格字符数组
29  // 输入“a bcdefg h jjj”
30      ch2 = getchar(); //清除缓存中的回车符
31      cout<<" 输入“a bcdefg h jjj”: "<<endl;
32      char str11[10],str22[20];      //定义字符数组 str11、str22
33      cin.get(str11,5); // 读入 4 个字符，并和结束符一起存入 str11
34      cin.getline(str22,20); //读入 19 个字符，并和结束符一起存入 str22
35      cout<<"str1="<< str11 <<endl; // 输出 str11
36      cout<<"str2="<< str22 <<endl; // 输出 str22
37      cout << endl;
38  //用 getline(cin,str) 读取字符并存入 string 型字符串
39  // 输入“I'm a student!”后按“Enter”键,再输入“I'm  Chinese#ddd”
40        cout<<" 输入“I' m  a  student!" 后按“Enter”键, 再输入
“I' m Chinese#ddd' : \n";
41      string str1,str2; //定义 string 型字符串 str1 和 str2
42      getline(cin,str1); //用 getline() 函数读取一行字符并存入 str1
43      getline(cin,str2,'#'); //读取“#”前的所有字符并存入 str2
44      cout<<"str1="<< str1 <<endl;  //输出 str1
45      cout<<"str2="<< str2 <<endl;  //输出 str2
46      return 0;
47  }
```

程序运行结果如图 7.41 所示。

```
输入“a bcdef”:
a bcdef
ch1=a
ch2=b
str3=cdef

输入“ab ”:
ch1=a
b
ch2=b
ch3=

输入“a bcdefg h jjj”:
a bcdefg h jjj
str1=a bc
str2=defg h jjj

输入 “I'm a student!” 后按“ Enter ” 键，再输入 “I'm Chinese#ddd” :
I'm a student!
I'm Chinese#ddd
str1=I'm a student!
str2=I'm Chinese

--------------------------------
Process exited after 67.67 seconds with return value 0
```

图 7.41　程序运行结果

案例 7.14

编写程序，以键盘按键作为触发器，存在以下情况。每按下有效字

符键一次，输出一个“OK！”并响铃一次；当按下“0”键时退出程序。

问题分析

从头文件 conio.h 中引入 getch() 函数，使用该函数时，无须按“Enter”键即可从通过键盘输入的数据中读取一个字符。输出转义字符“\a”，即响铃一次。

程序代码 7.14

```
01  /*
02      按任意键输出“OK！”并响铃。
03  */
04  #include <iostream>
05  #include <conio.h>        // 引入 getch() 函数
06  using namespace std;
07  int main() {
08      char ch;
09      cout<<" 按下键盘上任意有效字符键，输出“OK！”并响铃。"<<endl;
10      cout<<" 按下“0”键退出程序！ "<<endl;
11      while(1){
12          ch = getch();
    // 无须按“Enter”键，直接从通过键盘输入的数据中读取一个字符
13          if(ch=='0') return 0;   // 按下“0”键退出程序
14          cout<<"OK! \a";         // 转义字符“\a”表示响铃一次
15      }
16      return 0;
17  }
```

以上程序代码中：第 11 ～第 15 行为 while 循环语句；第 12 行的 getch() 函数无须换行，直接从通过键盘输入的数据中读取一个字符并赋给 ch；第 13 行判断 ch 的值，如果是字符“0”，则退出程序；第 14 行的 cout 语句输出“OK！”并响铃一次。

程序运行结果如图 7.42 所示。

```
按下键盘上任意有效字符键，输出“OK！”并响铃。
按下“0”键退出程序！
OK! OK! OK! OK! OK! OK! OK! OK! OK! OK!
--------------------------------
Process exited after 26.47 seconds with return value 0
```

图 7.42　程序运行结果

案例 7.15

成语接龙是我国传统的文字游戏，有着悠久的历史，是我国文化的一个缩影。请编写一个成语接龙的游戏程序，玩家根据提示输入成语，程序把输入的成语拼接起来输出。

问题分析

成语接龙游戏规则：将上一个成语的尾字作为下一个成语的首字，依次“接”新成语。

解决该问题的步骤如下。

（1）定义 string 型数组，用于存放接龙成语。

（2）使用循环语句输入接龙成语，直到循环结束。

（3）使用 string 型字符串的连接运算符“+”将成语连接起来。

（4）输出连接好的成语。

解决该问题的算法流程图如图 7.43 所示。

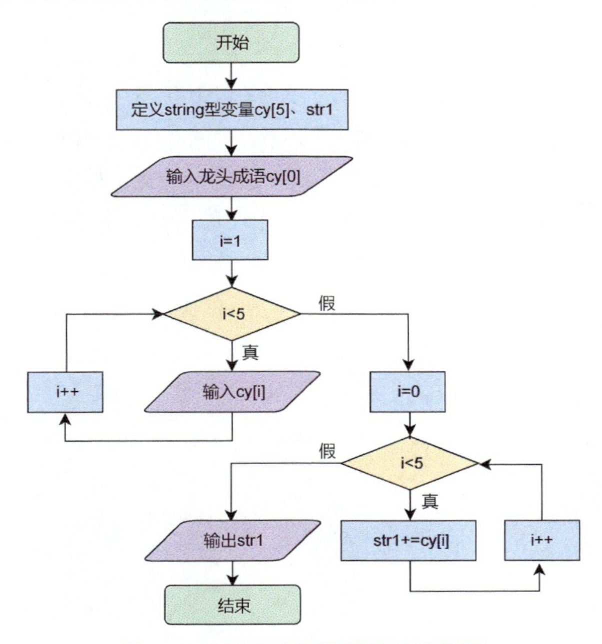

图 7.43　解决该问题的算法流程图

程序代码 7.15

```
01  /*
02      成语接龙。
03  */
04  #include <iostream>
05  #include <cstring>
06  using namespace std;
07  int main(){
08      system("color 70");
09      string cy[5],str1;
10      cout<<" 请输入龙头成语并按“Enter”键：\n";
11      //cin>>cy[0];
12      getline(cin,cy[0]);  // 读取回车符前的所有字符
13      cout<<"请输入 4 个接龙成语(在成语末尾加空格，最后按“Enter”键)：\n";
14      for(int i=1;i<5;i++) {
15          cin >> cy[i] ;
16          //getline(cin,cy[i],' ');  // 读取空格前的所有字符
17      }
18      cout<<"------ 成语接龙完成 ------"<<endl;
19      for(int i=0;i<5;i++)  str1+=cy[i];  // 循环实现成语接龙
20      cout<<str1<<endl;
21      return 0;
22  }
```

以上程序代码中，第 09 行定义了 string 型的字符串，第 12 行用 getline(cin,cy[0]) 函数读取回车符前的所有字符并赋给 cy[0]，第 16 行循环读取空格前的字符并赋给 cy[i]，第 19 行循环执行“str1+=cy[i];”将 string 型数组 cy[i] 中的所有元素（成语）依次连接到字符串 str1 后面。

其实，该程序中第 12、第 15 行的字符串输入语句都可以用“cin>>cy[i];”代替。

程序运行结果如图 7.44 所示。

```
请输入龙头成语并按“Enter”键
隔三差五
请输入4个接龙成语（在成语末尾加空格，最后按“Enter”键：
五湖四海 海纳百川 川流不息 息息相关
------成语接龙完成------
隔三差五五湖四海海纳百川川流不息息息相关

--------------------------------
Process exited after 25.22 seconds with return value 0
```

图 7.44　程序运行结果

编程训练

练习 7.12

加密技术主要用于对信息传递的保护。早在古罗马时期，人们就使用密文来传递重要信息。这种密文是一种替代型的密文。情报密文中的每个字母，会用它后面的第 i 个字母来代替，例如用“d”代替“a”，用“e”代替“b”，以此类推。编写程序，实现对一段英文字符的加密和输出，且只加密字母。

第 8 章

指针：用内存地址指定对象

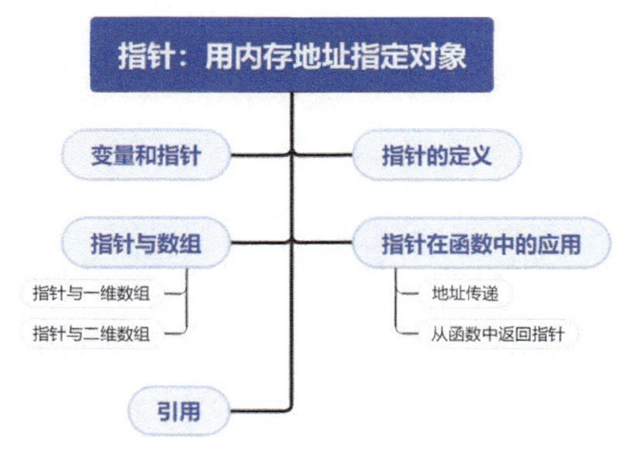

8.1 变量和指针

系统的内存就像带有编号的小房间，每一个小房间就是 1 字节的存储单元，小房间的编号就是内存地址。也可以将变量看作存储各种数据的房间，因为变量中存放的数据的类型不同，所以变量在内存中占用的存储单元也不同，表示变量的房间也有不同的大小。图 8.1 所示为内存中的变量，一个整型变量需要占用 4 字节，所以需要内存中的 4 个小房间组成一个大房间来存放这个变量的值，这个大房间的门牌号就是变量名。

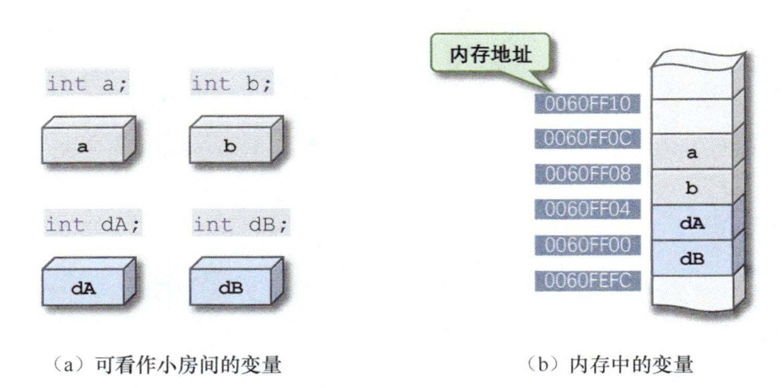

（a）可看作小房间的变量　　（b）内存中的变量

图 8.1　内存中的变量

编写程序时，可以用大房间的门牌号（变量名）来获取这个变量的值，但计算机系统内通过内存中小房间的编号（内存地址）来指定内存存储单元，从而获取内存中 1 字节的数据。可以把内存地址形象地称为指针，意思是通过指针能找到某个存储单元。一个变量在内存中会占用几字节（甚至更多）的连续存储单元，也就是说，内存中的多个小房间组成一个大房间，其中第一个小房间的地址就是变量在内存中的地址，该**变量在内存中的地址被称为该变量的指针**。如果一个变量专门用来存放另一个变量在内存中的地址，那么这个变量就是指针变量。

下面用一个编程案例来介绍如何使用变量的指针来改变变量的值。

编程案例

案例 8.1

编写程序，用自定义函数交换两个变量的值。

程序代码 8.1

```
01  /*
02      用自定义函数交换两个变量的值（错误方式）。
03  */
04  #include <iostream>
05  #include <cstdio>
06  using namespace std;
07  /*-- 自定义函数：交换两个变量的值 --*/
08  void swap(int a, int b){
09      int temp;
10      temp = a; a = b; b = temp;
11      cout<<"a="<<a<<" b="<<b<<endl;
12  }
13  /*-- 主函数 --*/
14  int main(){
15      int dA, dB;
16      puts("请输入两个整数。");
17      cout<<"整数 dA: ";     cin>>dA;
18      cout<<"整数 dB: ";     cin>>dB;
19      puts("互换以后的变量值: ");
20      swap(dA,dB);              //调用自定义函数
21      cout<<"dA="<<dA<<" dB="<<dB<<endl;
22      return 0;
23  }
```

程序运行结果如图 8.2 所示。

```
请输入两个整数。
整数dA: 10
整数dB: 20
互换以后的变量值:
a=20 b=10
dA=10 dB=20

--------------------------------
Process exited after 5.713 seconds with return value 0
```

图 8.2　程序运行结果

以上程序代码中，用 main() 函数调用 swap() 函数时，实参 dA 和实参 dB 的值分别传给了形参 a 和形参 b（值传递），在 swap() 函数内变量 a 和变量 b 的值进行了互换。但是，变量 a 和变量 b 只是变量 dA 和变量 dB 的副本，变量 dA 和变量 dB 本身的值并没有改变，如图 8.3 所示。因此，在此程序中使用自定义函数并没有实现变量 a 和变量 b 的值的交换。

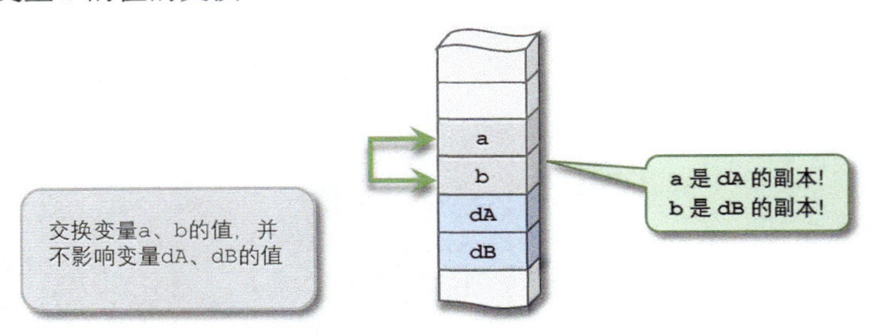

图 8.3 形参只是实参的副本

变量 a 和变量 b 的值的交换可以使用指针来实现。**指针实质上是一个变量，该变量里面存储的是某个特定变量在内存中的地址**，可把它表述为指向该特定变量的**指针变量**，该指针变量的类型与它指向的变量的类型一致。

变量是计算机内存中存储数据的房间，这些房间在内存空间中并不是杂乱无章地放置的，而是有序地排列在内存空间中。这些存放在内存空间中的变量统称为**对象**。**变量在内存空间中的存放位置就是其内存地址**。在 C++ 中，可以用**取址运算符 “&”** 获取一个变量的内存地址（十六进制数），如图 8.4 所示。

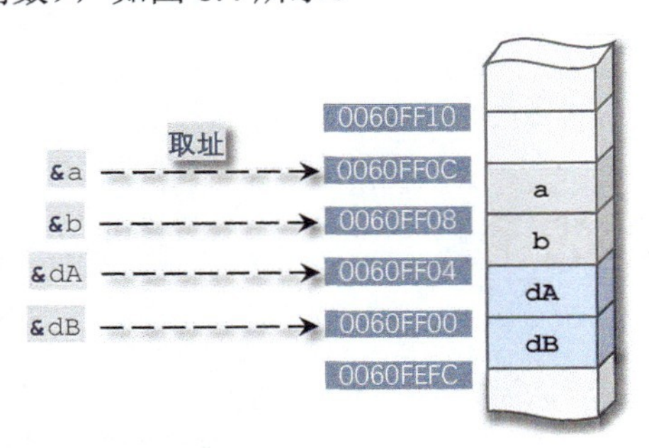

图 8.4 用取址运算符 “&” 获取一个变量的内存地址（十六进制数）

案例 8.2

编写程序，定义变量，用取址运算符“&”获取变量的内存地址并输出。

程序代码 8.2

```
01  /*
02      用取址运算符“&”获取变量（对象）的内存地址。
03  */
04  #include <iostream>
05  using namespace std;
06  int main(){
07      int a, b, dA, dB;
08      cout<<"a 的地址："<<&a<<endl;
09      cout<<"b 的地址："<<&b<<endl;
10      cout<<"dA 的地址："<<&dA<<endl;
11      cout<<"dB 的地址："<<&dB<<endl;
12      return 0;
13  }
```

以上程序代码中，第 08 ～第 11 行分别用取址符“&”获取变量在内存中的地址并输出。

程序运行结果如图 8.5 所示。

```
a 的地址：0x3deffffd2c
b 的地址：0x3deffffd28
dA的地址：0x3deffffd24
dB的地址：0x3deffffd20

--------------------------------
Process exited after 0.9918 seconds with return value 0
```

图 8.5　程序运行结果

8.2 指针的定义

指针变量中存放的就是变量在内存中的地址。指针的定义类似于普通变量的定义，只是需要在指针名前添加指针运算符“*”。例如：

```
int *pa;        //定义了一个指向 int 型变量的指针 pa
int a;          //定义了一个 int 型变量
pa = &a;        //指针 pa 指向变量 a（将变量 a 的内存地址赋给指针 pa）
```

将指针运算符“*”写在指针变量之前（如 *pa），可以获取指针指向的变量存储的内容，如图 8.6 所示。也就是说，指针 pa 指向变量 a 时，*pa 就是变量 a 的别名，给 *pa 赋值就相当于给变量 a 赋值。例如，“*pa=80;”等价于“a=80;”。

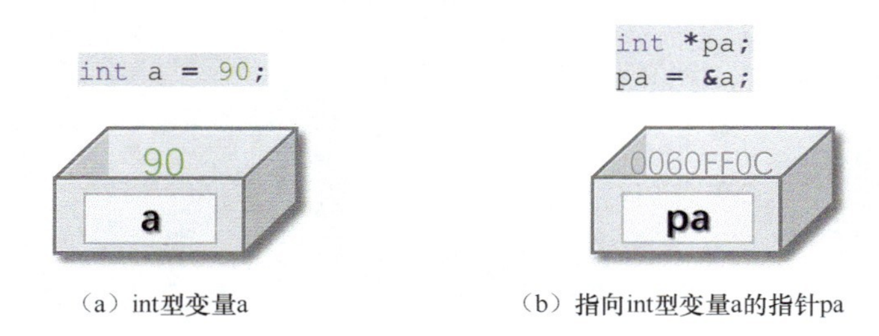

（a）int型变量a　　（b）指向int型变量a的指针pa

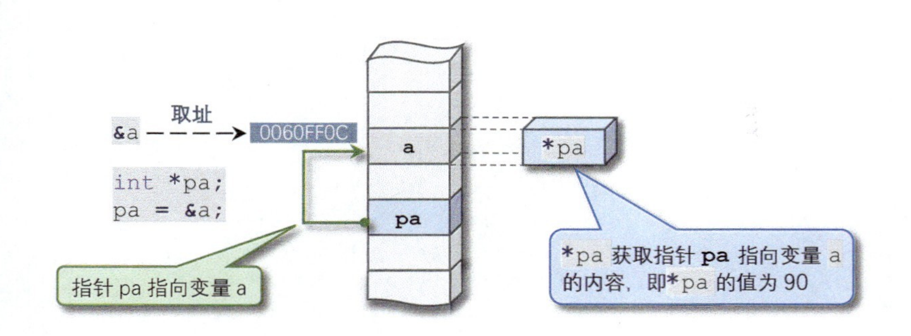

（c）获取变量a存储的内容

图 8.6　变量与指针的关系

C++ 程序定义的局部指针变量，其内容（地址）是随机的。编程时，所有指针变量都要保证先初始化或赋值，即给予正确的内存地址以后再使用。指针变量的初始化方法有以下 3 种。

（1）零指针。定义指针时赋值为 **NULL**，表示它暂时不指向任何地址。

（2）指向已知变量的指针。定义指针时赋为某个变量的地址（如 &a）。

（3）定义指针时申请好指向的内存空间大小，但该内存空间暂时为空。

```
int *p = NULL;          // 零指针，不指向任何地址
int a;
int *p = &a;            // 将指针变量 p 初始化为整型变量 a 的地址
int *p = new (int);     // 申请一个整型内存空间给 p，*p 的内容暂时为空
int *p = new int[5];    // 申请 5 个整型内存空间给 p
```

编程案例

案例 8.3

编写程序，通过操作指针修改变量的值。

程序代码 8.3

```
01  /*
02      通过操作指针修改变量的值。
03  */
04  #include <iostream>
05  #include <cstdio>
06  using namespace std;
07  int main(){
08      int back00=10, back90=30, back80=35;
09      int *son, *mother, *father;    // 定义指针
10      son = &back00;     // 指针 son 指向 back00
11      mother = &back90; // 指针 mother 指向 back90
12      father = &back80; // 指针 father 指向 back80
13      puts(" 今年 ");
14      cout<<" 儿子的年龄: "<<*son<<endl;    // 获取 back00 的值
15      cout<<" 妈妈的年龄: "<<*mother<<endl;// 获取 back90 的值
16      cout<<" 爸爸的年龄: "<<*father<<endl;// 获取 back80 的值
17      puts("5 年后 ");
18      *son = 15;           // 将指针 son 指向变量的值改为 15
19      *mother = 35;        // 将指针 mother 指向变量的值改为 35
20      *father = 40;        // 将指针 father 指向变量的值改为 40
21      cout<<" 儿子的年龄: "<< back00<<endl;
22      cout<<" 妈妈的年龄: "<< back90<<endl;
```

```
23        cout<<"爸爸的年龄："<< back80<<endl;
24        return 0;
25    }
```

以上程序代码中，第 10 ～第 12 行将指针指向变量，就是把变量的地址存入指针变量中；第 14 ～第 16 行通过变量别名（如 *son）输出指针指向变量的值；第 18 ～第 20 行修改指针指向变量的值，然后在第 21 ～第 23 行输出变量的值。

程序运行结果如图 8.7 所示。

```
今年
儿子的年龄：10
妈妈的年龄：30
爸爸的年龄：35
5年后
儿子的年龄：15
妈妈的年龄：35
爸爸的年龄：40

--------------------------------
Process exited after 2.472 seconds with return value 0
```

图 8.7　程序运行结果

案例 8.4

编写程序，通过操作指针给长度为 N 的数组赋值。

程序代码 8.4

```
01    /*
02        通过操作指针给长度为 N 的数组赋值。
03    */
04    #include <iostream>
05    using namespace std;
06    int N;
07    int *p;
08    int main(){
09        cout<<"输入数组元素个数：";
10        cin>>N;
11         p = new int[N];         //指针 p 申请指向 N 个连续的 int 型内存空
间
12        cout<<"输入"<<N<<"个数组元素，用空格分隔，按回车键结束！"<<endl;
13        for(int i=0; i<N; i++)//为数组元素赋值
```

```
14            cin>>p[i];
15        for(int i=0; i<N; i++)//输出所有数组元素
16            cout<<"p["<<i<<"]="<<p[i]<<" ";
17        cout<<endl;
18        return 0;
19    }
```

以上程序代码中，因为数组大小是动态的，所以在第 11 行为指针 p 申请指向 N 个（输入的数组元素个数）连续的 int 型内存空间，用于存储 N 个数组元素，数组名实际上就是一个指针，所以此时的 p 就是数组名；第 13 ～第 14 行的 for 循环语句循环执行 N 次，读取通过键盘输入的整数并将其存入 p[i] 中；第 15 ～第 16 行的 for 循环语句遍历输出数组 p 的所有元素。

程序运行结果如图 8.8 所示。

```
输入数组元素个数：5
输入5个数组元素，用空格分隔，按回车键结束！
1 2 3 4 5
p[0]=1 p[1]=2 p[2]=3 p[3]=4 p[4]=5

--------------------------------
Process exited after 7.26 seconds with return value 0
```

图 8.8　程序运行结果

编程训练

练习 8.1

编写程序，自定义函数并把形参定义为指针，交换两个变量的值并输出。

8.3 指针与数组

8.3.1 指针与一维数组

指针变量内保存的内容是内存地址，它有两种常用的运算：加、减。这两种运算一般都是配合数组进行的。例如加运算：

```
int a[100];
int *p=&a[0];     // 指针 p 指向数组的第一个元素
p++;              // 指针 p 指向下一个数组元素，即 a[1]
```

上面定义了一个指针变量 p，将其初始化为数组的第一个元素 a[0]，即指针 p 指向数组 a，p 中存入第一个数组元素 a[0] 的地址。p++ 的意思不是把 p 的值（地址）加 1，而是根据它所指向的数据类型 int 增加一个整型内存空间的大小 **sizeof(int)**，从而使该指针指向下一个数组元素。同理，p-- 就是向前“跳过”一个整型空间，指向前一个整型数据。

数组存储在一片连续的内存空间中，数组名实际上就是一个指针，它指向该数组的第一个元素，如图 8.9 所示，即代表数组名 a 里面存放的是第一个数组元素的内存地址。

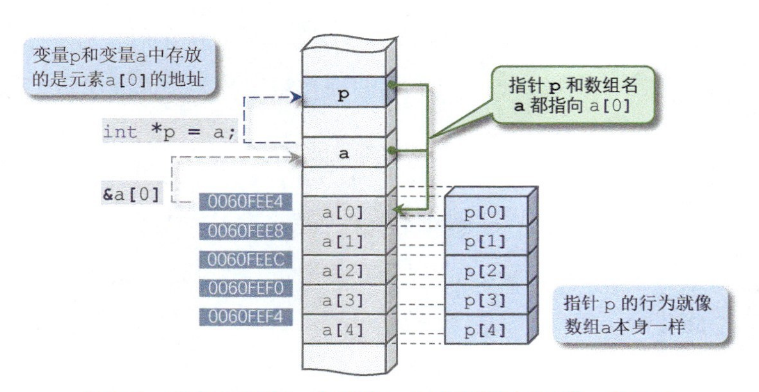

图 8.9　数组名就是一个指针，指向该数组的第一个元素

定义一个指针 **p**，并将其指向数组 **a**（int *p = a;），则这个指针 **p** 的行为就像数组 **a** 本身一样，如图 8.10 所示，即在访问数组 **a** 的过程中，所有的数组名 **a** 都可以用 **p** 代替。

a[i] = *(a+i) = p[i] = *(p+i)

这 4 个表达式都表示第 i 个数组元素。

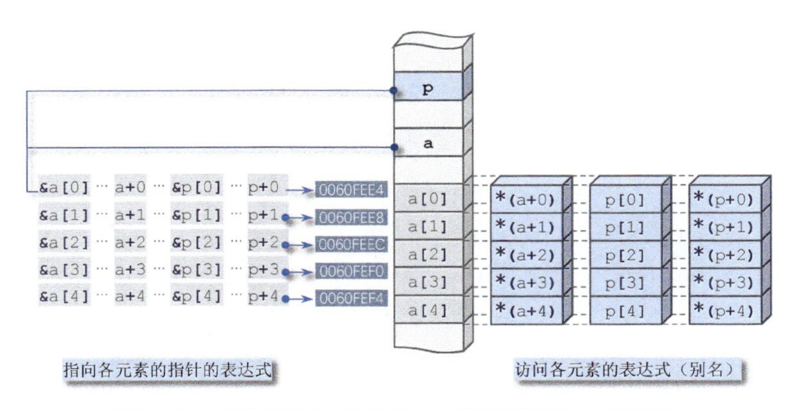

图 8.10　指向数组 a 的指针 p，即访问数组 a 的过程

指针 p 和数组名 a 都指向数组的第一个元素 a[0]，则：

☑ p+1 和 a+1 都指向数组元素 a[1]；

☑ p+2 和 a+2 都指向数组元素 a[2]；

☑ 以此类推，p+i 和 a+i 都指向数组元素 a[i]。

指针变量 p 和数组名 a 中存放的都是数组第一个元素 a[0] 的地址 &a[0]，则：

☑ p+1 和 a+1 中存放的都是数组元素 a[1] 的地址 &a[1]；

☑ p+2 和 a+2 中存放的都是数组元素 a[2] 的地址 &a[2]；

☑ 以此类推，p+i 和 a+i 中存放的都是数组元素 a[i] 的地址 &a[i]。

由此可知：

```
&a[i] = a+i = &p[i] = p+i
```

这 4 个表达式的值都是数组元素 a[i] 在内存中的地址 &a[i]。

编程案例

案例 8.5

编写程序，输出数组元素在内存中的地址和数组元素的值。

程序代码 8.5

```
01  /*
```

```
02        输出数组元素在内存中的地址和数组元素的值。
03    */
04    #include <iostream>
05    #include <cstdio>
06    using namespace std;
07    int main()
08    {
09        int i;
10        int a[5]={1,2,3,4,5};
11        int *p = a;// 把 a 的值（元素 a[0] 的地址）赋给指针变量 p
12                   // 数组名 a 本身是一个指针，指向第一个元素 a[0]
13        printf(" 指向各元素的指针的表达式及值：\n");
14        printf("     a = %p      p = %p\n",a,p);
15        for(i=0;i<5;i++) {
16            printf(" &a[%d] = %p  a+%d = %p   ",i,&a[i],i,a+i);
17            printf("&p[%d] = %p  p+%d = %p\n",i,&p[i],i,p+i);
18        }
19        printf("\n 各元素的表达式及值：\n");
20        printf("   *a = %d  *p = %d\n",*a,*p);
21        for(i=0;i<5;i++) {
22            printf("a[%d]=%d  *(a+%d)=%d   ",i,a[i],i,*(a+i));
23            printf("p[%d]=%d  *(p+%d)=%d\n",i,p[i],i,*(p+i));
24        }
25        return 0;
26    }
```

以上程序代码中，第 15 ～第 18 行的 for 循环语句遍历数组，分别用数组名和指针两种方式输出数组元素的内存地址；第 21 ～第 24 行的 for 循环语句遍历数组，分别用数组名和指针两种方式输出数组元素的值。

程序运行结果如图 8.11 所示。

```
指向各元素的指针的表达式及值：
     a = 0060FEE4     p = 0060FEE4
 &a[0] = 0060FEE4  a+0 = 0060FEE4   &p[0] = 0060FEE4  p+0 = 0060FEE4
 &a[1] = 0060FEE8  a+1 = 0060FEE8   &p[1] = 0060FEE8  p+1 = 0060FEE8
 &a[2] = 0060FEEC  a+2 = 0060FEEC   &p[2] = 0060FEEC  p+2 = 0060FEEC
 &a[3] = 0060FEF0  a+3 = 0060FEF0   &p[3] = 0060FEF0  p+3 = 0060FEF0
 &a[4] = 0060FEF4  a+4 = 0060FEF4   &p[4] = 0060FEF4  p+4 = 0060FEF4

各元素的表达式及值：
   *a = 1  *p = 1
 a[0] = 1  *(a+0) = 1  p[0] = 1  *(p+0) = 1
 a[1] = 2  *(a+1) = 2  p[1] = 2  *(p+1) = 2
 a[2] = 3  *(a+2) = 3  p[2] = 3  *(p+2) = 3
 a[3] = 4  *(a+3) = 4  p[3] = 4  *(p+3) = 4
 a[4] = 5  *(a+4) = 5  p[4] = 5  *(p+4) = 5
```

图 8.11　程序运行结果

如上所述，**数组名其实就是一个指针，反过来，指针也可以看成数组名**。因为在 C++ 中，指针可以动态地申请内存空间，如果一次申请了多个内存空间，且系统给的内存地址是连续的，就可以把这个指针当成数组使用，这其实是一种**动态数组**。

指针动态申请内存空间的方式如下：

```
int *p;
p = new int[5];  //指针 p 申请 5 个连续的 int 型内存空间
```

上面代码表示指针 p 申请了 5 个连续的 int 型内存空间。

案例 8.6

编写程序，输入 *N* 个整数并存入数组，使用指针变量访问该数组并输出。

问题分析

定义指针 p，使其指向数组的第一个元素，*p 就是第一个数组元素的别名，p+1 指向第二个数组元素，*(p+1) 就是第二个数组元素的别名。因而，用 for 循环语句遍历输出数组元素时，用对应的数组元素别名 *p 代替数组元素 a[i] 即可。

解决该问题的算法流程图如图 8.12 所示。

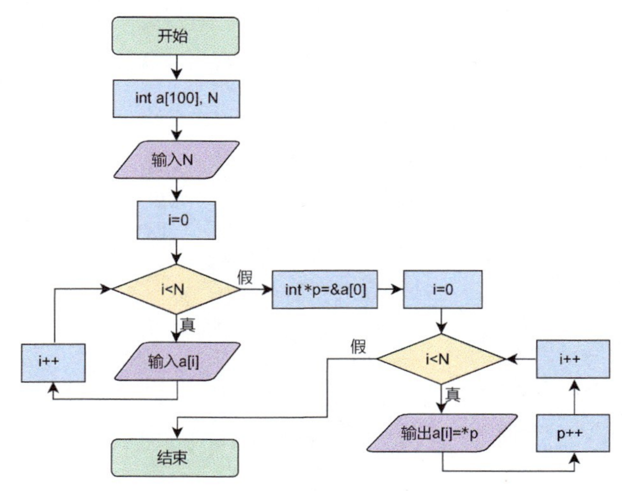

图 8.12 解决该问题的算法流程图

程序代码 8.6

```
01  /*
02      使用指针变量访问数组元素并输出。
03  */
04  #include <iostream>
05  using namespace std;
06  int a[100],N;
07  int main() {
08      cout<<"输入数组大小 N: ";    cin>>N;
09      cout<<"输入 "<<N<<" 个整数: ";
10      for(int i=0; i<N; i++)
11          cin>>a[i];
12      int *p=&a[0];               //定义指针使其指向数组
13      cout<<"使用指针输出数组元素: "<<endl;
14      for(int i=0; i<N; i++)  {
15          cout<<"a["<<i<<"]="<<*p<<endl;
                                    //使用指针访问数组元素
16          p++;                    //指针指向下一个数组元素
17      }
18      return 0;
19  }
```

以上程序代码中，第 12 行定义了指针 p，同时将其指向数组 a 的第一个元素 a[0]；第 14～第 17 行的 for 循环语句遍历输出数组元素，第 15 行的 cout 语句输出 *p（数组元素的别名），第 16 行的 p++ 表示将指针 p 指向下一个数组元素。

程序运行结果如图 8.13 所示。

```
输入数组大小N: 5
输入5个整数: 1 2 3 4 5
使用指针输出数组元素:
a[0]=1
a[1]=2
a[2]=3
a[3]=4
a[4]=5

--------------------------------
Process exited after 11.07 seconds with return value 0
```

图 8.13　程序运行结果

案例 8.7

编写程序，利用指针计算字符串“I have a dream,be an astronaut in

the future.”中有多少个英文单词。

问题分析

自定义一个函数，用于判断字符是否为单词分隔符（空格、逗号或句号）。

用指针从头开始遍历字符串，判断每一个字符，找到一个单词分隔符后，就判断下一个字符是不是单词分隔符，如果不是，则单词数量累加 1，然后跳过后续的所有非分隔字符，直至找到下一个单词分隔符，循环至字符串结束。

解决该问题的算法流程图如图 8.14 所示。

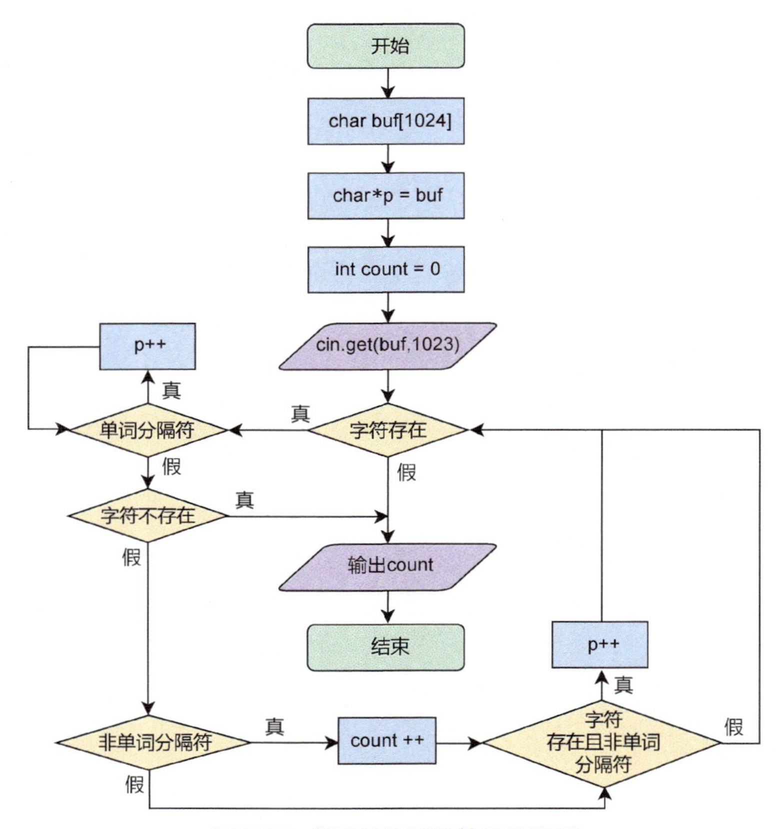

图 8.14　解决该问题的算法流程图

程序代码 8.7

```
01  /*
02      计算字符串中有多少个英文单词。
03  */
04  #include <iostream>
05  #include <cstring>
06  using namespace std;
07  /*-- 自定义函数：判断是否为单词分隔符 --*/
08  bool issplit(char c) {
09      return c == ' ' || c == '.' || c == ',';
10  }
11  /*-- 主函数 --*/
12  int main() {
13      char buf[1024];
14      char *p = buf;
15      int count = 0;
16      cout<<" 输入英文字符串：  "<<endl;
17      cin.get(buf,1023);
18      while(*p) {
19          while(issplit(*p)) p++;    // 跳过开头的空格，如果有的话
20          if(!*p){
21              break;
22          }
23          if(*p!=' ' && *p != '.' && *p != ',') {
24              count ++;              // 记录单词数量
25          }
26          while(*p && !issplit(*p)) {// 跳过后续所有非单词分隔符
27              p++;
28          }
29      }
30      cout << " 单词数量 :" << count << endl;
31      return 0;
32  }
```

以上程序代码中，第 18 ～第 29 行表示当指针 p 指向位置存在字符时，循环执行，第 19 行调用函数来判断字符串开头的字符，如果为单词分隔符，则跳过（p++ 表示指针后移），第 20 ～第 22 行，当指针指向下一个元素时，如果该位置没有字符，则表示遍历字符串结束，跳出循环，第 23 ～第 25 行判断该位置的字符是否为非单词分隔符，如果是，则单词数量累加 1（count++），第 26 ～第 28 行中用循环判断跳过（p++）后续的所有非单词分隔符，遇到下一个单词分隔符后，

继续第 18 行的循环，该循环结束后，执行第 30 行的 cout 语句，输出单词数量。

程序运行结果如图 8.15 所示。

```
输入英文字符串：
I have a dream, be an astronaut in the future.
单词数量：10

--------------------------------
Process exited after 4.162 seconds with return value 0
```

图 8.15　程序运行结果

编程训练

练习 8.2

编写程序，输入一个身份证号，然后找出其中的出生年月日。

练习 8.3

如果 b[i]=a[0]+a[1]+a[2]+…+a[i]，即 b[i] 是数组 a 的前 i+1 个元素的和，则称数组 b 为数组 a 的前缀和数组。编写程序，输入一个包含 *N* 个元素的数组，输出其前缀和数组。

8.3.2　指针与二维数组

一维数组的地址可以赋给指针变量，二维数组的地址也可以赋给指针变量，因为一维数组的地址是连续的，二维数组的地址也是连续的。可以将二维数组看作多个连续存放的一维数组。二维数组各元素在内存中的地址如图 8.16 所示。

a 代表二维数组的地址，可以通过指针运算符获取数组中的元素，如下所示。

☑ a+n 表示数组第 *n* 行的首地址。

☑ &a[0][0] 表示数组第 0 行第 0 列的地址，也是二维数组的首地址。

☑ &a[m][n] 表示数组第 *m* 行第 *n* 列元素的地址。

☑ a[0] 表示数组第 0 行的首地址，a[0]+1 表示首行第 2 列元素的地址。

☑ a[n] 表示数组第 *n* 行的首地址，a[n]+i 表示数组第 *n* 行第 *i* 列元素的地址。

☑ *(*(a+n)+m) 表示数组第 *n* 行第 *m* 列的元素。

☑ *(a[n]+m) 表示数组第 *n* 行第 *m* 列的元素。

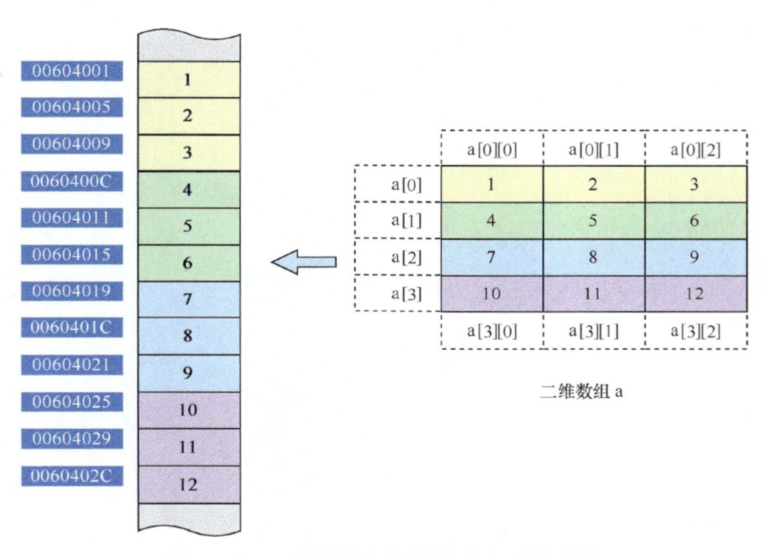

图 8.16　二维数组各元素在内存中的地址

使用指针引用二维数组的方式和引用一维数组的方式相同，先声明一个二维数组和一个指针变量。例如：

```
int a[4][3] = {1,2,3,4,5,6,7,8,9,10,11,12};
int *p;
```

a[0] 是二维数组的第一个元素的地址，可以将该地址的值直接赋给指针变量。例如：

```
p = a[0];    //指针 p 指向数组 a 的第一个元素的地址
```

此时使用指针 p 就可以引用二维数组中的元素了。

还可以定义指针数组 p，使 p[n] 指向数组第 *n* 行的首地址。例如：

```
int (*p)[4] = a;        // 指针 p[n] 指向数组 a 的第 n 行的首地址
```

编程案例

案例 8.8

编写程序，使用指针变量遍历二维数组。

程序代码 8.8

```
01  /*
02      使用指针变量遍历二维数组。
03  */
04  #include <iostream>
05  #include <iomanip>
06  using namespace std;
07  int main(){
08      int a[4][3]={1,2,3,4,5,6,7,8,9,10,11,12};
09      int *p;
10      p=a[0];
11      for(int i=0;i<sizeof(a)/sizeof(int);i++)
                                            //i<48/4, 循环 12 次
12      {
13          cout<<"address:";
14          cout<<"a["<<i<<"]="<<a[i]<<" p="<<p;
15          cout<<" value=";
16          cout<< *p++  <<endl;      // 先输出 *p, 再 p=p+1
17      }
18      cout<<" 第 2 行首地址: "<< a[1] <<endl;
19      cout<<" 第 2 行第 3 列元素: ";
20      cout<< *(a[1]+2) <<"     "<< *(*(a+1)+2)<<endl;
21      cout<<" 第 3 行首地址: "<< a[2] <<endl;
22      cout<<" 第 3 行第 2 列元素: ";
23      cout<< *(a[2]+1) <<"     "<< *(*(a+2)+1)<<endl;
24      return 0;
25  }
```

以上程序代码中，第 11 行中的 `sizeof(a)/sizeof(int)` 是用数组 a 在内存中的字节数除以一个 int 型的内存字节数，从而获得数组 a 中整型数据元素的数量；第 14 行中输出的 `a[i]` 和 p 都是二维数组第 i 行在内存中的初始地址；第 16 行由取值运算符“*”取得指针 p 指向的地址的值；第 20 行中的 `a[1]+2` 是数组第 2 行第 3 列元素的地址，而 a+1 表示将指针 a 指向数组第 2 行的首地址，*(a+1) 表示获得该地址，*(a+1)+2 表示将地址后移两个元素占用字节位置，即数组第 2 行第 3 列元素；第 23 行与第 20 行同理。

程序运行结果如图 8.17 所示。

```
address:a[0]=0x1c19fffd90 p=0x1c19fffd90 value=1
address:a[1]=0x1c19fffd9c p=0x1c19fffd94 value=2
address:a[2]=0x1c19fffda8 p=0x1c19fffd98 value=3
address:a[3]=0x1c19fffdb4 p=0x1c19fffd9c value=4
address:a[4]=0x1c19fffdc0 p=0x1c19fffda0 value=5
address:a[5]=0x1c19fffdcc p=0x1c19fffda4 value=6
address:a[6]=0x1c19fffdd8 p=0x1c19fffda8 value=7
address:a[7]=0x1c19fffde4 p=0x1c19fffdac value=8
address:a[8]=0x1c19fffdf0 p=0x1c19fffdb0 value=9
address:a[9]=0x1c19fffdfc p=0x1c19fffdb4 value=10
address:a[10]=0x1c19fffe08 p=0x1c19fffdb8 value=11
address:a[11]=0x1c19fffe14 p=0x1c19fffdbc value=12
第2行首地址：0x1c19fffd9c
第2行第3列元素：6     6
第3行首地址：0x1c19fffda8
第3行第2列元素：8     8

--------------------------------
Process exited after 1.951 seconds with return value 0
```

图 8.17　程序运行结果

案例 8.9

编写程序，交换二维数组 array={{1,2,3},{4,5,6},{7,8,9}} 的行列数据。

问题分析

图 8.18 所示为矩阵行列置换示意图，只要把矩阵左倾对角线左侧的所有元素 array[m][n] 和其右侧的行列镜像元素 array[n][m] 进行交换，即可完成整个矩阵行列数据的交换。

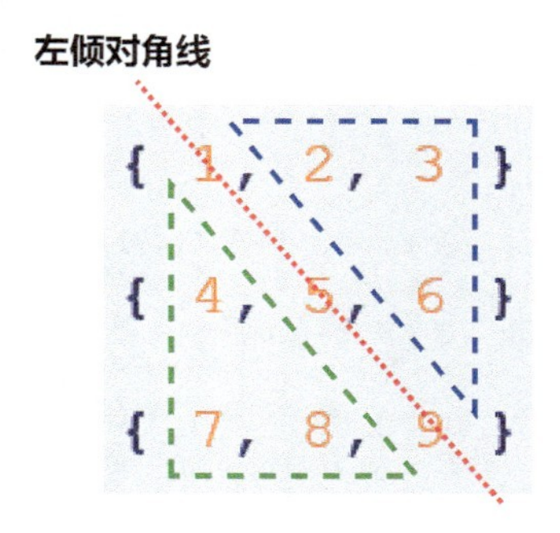

图 8.18　矩阵行列置换示意图

程序代码 8.9

```
01  /*
02      交换二维数组的行列数据。
03  */
04  #include <iostream>
05  using namespace std;
06  /*-- 全局变量 --*/
07  int array[3][3] = {
08      { 1, 2, 3 },
09      { 4, 5, 6 },
10      { 7, 8, 9 }
11  };
12  /*-- 自定义输出函数 --*/
13  void outall(void){
14      for(int i=0; i<3; ++i) {
15          for(int j=0; j<3; ++j) {
16              cout << array[i][j] << " ";
17          }
18          cout << endl;
19      }
20  }
21  /*-- 主函数 --*/
22  int main() {
23      cout << " 交换前 :" << endl;
24      outall();                           // 调用函数输出
25      //int (*p)[3] = array; // 定义指针 p[i] 指向数组 array 第 i 行
26      for(int row=0; row<3; ++row){   // 遍历交换行列数据
27          for(int col=0; col<row; ++col){
28              int tmp = *(*(array+row) + col);
29              *(*(array+row) + col) = *(*(array+col) + row);
30              *(*(array+col) + row) = tmp;
31          }
32      }
33      cout << " 交换后: " << endl;
34      outall();                           // 调用函数输出数组
35      return 0;
36  }
```

以上程序代码中，第 26 ～第 32 行遍历数组左倾对角线左侧的元素（在第 *n* 行中从左开始遍历 *n* 个元素），通过 `*(*(array+row)+col)` 获取数组第 row 行第 col 列的元素，将其与第 col 行第 row 列的元素交换。

程序运行结果如图 8.19 所示。

```
交换前:
1 2 3
4 5 6
7 8 9
交换后:
1 4 7
2 5 8
3 6 9

--------------------------------
Process exited after 1.201 seconds with return value 0
```

图 8.19　程序运行结果

编程训练

练习 8.4

超市日常使用的价格表为 price[][]，而国庆期间超市举办特价（日常价格的 80%）活动会使用新的价格表 price_dis[][]。请编写程序，定义一个指向超市价格表数组的指针，尝试将超市日常使用的价格表改为活动期间的价格表。

8.4 指针在函数中的应用

8.4.1 地址传递

前面章节中讲到的函数，其参数的传递是**值的传递**，也就是说调用函数时，把实参传递给函数的形参，在内存中生成的形参是实参的副本，实参和形参是两个地址不同的变量。在函数内改变形参（实参副本）的值并不会影响实参的值。使用指针传递参数时，生成的指针形参同样是指针实参的副本，但该副本与指针实参指向的地址是一样的，对指针副本（指针形参）指向的变量的值进行改变，就是改变原指针（指针实参）所指向的变量的值。这种使用指针将变量地址传递给函数的形参指针的参数传递通常被称为**地址传递**。

前面讲过，数组名实际上是一个指针，它指向数组的第一个元素，数组名中保存的就是数组第一个元素的内存地址。因而，可以把数组名作为函数的实参进行地址传递。在自定义函数中，接收数组名（实参）的形参可以定义为指针，也可以定义成下面的形式。

```
/*-- 自定义函数 --*/
int * GetPosPtr(int array[], int index)
{                    // 形参 array 接收来自数组名实参的地址
    …
}
```

以上代码中，自定义函数的形参 array 接收数组名作为实参传递过来的数组首地址。

编程案例

案例 8.10

编写程序，用自定义函数对一维数组进行操作。

问题分析

对数组的操作离不开数组长度，字符数组的数组长度可以用函数 strlen() 获得，而一个整型数组 a 的数组长度通常用表达式 **sizeof**(a)/**sizeof**(int) 获得。

程序代码 8.10

```
01  /*
02       用自定义函数对数组进行操作。
03  */
04  #include <iostream>
05  using namespace std;
06  /*-- 自定义函数 --*/
07  void arrDO(int p[],int s,int len){
08      if(s==0) cout<<"输入"<< len <<"个整数："<<endl;
09      for(int i=0;i<len;i++){
10          if(s==0){          //s 等于 0 则给数组元素赋值
11              cin >> p[i];
12          }
13          if(s==1){         //s 等于 1 则输出数组元素
14              cout<< p[i] <<" ";
15          }
```

```
16          }
17      }
18      /*-- 主函数 --*/
19      int main(){
20          int a[5];                           // 定义数组 a
21          int len = sizeof(a)/sizeof(int);// 计算数组大小
22          arrDO(a,0,len);                     // 调用函数给数组元素赋值
23          cout<<" 输出数组元素： "<<endl;
24          arrDO(a,1,len);                     // 调用函数输出数组元素
25          return 0;
26      }
```

以上程序代码中，第 07 ～第 17 行自定义函数 arrDO(int p[],int s,int len)，其中的形参 p[] 表示 p 可以接收数组名实参的传递的数组首地址，s 表示对数组的操作方式，len 为传递过来的数组大小；主函数中第 22、第 24 行调用 arrDO() 函数时，将数组名 a 和表示数组操作方式的 s（s 等于 0 给数组元素赋值，s 等于 1 则输出数组元素）以及数组大小 len 作为实参传递给自定义函数；第 21 行用 **sizeof**(a)/**sizeof**(int) 获取数组大小，然后赋给变量 len。

程序运行结果如图 8.20 所示。

```
输入5个整数:
1 2 3 4 5
输出数组元素:
1 2 3 4 5
--------------------------------
Process exited after 8.224 seconds with return value 0
```

图 8.20　程序运行结果

案例 8.11

编写程序，通过地址传递来交换两个变量的值。

问题分析

如果将自定义函数 swap(int a,int b) 的形参定义为整型，那么调用时的实参也是整型变量，函数内的形参实际上是原实参的副本（另一个变量）。因而，在函数内修改了形参的值，原实参的值并不会发生变化。

如果将自定义函数 swap(int *a,int *b) 的形参定义为指针，那么调用函数时也用指针作为实参，此时的参数传递的是变量的地址，在函数 swap() 内修改指针指向变量的值就是修改原变量的值。

程序代码 8.11

```
01  /*
02      通过地址传递来交换两个变量的值。
03  */
04  #include <iostream>
05  using namespace std;
06  /*-- 自定义交换函数：地址传递 --*/
07  void swap(int *a,int *b)// 交换 a、b 指向的两个地址的值（指针传递）
08  {
09      int tmp;                // 定义一个临时变量
10      tmp=*a;                 // 把 a 指向的值赋给 tmp
11      *a=*b;                  // 把 b 指向的值赋给 a 指向的位置
12      *b=tmp;                 // 把 tmp 赋给 b 指向的位置
13  }
14  /*-- 自定义交换函数：值传递 --*/
15  void swap(int a,int b)  // 交换 a、b 的值（值传递）
16  {
17      int tmp;
18      tmp=a;
19      a=b;
20      b=tmp;
21  }
22  /*-- 主函数 --*/
23  int main(){
24      int x,y;
25      cout << " 输入两个整数：" << endl;
26      cin >> x >> y;          // 给 x、y 赋值
27      cout << "x=" << x <<"  ";
28      cout << "y=" << y <<endl;
29      int *p_x,*p_y;          // 定义两个整型指针
30      p_x=&x;                 // 指针 p_x 指向 x 的地址
31      p_y=&y;                 // 指针 p_y 指向 y 的地址
32      cout<<" 按指针传递参数交换后："<<endl;
33      swap(p_x,p_y);          // 指针作为实参（传递地址）
34      cout << "x=" << x <<"  ";
35      cout << "y=" << y <<endl;
36      cout<<" 按值传递参数交换后："<<endl;
37      swap(x,y);              // 整型变量作为实参（传递值）
38      cout << "x=" << x <<"  ";
```

```
39        cout << "y=" << y <<endl;
40        return 0;
41    }
```

以上程序代码中，第 07 ～第 13 行的自定义函数 swap(int *a,int *b) 的形参定义为指针，第 33 行调用该函数时传递过来的实参也是指针；第 15 ～第 21 行的自定义函数 swap(int a,int b) 的形参定义为整型变量，第 37 行调用该函数时传递过来的实参也是整型变量。

程序运行结果如图 8.21 所示。

```
输入两个整数:
10 20
x=10  y=20
按指针传递参数交换后:
x=20  y=10
按值传递参数交换后:
x=20  y=10

--------------------------------
Process exited after 5.84 seconds with return value 0
```

图 8.21　程序运行结果

编程训练

练习 8.5

编写程序，定义一个函数，用指针形参接收一个整型一维数组和一个表示操作方式的整型变量，并根据整型变量的不同值，对数组中的元素进行不同的操作。

练习 8.6

编写程序，定义一个形参为 char 型指针的函数，将输入的小写字母转换为大写字母。

8.4.2　从函数中返回指针

在定义一个函数时，可以定义其返回值为指针，定义形式如下：

```
int* function(参数列表)     //将形参p定义为指针
{
    …;                      //执行过程
    return p;               //返回指针p
}
```

返回的p是一个指针变量，也可以是形如 &a 的变量地址。调用该函数时，返回的将是一个内存地址。

编程案例

案例 8.12

编写程序，查看函数返回指针指向的地址和指向内存中的内容。

程序代码 8.12

```
01  /*
02      查看函数返回指针指向的地址和指向内存中的内容。
03  */
04  #include <iostream>
05  using namespace std;
06  /*-- 自定义函数：返回指针 --*/
07  int* pointerGet(int* p){
08      int i = 9;
09      cout<<"函数体中i的地址："<< &i <<endl;
10      cout<<"函数体中i的值："<< i <<endl;
11      p = &i;                 //p指向变量i的内存地址
12      return p;               //返回p指向的地址
13  }
14  /*-- 主函数 --*/
15  int main(){
16      int* k = NULL;
17      cout<<"k指向地址："<< k <<endl;        //输出k的初始地址
18      cout<<"调用函数，指针k作为实参。"<<endl;
19      k = pointerGet(k);   //调用函数获得返回指针指向的地址
20      cout<<"k指向的新地址："<<k<<endl;
                            //输出k指向的地址(i的地址)
21      cout<<"k指向内存的内容："<<*k<<endl;//输出随机数或0
22      return 0;
23  }
```

以上程序代码中，第07～第13行的自定义函数pointerGet

(int* p) 的返回值是指针 p 指向的内存地址，第 19 行调用该函数，将返回的地址赋给指针变量 k，返回这个内存地址的变量 i 是自定义函数中的局部变量，所以 i 在函数调用结束后即被销毁，该内存被释放，第 21 行输出该内存地址的内容为系统给出的一个随机数（或者 0）。

程序运行结果如图 8.22 所示。

```
k指向地址:0
调用函数，指针k作为实参句
函数体中i的地址: 0x7830bffc4c
函数体中i的值: 9
k指向的新地址: 0x7830bffc4c
k指向内存的内容: 0

--------------------------------
Process exited after 3.278 seconds with return value 0
```

图 8.22　程序运行结果

编程训练

练习 8.7

编写程序，定义一个函数，返回指定数组元素的内存地址。

8.5 引用

引用实际上是一种隐式的指针，它为对象建立一个别名，通过取址运算符“&”来获得对象的内存地址。引用的形式如下：

```
int a=10;
int &ia=a;
ia=2;
```

上面的代码定义了一个引用变量 ia，它是变量 a 的别名，对引用变量 ia 进行操作相当于对变量 a 进行操作。通过 ia=2 把 2 赋给 a，&ia 返回 a 的地址。执行 ia=2 和执行 a=2 的效果相同。

图 8.23 所示为引用变量和指针变量的区别。

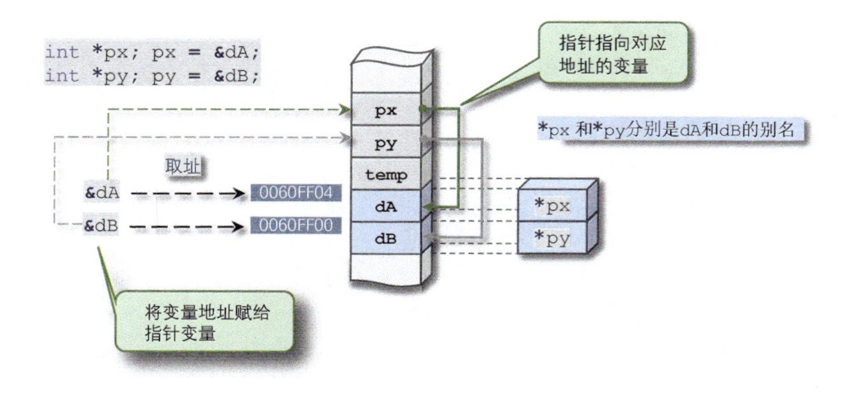

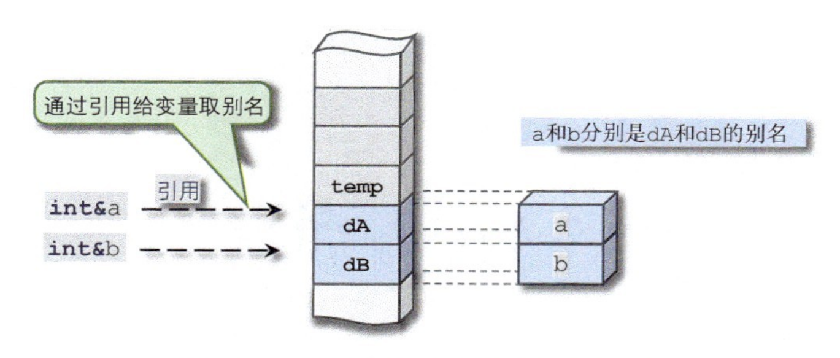

图 8.23　引用变量和指针变量的区别

编程案例

案例 8.13

引用变量和指针变量的对比示例。

程序代码 8.13

```
01  /*
02      引用变量和指针变量的对比示例。
03  */
04  #include <iostream>
05  using namespace std;
06  int main(){
07      int a=10;
08      int *p;
```

```
09        int &ia=a;                //引用变量ia相当于变量a的别名
10        p=&a;                     //指针p指向变量a
11        cout<<"输出a=*p"<<endl;
12        cout<<"a="<<*p<<endl;//输出*p的值
13        ia+=5;                    //修改引用变量的值
14        cout<<"修改引用变量的值后："<<endl;
15        cout<<"a="<<*p<<endl;//输出*p的值
16        return 0;
17    }
```

以上程序代码中，a、*p、ia 都是同一个内存地址的变量名，对它们任何一个进行修改，都将影响其他两个的值。

程序运行结果如图 8.24 所示。

```
输出a=*p
a=10
修改引用变量的值后：
a=15

--------------------------------
Process exited after 1.61 seconds with return value 0
```

图 8.24　程序运行结果

在 C++ 中，函数参数的传递方式已经介绍了两种，分别是值传递和地址传递。引用也可以用于函数参数的传递。如果在函数定义中把形参定义为变量的引用，则调用该函数时参数的传递通常被称为引用传递。因为引用变量实际上是变量的别名，如果函数按引用方式传递值，在调用函数中修改了形参的值，就会影响到实参的值。下面的案例就通过引用传递来交换两个变量的值。

案例 8.14

编写程序，定义一个函数，通过引用传递来交换两个变量的值。

问题分析

前面曾将函数的形参定义为指针，通过把变量的内存地址作为实参传递给函数，来交换两个变量的值。如果把函数的形参定义为对变量的引用，那么调用函数时就用原来的变量作为实参，此时，函数中的形参就是原变量的一个别名，在函数中交换两个形参的值，就是在交换原变量的值。

调用函数时使用引用变量传递参数的过程如图 8.25 所示。

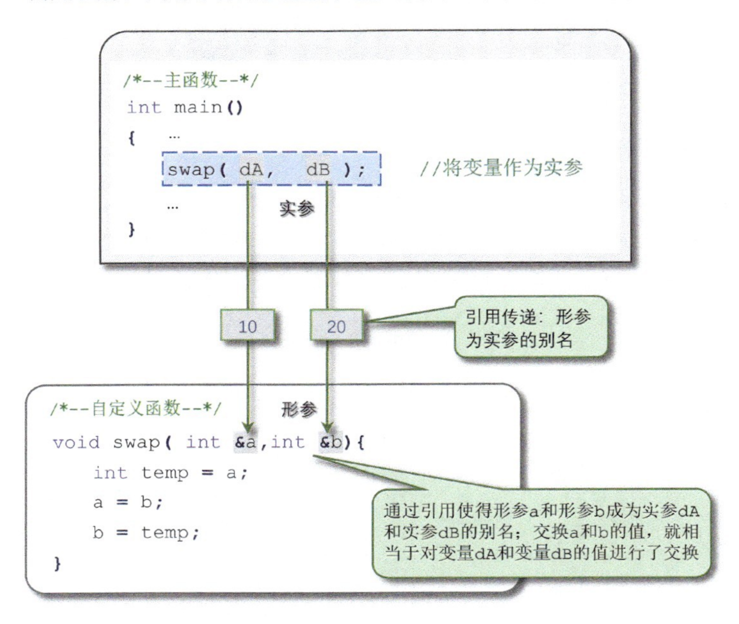

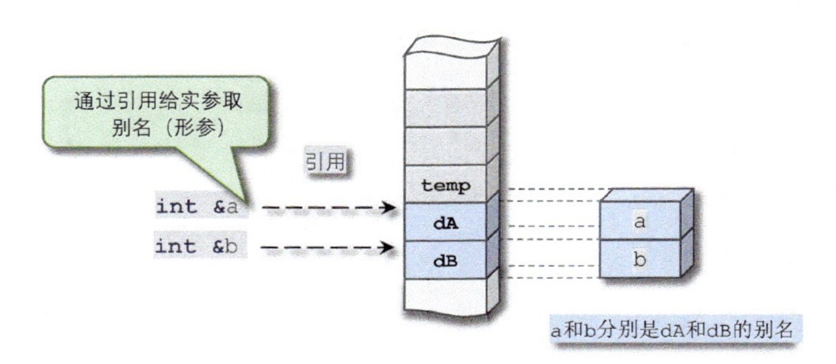

图 8.25　调用函数时使用引用变量传递参数的过程

程序代码 8.14

```
01  /*
02        通过引用传递来交换两个变量的值。
```

```
03  */
04  #include <iostream>
05  #include <cstdio>
06  using namespace std;
07  /*-- 自定义函数：引用传递参数的值 --*/
08  void swap(int &a, int &b)  // 形参被定义为引用参数
09  {
10      int temp=a;
11      a = b;
12      b = temp;
13  }
14  int main(){
15      int dA, dB;
16      puts("请输入两个整数。");
17      cout<<"整数 dA: ";     cin>>dA;
18      cout<<"整数 dB: ";     cin>>dB;
19      swap(dA,dB);           // 调用自定义函数
20      puts("互换以后的变量值 :");
21      cout<<"dA="<<dA<<" dB="<<dB<<endl;
22      return 0;
23  }
```

以上程序代码中，自定义函数 swap(int &a, int &b) 将形参定义为两个引用参数，因而形参 a 和 b 就是实参 dA 和 dB 的别名，在函数内交换变量 a 和 b 的值，就是在交换变量 dA 和 dB 的值。

程序运行结果如图 8.26 所示。

```
请输入两个整数。
整数dA: 10
整数dB: 20
互换以后的变量值：
dA=20 dB=10

--------------------------------
Process exited after 6.731 seconds with return value 0
```

图 8.26　程序运行结果

编程训练

练习 8.8

编写程序，定义一个函数，接收 3 个整型参数。该函数被调用后，会将 3 个整数按照从小到大的顺序排列。

第 9 章
结构体与共用体：组合数据类型

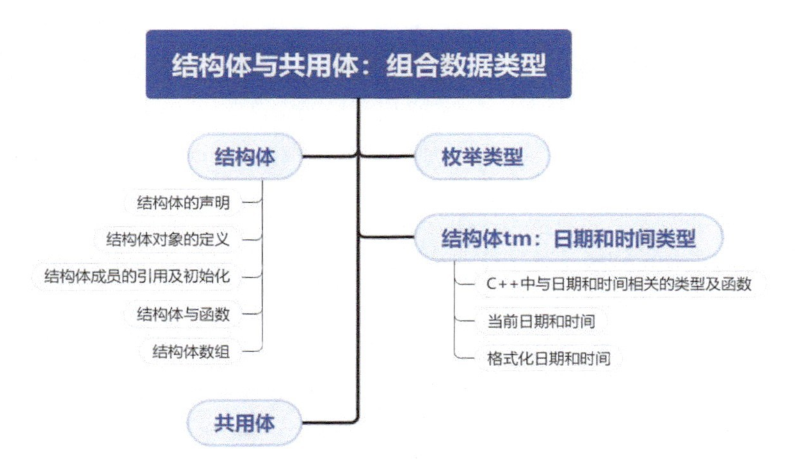

结构体可以将不同类型的数据组合在一起形成一种新的数据类型，这种数据类型是对具有高度相关性的数据的整合，可使程序代码更加简洁。共用体和结构体类似，它是一种存储空间可变的整合型数据类型，可使程序设计更加灵活。枚举是一组特殊的常量，使用它可以增强代码的可读性。

9.1 结构体

整型、长整型、字符型、浮点型等数据类型只能记录单一类型的数据，这些数据类型被称作**基础数据类型**。如果要描述一个人的信息，就需要定义多个不同类型的变量，例如，身高需要定义为浮点型变量，体重需要定义为浮点型变量，姓名需要定义为字符型变量，年龄需要定义为整型变量。如果有一种数据类型可以将这些不同类型的变量整合在一起，则会大大提高编程效率。结构体就是可以实现这一功能的一种复合型的数据类型。

9.1.1 结构体的声明

同一种类型的数据的集合是数组，**多种不同类型的数据的集合就是结构体**。

结构体是类似于名片形式的数据集合体，可以把它理解为一种由**用户自定义**的特殊的**复合型**的数据类型，这种复合型的数据类型可以包含多种基础数据类型，我们可以把它作为一个整体来操作。这就像是某个公司为了给员工制作统一样式的名片而使用的名片模板，上面可以印上公司名称以及员工的姓名、职务、联系电话、E-mail、地址等，结构体就类似于这个用于制作名片的空白模板，如图 9.1 所示。

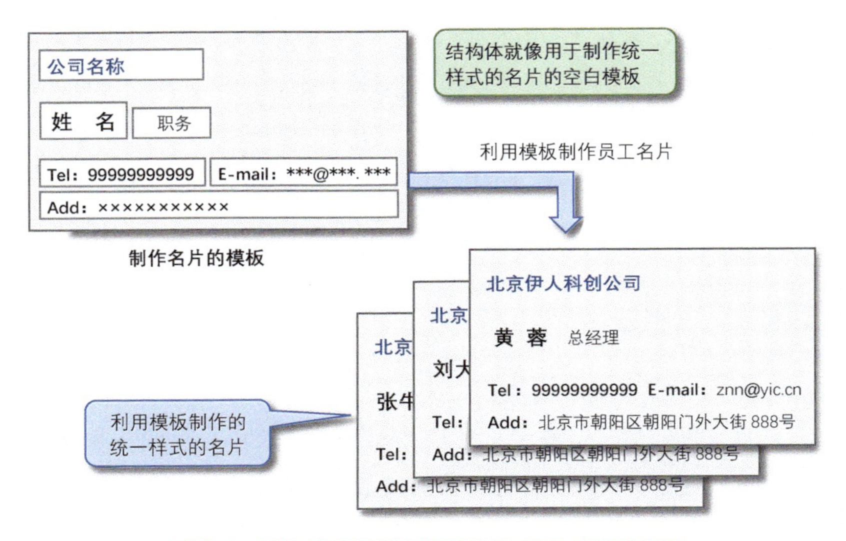

图 9.1　结构体就类似于用于制作名片的空白模板

结构体的声明格式如下：

```
struct 结构体名
{
        成员类型 成员名；
        …
        成员类型 成员名；
};
```

与制作统一样式的员工名片之前要先设计名片模板一样，在 C++ 中使用结构体数据之前要先对结构体进行声明，结构体的声明如同制作一个包含多种数据的空白卡片。一个包含多种数据的结构体的声明如图 9.2 中的 (b) 所示。

其中，Student 是结构体名，“{}”中的 name、sex、height、weight 为结构体成员，每个结构体成员都表示一个 C++ 基础数据类型的数据，这些基础类型的数据集中起来组成了一个复合型的数据类型——Student 型。

也就是说，结构体的声明只是某种新的数据类型的定义，这个声明并没有定义具体的对象（变量）的实体。Student 就是这个新的数据类型的类型名，它的使用方式与表示整型的类型名 int 一样。

图 9.2（b）所示的代码声明的这个结构体，相当于制作了一个类似图 9.2（a）所示的“学生基本信息登记卡”（空白卡片）。

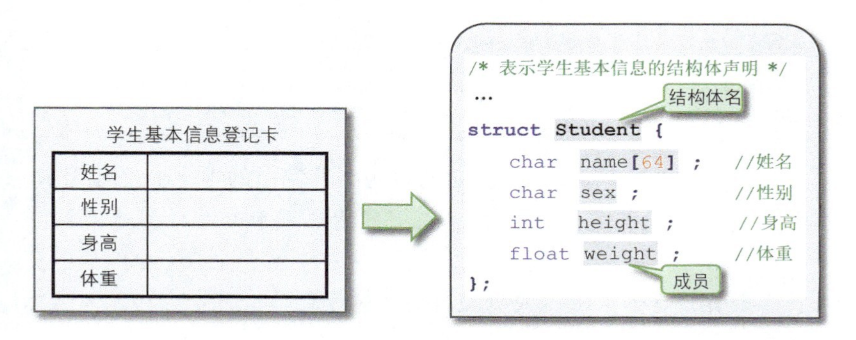

（a）结构体的框架　　（b）结构体的声明

图 9.2　类似“学生基本信息登记卡”的结构体的声明

9.1.2　结构体对象的定义

结构体的声明只是定义了一种数据类型，并没有定义结构体对象，内存中也没有生成任何变量。只有像定义整型变量一样，定义了已声明的某种结构体类型的变量以后，才会在内存中生成一个由该**结构体成员变量**组成的变量集合体，我们把这个变量集合体称为**结构体对象**。结构体对象的定义有以下两种形式。

（1）声明结构体后，再使用结构体名像定义整型变量一样定义一个结构体对象。例如：

```
struct Student                          // 声明结构体 Student
{
    char  name[64] ;                    // 结构体成员：姓名
    char  sex ;                         // 结构体成员：性别
    int   height ;                      // 结构体成员：身高
    float weight ;                      // 结构体成员：体重
};
Student Tony;                           // 定义结构体对象 Tony（变量集合体）
```

（2）声明结构体的同时定义结构体对象。例如：

```
struct Student                        // 声明结构体 Student
{
    char  name[64] ;                  // 结构体成员：姓名
    char  sex ;                       // 结构体成员：性别
    int   height ;                    // 结构体成员：身高
    float weight ;                    // 结构体成员：体重
} Peter,Tony;                         // 定义两个结构体对象 Peter 和 Tony
```

上一小节讲到结构体 Student 的声明如同空白的学生信息登记卡，那么结构体对象的定义就是把这些空白的登记卡分配给具体的同学（见图 9.3）。定义一个结构体对象以后，内存中就会生成一个对象的实体，这个实体是由结构体成员组成的变量集合体，并且由对象名来标识这个变量集合体。

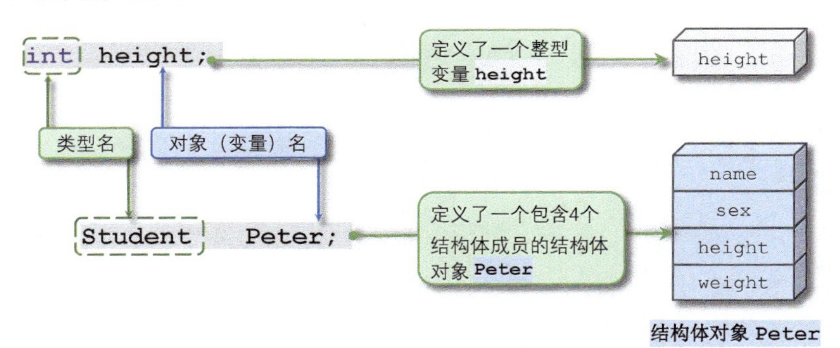

图 9.3 声明结构体的同时定义结构体对象

9.1.3 结构体成员的引用及初始化

引用结构体成员有两种方式：一种是定义结构体对象后，通过成员运算符“.”引用；另一种是声明一个指向结构体对象的指针变量（后文称为结构体指针），使用指向运算符“->”引用。下面分别介绍这两种方式。

（1）使用成员运算符“.”引用结构体成员，一般形式如下：

```
结构体对象名 . 结构体成员名
```

例如：

```
strcpy(Tony.name,"Tony");
Tony.sex='M';
Tony.height=160;
Tony.weight=45.8;
```

分别引用每个结构体成员后，就可以给它赋值，而像 Tony.name 一样的字符数组成员，需要用字符串复制函数 strcpy() 来给它赋值。

可以在定义结构体对象时直接对结构体成员初始化（见图 9.4）。例如：

```
struct Student {
    char  name[64] ;
    char  sex ;
    int   height ;
    float weight ;
}Tony={"Tony",'M',160,45.8};          // 结构体对象 Tony 的初始化
Student Peter={"Peter",'M',180,58};   // 结构体对象 Peter 的初始化
```

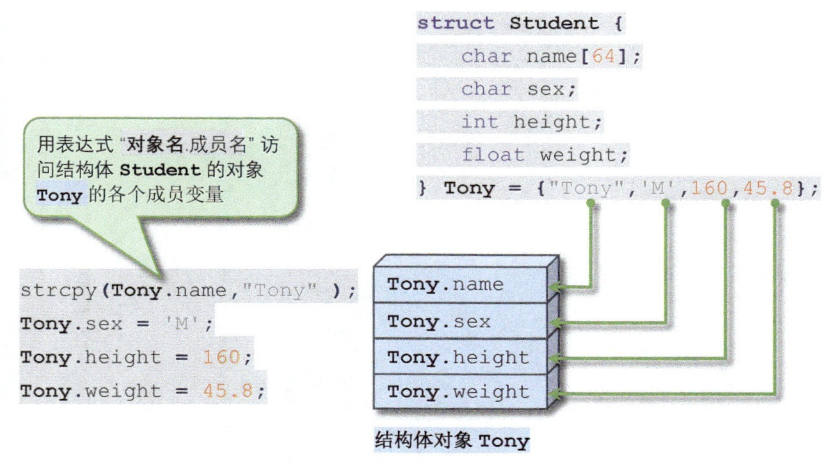

图 9.4　在定义结构体对象时对结构体成员的初始化

（2）可以在声明结构体的同时，定义一个指针指向结构体对象。此时要引用结构体成员，就需要使用指向运算符“->”，一般形式如下：

```
结构体指针 -> 结构体成员名
```

例如：

```
struct Student {
    char  name[64] ;
    char  sex ;
    int   height ;
    float weight ;
}*Tony;                          //定义结构体指针 Tony
Student Peter={"Peter",'M',180,58};
Tony=&Peter;                     //指针 Tony 指向结构体对象 Peter
strcpy(Tony->name,"Tony");
Tony->sex='M';
Tony->height=160;
Tony->weight=45.8;
```

注意：结构体指针只有在初始化后才可以引用。

定义结构体指针时，该指针变量的值就是结构体对象在内存中的起始地址，图 9.5 所示的结构体指针 p 指向该结构体对象在内存中的起始地址。

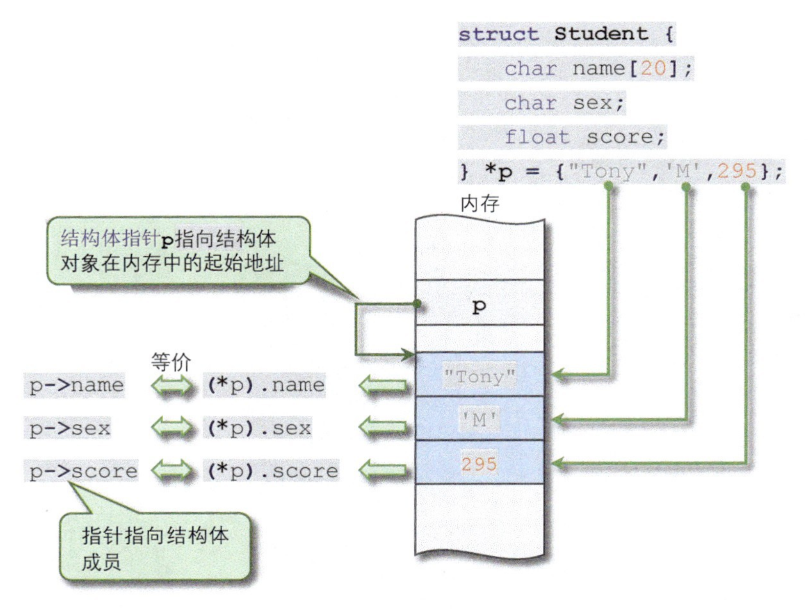

图 9.5 结构体指针 p 指向该结构体对象在内存中的起始地址

相同类型的结构体对象是可以互相赋值的，如下面的代码所示。图 9.6 形象地展示了这种赋值过程。

```
struct Student Peter,Tony = {"Tony",'M',160,45.8};
Peter = Tony;    //OK
```

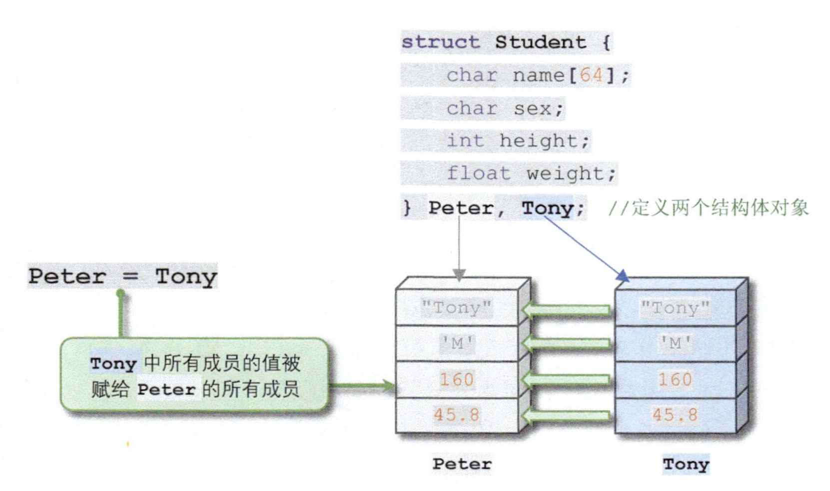

图 9.6　相同类型的结构体对象可以互相赋值

编程案例

案例 9.1

编写程序，定义结构体对象，用于保存学生的学号、姓名，以及语文、数学、英语的成绩和总分。

程序代码 9.1

```
01  /*
02      定义结构体对象，用于保存学生成绩。
03  */
04  #include <iostream>
05  using namespace std;
06  int main(){
07      struct stuCJ {                    // 声明结构体 stuCJ
08          int xh;
09          string xm;
10          float chi,math,eng,sum;
```

```
11      };
12      stuCJ stu;                    // 定义结构体对象 stu
13      cout<<"输入学号（一个整数）和姓名："<<endl;
14      cin >> stu.xh >> stu.xm;      // 给结构体对象的成员赋值
15      cout<<"依次输入语文、数学和英语成绩："<<endl;
16      cin >> stu.chi >> stu.math >> stu.eng;
17      stu.sum = stu.chi + stu.math + stu.eng;
18      cout<<"学号：stu.xh="<< stu.xh<<endl;
                                      // 输出结构体对象中各成员的值
19      cout<<"姓名：stu.xm="<< stu.xm<<endl;
20      cout<<"语文：stu.chi="<< stu.chi<<endl;
21      cout<<"数学：stu.math="<< stu.math<<endl;
22      cout<<"英语：stu.eng="<< stu.eng<<endl;
23      cout<<"总分：stu.sum="<< stu.sum<<endl;
24      return 0;
25  }
```

以上程序代码中，第 07 ～第 11 行声明了一个结构体 stuCJ，第 12 行定义了一个 stuCJ 型的结构体对象 stu，第 14、第 16 行分别读取通过键盘输入的数据并将其存入 stu 的各个成员，第 17 行引用 stu 的 chi、math 和 eng 成员来求和并将结果赋给 stu 的成员 sum，第 18 ～第 23 行分别输出 stu 的各个成员的值。

程序运行结果如图 9.7 所示。

```
输入学号（一个整数）和姓名：
10 吴菲儿
依次输入语文、数学和英语成绩：
98 90 100
学号：stu.xh=10
姓名：stu.xm=吴菲儿
语文：stu.chi=98
数学：stu.math=90
英语：stu.eng=100
总分：stu.sum=288

--------------------------------
Process exited after 23.94 seconds with return value 0
```

图 9.7　程序运行结果

案例 9.2

编写程序，声明包含 3 个成员的结构体 date，用于存储日期信息（年月日），然后使用结构体指针 p 给结构体成员赋值并输出。

问题分析

使用指向结构体对象的指针来引用结构体成员时，需要使用指向运算符“->”。

程序代码 9.2

```
01  /*
02      使用结构体指针引用结构体成员。
03  */
04  #include <iostream>
05  using namespace std;
06  struct date{                        //声明结构体 date，用于表示日期
07      int year;
08      int month;
09      int day;
10  };
11  int main(){
12      date riqi;                      //定义 date 型结构体对象 riqi
13      date *p;                        //定义 date 型结构体指针 p
14      p = &riqi;                      //p 指向 riqi
15      cout<<"输入日期（yyyy mm dd）：";
16      cin >> p->year >> p->month >> p->day;
17      cout<<"输出日期（yyyy 年 mm 月 dd 日）：";
18      cout<<p->year<<"年"<<p->month<<"月"<<p->day<<"日"<<endl;
19      return 0;
20  }
```

以上程序代码中，第 06 ～第 10 行声明包含成员 year、month 和 day 的结构体 date，第 12 行定义一个 date 型结构体对象，第 13 行定义一个 date 型结构体指针 p，第 14 行将结构体指针 p 指向 date 型结构体对象 riqi，第 16、第 18 行使用结构体指针 p 引用结构体成员进行输入和输出操作。

程序运行结果如图 9.8 所示。

```
输入日期（yyyy mm dd）：2021 05 21
输出日期（yyyy年mm月dd日）：2021年5月21日

--------------------------------
Process exited after 8.331 seconds with return value 0
```

图 9.8　程序运行结果

编程训练

练习 9.1

编写程序，声明一个表示老师的结构体，结构体成员有姓名、年龄、教龄；使用该结构体定义一个老师，为其赋值，再输出。

练习 9.2

编写程序，使用结构体指针输出练习 9.1 中表示老师的结构体对象的成员。

练习 9.3

期末考试结束后，学校要根据学生成绩及这学期的表现发放奖学金，具体奖学金发放标准如下。

学习成绩奖：

一等奖（¥ 2000）需期末平均成绩高于 95 分，且班级评议成绩高于 90 分；

二等奖（¥ 1500）需期末平均成绩高于 90 分，且班级评议成绩高于 85 分；

三等奖（¥ 1000）需期末平均成绩高于 85 分，且班级评议成绩高于 80 分；

鼓励奖（¥ 500）需期末平均成绩高于 85 分，或班级评议成绩高于 80 分。

积极进取奖：参加各类竞赛获得一等奖及以上奖项，每次奖励¥ 800；获得二等奖，每次奖励¥ 500；获得三等奖，每次奖励¥ 300。

班级贡献奖：班级评议成绩高于 80 分的班干部可以获得。

请编写程序，输入学生各项成绩，输出该学生应获得的奖学金总额。

9.1.4 结构体与函数

结构体是一种自定义数据类型。结构体对象和结构体指针可以作为函数的参数进行传递，可以直接使用结构体对象作为函数的形参，也可以使用结构体指针作为函数的形参。结构体也可以作为函数的返回值类型。

下面通过编程案例来介绍如何使用结构体对象和结构体指针作为函数的参数进行传递。

编程案例

案例 9.3

编写程序，声明一个结构体，将函数的形参定义为结构体指针，在函数内通过该指针改变结构体成员的值。

问题分析

根据题意，自定义函数的形参要定义为结构体指针。使用结构体指针引用结构体成员，需要使用指向运算符“->”。

程序代码 9.3

```
01  /*
02      在函数中使用结构体指针。
03  */
04  #include <iostream>
05  using namespace std;
06  /*-- 声明结构体 --*/
07  struct Student {
08      int age;
09  };
10  /*-- 自定义函数 --*/
11  void AddAge(Student * pStudent) {          // 形参为结构体指针
12      pStudent->age += 1;
13  }
14  /*-- 主函数 --*/
15  int main(){
16      Student a;
17      a.age = 12;
18      cout <<" 结构体中的 age 值: "<<a.age << endl;
19      AddAge(&a);                            // 调用函数
20      cout <<" 函数中用结构体指针改变后的 age 值: "<<a.age<< endl;
21      return 0;
22  }
```

以上程序代码中，第 07 ～第 09 行声明结构体 Student，包含一个成员 age；第 11 ～第 13 行将自定义函数的形参定义为 Student 型的结构体指针，在函数中用该指针引用结构体成员，将其值加 1；第 16 行定义一个 Student 型的结构体对象 a；第 19 行以结构体对象 a 的内存地址作为实参调用函数 `AddAge(&a)`；第 18、第 20 行分别输出调用函数前后结构体对象 a 的成员 age 的值。

程序运行结果如图 9.9 所示。

```
结构体中的age值：12
函数中用结构体指针改变后的age值：13

--------------------------------
Process exited after 1.315 seconds with return value 0
```

图 9.9　程序运行结果

案例 9.4

编写程序，设计一个函数，用来比较输入的两个日期的早晚，日期定义为结构体。

问题分析

日期包含年月日 3 部分，因而可以声明一个包含 year、month、day 3 个成员的结构体 date，用来表示日期：

```
struct date{
    int year;
    int month;
    int day;
};
```

用于比较日期 A 和 B 早晚的函数定义为：

```
int compare(struct date A,struct date B);
```

当函数返回值为 1 时表示日期 A 早于日期 B，返回值为 0 时表示日期 A 迟于或等于日期 B。显然不能对两个结构体对象 A、B 直接进行比较，而要按照其成员的具体时间意义逐个进行比较处理。如果 A 的年份成员 A.year 小于 B 的年份成员 B.year，则日期 A 比较早，函数返回值为 1；当 A、B 的年份成员 year 相同时，则比较其月份成员 month 的大小；当年份成员 year 和月份成员 month 都相同时，则比较日期成员 day 的大小。

解决该问题的算法流程图如图 9.10 所示。

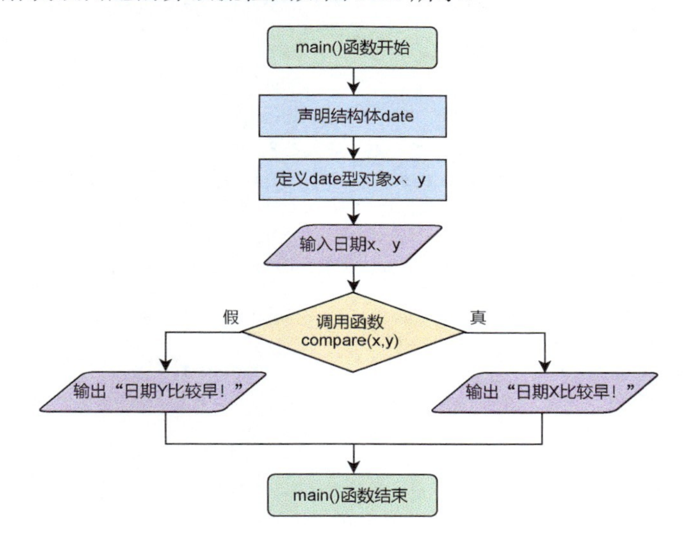

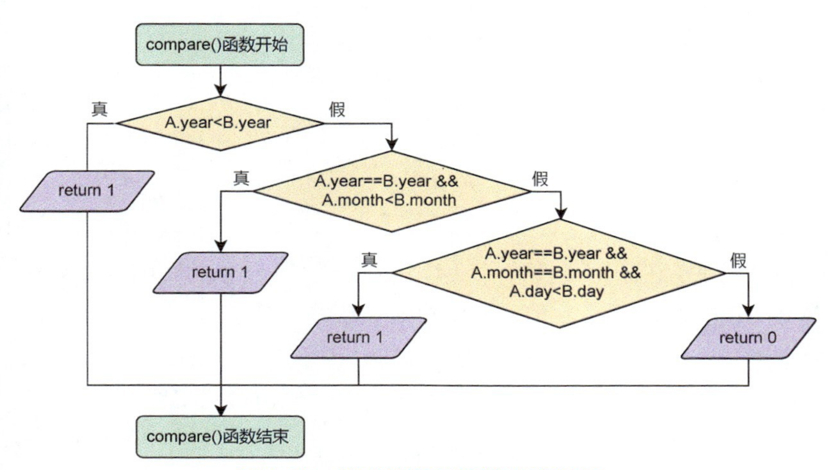

图 9.10　解决该问题的算法流程图

程序代码 9.4

```
01  /*
```

```
02      比较两个日期的早晚。
03  */
04  #include <iostream>
05  using namespace std;
06  struct date{                          // 声明结构体 date，用于表示日期
07      int year;
08      int month;
09      int day;
10  };
11  /*-- 自定义函数：比较日期 A 和 B，若 A 早则返回 1，否则返回 0--*/
12  int compare(struct date A,struct date B) {// 结构体对象作为形参
13      if(A.year<B.year)
14          return 1;
15      if(A.year==B.year && A.month<B.month)
16          return 1;
17      if(A.year==B.year && A.month==B.month && A.day<B.day)
18          return 1;
19      return 0;                         //A 晚于或等于 B 时返回 0
20  }
21  /*-- 主函数 --*/
22  int main(){
23      date x,y;                         // 定义 date 对象 x、y
24      cout<<" 输入日期 X（yyyy-mm-dd）：";
25      cin>>x.year>>x.month>>x.day;
26      cout<<" 输入日期 Y（yyyy-mm-dd）：";
27      cin>>y.year>>y.month>>y.day;
28      if(compare(x,y))
29          cout<<" 日期 X 比较早！ ";
30      else
31          cout<<" 日期 Y 比较早！ ";
32      return 0;
33  }
```

以上程序代码中，第 06 ～第 10 行声明了一个全局结构体 date，第 23 行定义两个 date 型对象 x 和 y，第 25、第 27 行分别给这两个对象的成员输入相应的日期数据，第 28 ～第 31 行的 if 语句调用函数 compare(x,y) 来比较这两个日期的早晚并输出对应信息。

第 12 ～第 20 行的自定义函数 compare(A,B) 中，先比较年份大小，如果年份相同，则比较月份大小，如果月份也相同，则比较日期大小，最终确定返回 1（A 早于 B）还是 0（B 早于或等于 A）。

程序运行结果如图 9.11 所示。

```
输入日期X (yyyy-mm-dd) : 2015-05-21
输入日期Y (yyyy-mm-dd) : 2021-06-01
日期X比较早！
--------------------------------
Process exited after 54.19 seconds with return value 0
```

图 9.11 程序运行结果

案例 9.5

Windows 操作系统中最主要的桌面元素是窗口。通常一个窗口有 4 个坐标，分别是左边坐标、右边坐标、上边坐标、下边坐标。其中，左边坐标和右边坐标分别用窗口左右边缘到屏幕左边缘的距离来表示；上边坐标和下边坐标则分别用窗口上下边缘到屏幕上边缘的距离来表示。

编写程序，输入两个窗口的坐标信息，判断两个窗口是否有重叠，如果它们有重叠，则输出重叠部分的面积，如果没有重叠则输出 0。

输入：共两行，每行有 4 个整数，表示一个窗口的左右上下 4 个坐标。

输出：一个整数，表示重叠部分的面积。

输入样例：

```
20  110  20  80
50  150  40  200
```

输出样例：

```
2400
```

问题分析

要计算两个窗口重叠部分的面积，需要先确定重叠部分的坐标（类似于窗口坐标）。

根据窗口坐标的定义规则，不难发现，两个窗口的左边坐标中的较大值即重叠部分的左边坐标，两个窗口的右边坐标中的较小值即重叠部分的右边坐标，两个窗口的上边坐标中的较大值即重叠部分的上边坐标，两个窗口的下边坐标中的较小值即重叠部分的下边坐标。

确定重叠部分的坐标以后，重叠面积的计算公式如下：

重叠面积 =（右边坐标 - 左边坐标）×（下边坐标 - 上边坐标）

另外，如果计算出的重叠部分的左边坐标大于右边坐标，或者上边坐标大于下边坐标，则说明两个窗口没有重叠部分。

程序代码 9.5

```
01  /*
02      窗口重叠。
03  */
04  #include <iostream>
05  #include <algorithm>
06  using namespace std;
07  /*-- 声明结构体 tWindow--*/
08  struct tWindow {
09      int left, right, top, bottom;
10  };
11  tWindow winA, winB;
            // 定义两个 tWindow 型的结构体对象，用于存储两个窗口的坐标
12  tWindow tmp;       // 定义一个 tWindow 型的结构体对象，作为临时变量
13  /*-- 自定义函数：输入窗口坐标 --*/
14  tWindow inData(){
15      tWindow tmp;
16      cin >> tmp.left >> tmp.right >> tmp.top >> tmp.bottom;
17      return tmp;
18  }
19  /*-- 主函数 --*/
20  int main(){
21      cout<<" 输入 A 窗口坐标（4 个整数）： ";
22      winA = inData();                 // 调用函数，输入 A 窗口的坐标
23      cout<<" 输入 B 窗口坐标（4 个整数）： ";
24      winB = inData();                 // 调用函数，输入 B 窗口的坐标
25      /*-- 判断并计算，将重叠部分的上下左右坐标存入变量 tmp--*/
26      tmp.left   = max(winA.left, winB.left);
27      tmp.right  = min(winA.right, winB.right);
28      tmp.top    = max(winA.top, winB.top);
29      tmp.bottom = min(winA.bottom, winB.bottom);
30      int s = (tmp.right-tmp.left)*(tmp.bottom-tmp.top);
                                         // 计算面积
31      if((tmp.right<=tmp.left) || (tmp.bottom<=tmp.top))
                                         // 不重叠
32          s = 0;
33      cout <<" 重叠部分面积 = " << s <<endl;
34      return 0;
35  }
```

以上程序代码中，第 08 ～第 10 行声明结构体 tWindow，用于存储窗口坐标；第 11 ～第 12 行定义了 tWindow 型的结构体对象；第 14 ～第 18 行中定义返回值为 tWindow 型的函数，用于输入窗口坐标，其返回值是一个 tWindow 对象；第 22、第 24 行调用函数输入窗口坐标；第 26 行用 `max(winA.left, winB.left)` 函数获得两个窗口坐标中比较大的左边值；第 27 行用 `min(winA.right, winB.right)` 函数获得两个窗口坐标中比较小的右边值；第 28 行用 `max(winA.top, winB.top)` 函数获得两个窗口坐标中比较大的上边值；第 29 行用 `min(winA.bottom, winB.bottom)` 函数获得两个窗口坐标中比较小的下边值；第 30 行根据获得的新坐标值计算重叠部分的面积 s；第 31 ～第 32 行用于判断两个窗口是否重叠，如果不重叠，则设置 s 等于 0。

程序运行结果如图 9.12 所示。

```
输入A窗口坐标（4个整数）: 20 110 20 80
输入B窗口坐标（4个整数）: 50 150 40 200
重叠部分面积= 2400

--------------------------------
Process exited after 97.25 seconds with return value 0
```

图 9.12　程序运行结果

编程训练

练习 9.4

编写程序，声明结构体 Student，包含 3 个成员，表示学生的 3 门学科（语文、数学、英语）的成绩。自定义一个函数 `printStudent()`，将形参定义为 Student 型，输出学生的所有成绩。

练习 9.5

编写程序，声明一个汽车的结构体，包含一个成员，表示汽车剩余油量。自定义一个函数，将形参定义为结构体指针，给汽车加油，每调用一次该函数，汽车油量就增加 5 升。运行程序后，分别输出加油前和加油后的油量。

9.1.5 结构体数组

数组的元素也可以是结构体的元素，因此数组的元素可以构成结构体数组。结构体数组的每一个元素都是具有相同结构体的结构体对象。

结构体数组可以在声明结构体时直接定义，也可以在声明结构体之后定义，还可以直接声明一个结构体数组而省略结构体名。

（1）在声明结构体时直接定义结构体数组。例如：

```
struct StudentInfo {
    char  name[64];
    char  sex;
    int   height;
    float weight;
}student[10];                    // 声明结构体的同时定义结构体数组
```

（2）先声明结构体，然后定义结构体数组。例如：

```
struct StudentInfo {             // 声明结构体
    char  name[64];
    char  sex;
    int   height;
    float weight;
};
StudentInfo student[10];         // 先声明结构体，后定义结构体数组
```

（3）直接声明结构体数组，省略结构体名。例如：

```
struct {                         // 省略结构体名
    char  name[64];
    char  sex;
    int   height;
    float weight;
}student[10];                    // 直接定义结构体数组
```

可以在声明结构体数组时直接对数组进行初始化。例如：

```
struct StudentInfo {
    char  name[64];
    char  sex;
```

```
    int   height;
    float weight;
} student[3]={
                {"Tony",'M',160,45.8},
                {"Peter",'M',180,58},
                {"Sala",'F',160,42}
                };                    // 定义结构体数组的同时初始化
```

编程案例

案例 9.6

编写程序，使用结构体指针访问结构体数组的成员。

程序代码 9.6

```
01  /*
02      使用结构体指针访问结构体数组的成员。
03  */
04  #include <iostream>
05  using namespace std;
06  int main(){
07      struct StudentInfo {      // 声明结构体
08          int index;
09          char name[30];
10          int age;
11      } Student[5]= {           // 定义结构体数组并初始化
12              {1,"吴菲儿",15},
13              {2,"李可可",16},
14              {3,"王小石",14},
15              {4,"刘大炮",15},
16              {5,"王冰冰",15}
17          };
18      StudentInfo *StuInfo;     // 定义 StudentInfo 型结构体指针
19      StuInfo = Student; // 将指针 StuInfo 指向结构体数组 Student
20      for(int i=0; i<5; i++) { //通过指针遍历结构体数组并输出其成员数据
21          cout << StuInfo->index <<" ";
22          cout << StuInfo->name <<" ";
23          cout << StuInfo->age << endl;
24          StuInfo++;
25      }
26      return 0;
27  }
```

以上程序代码中，第 07 ～第 17 行在声明结构体 StudentInfo 的同时定义结构体数组 Student[5]，同时对数组元素进行初始化；第 18 行定义一个 StudentInfo 型的结构体指针 StuInfo；第 19 行把指针 StuInfo 指向之前定义的结构体数组 Student；第 20 ～第 25 行的 for 循环语句通过指针 StuInfo 遍历所有数组元素，输出成员数据。

程序运行结果如图 9.13 所示。

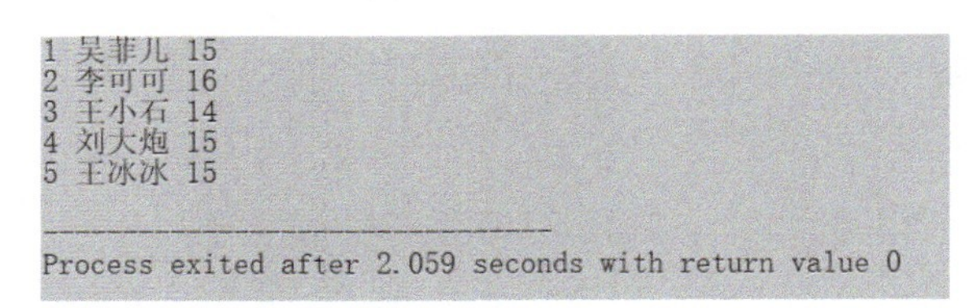

图 9.13　程序运行结果

案例 9.7

编写程序，定义一个结构体数组，该结构体包括 3 个成员，分别保存整型数值、下标和排名。将数组元素按照数值的大小从小到大排序，并以下标从小到大的顺序输出排名。

输入：第 1 行输入一个整数 *N*，范围为 [1,10000]；第 2 行输入 *N* 个不相同的整数。

输出：依次输出每个整数的排名。

输入样例：

```
5
7  3  8  1  9
```

输出样例：

```
3  2  4  1  5
```

问题分析

定义一个包含数值（data）、排名（rank）、和下标（index）3 个成员的结构体 tNode，然后定义 tNode 型的数组 a[10001]，则数组 a 的每个元素都包含 3 个成员。用 for 循环语句将 N 个整数分别赋给数组 a[i] 的成员 data，将 i 的值赋给成员 index。

使用 sort() 函数将数组 a 中的所有元素按照其成员 data 的值从小到大排序，接着将排序号赋给成员 rank。最后按成员 index 的大小从小到大排序后依次输出成员 rank 的值。

sort() 函数的第 3 个参数对应的比较函数如下：

```
bool cmpData(tNode x, tNode y) {                    //根据值排序
    return x.data < y.data;
}
bool cmpIndex(tNode x, tNode y) {                   //根据下标排序
    return x.index < y.index;
}
```

解决该问题的算法流程图如图 9.14 所示。

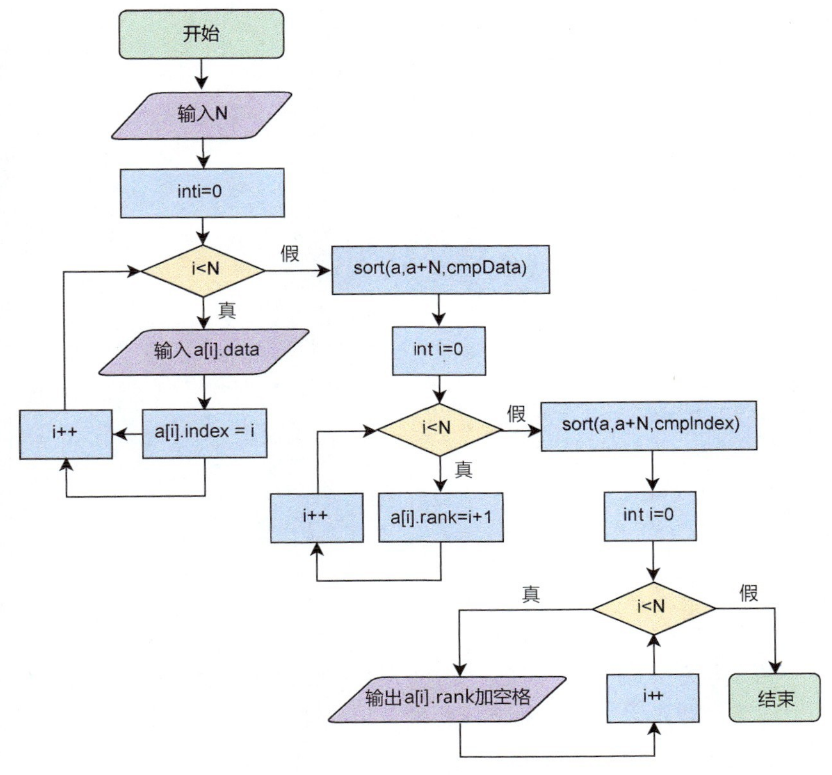

图 9.14　解决该问题的算法流程图

程序代码 9.7

```
01  /*
02      数组元素的排序。
03  */
04  #include <iostream>
05  #include <algorithm>
06  using namespace std;
07  struct tNode{                               // 定义结构体 tNode
08      int data,                               // 数值
09          rank,                               // 排名
10          index;                              // 下标
11  };
12  int N;
13  tNode a[10001];                             // 定义类型为 tNode 的数组 a
14  bool cmpData(tNode x, tNode y) {
15      return x.data < y.data;
16  }
17  bool cmpIndex(tNode x, tNode y) {
18      return x.index < y.index;
19  }
20  /*-- 主函数 --*/
21  int main() {
22      cout<<" 输入 N:";
23      cin >> N;
24      for(int i=0; i<N; i++) {
25          cin >> a[i].data;
26          a[i].index = i;                    // 保存下标
27      }
28      sort(a, a+N, cmpData);                 // 根据数值排序
29      for(int i=0; i<N; i++)
30          a[i].rank = i+1;                   // 求排名
31      sort(a, a+N, cmpIndex);                // 根据下标排序
32      for(int i=0; i<N; i++)
33          cout<< a[i].rank<<" ";           // 输出排名
34      cout<<endl;
35      return 0;
36  }
```

以上程序代码中，第 07 ～第 11 行声明全局结构体 tNode，它拥有 3 个成员，分别用于存储数组元素的数值、排名和下标，第 13 行定义类型为 tNode 的结构体数组 a。

主函数中，第 24 ～第 27 行用 for 循环语句遍历数组元素 a[i]，

依次读取数据并将其存入 `a[i]` 的成员 data 中，同时将 i 赋给表示数组元素下标的成员 index。

第 28 行调用函数 `sort(a,a+N,cmpData)` 将数组 a 中的所有元素按其成员 data 的大小从小到大排序，然后用 for 循环语句依次遍历所有数组元素，将 i+1 赋给成员 rank。

第 32 ～第 33 行按数组元素下标的顺序，依次输出数组元素 `a[i]` 的成员 rank 的值。

程序运行结果如图 9.15 所示。

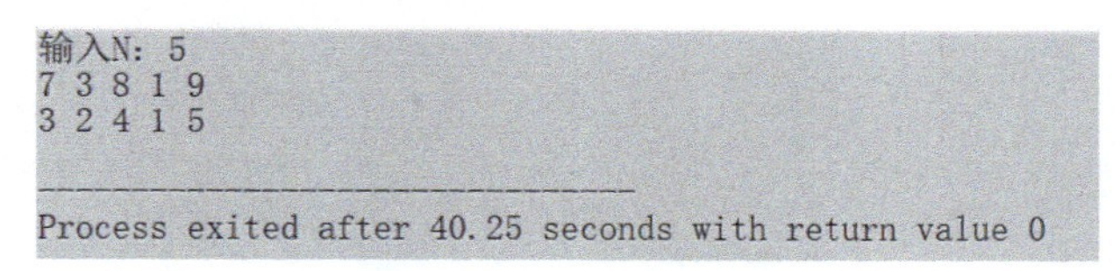

图 9.15　程序运行结果

编程训练

练习 9.6

期末考试结束后老师要对学生的考试成绩进行排序，已经计算好了每一个学生的总成绩。请编写程序，用结构体保存学生的学号、姓名、成绩及名次。输入 n 个学生的成绩等信息，并按成绩从高到低的顺序输出所有学生信息。

9.2 共用体

共用体和结构体类似，都是将不同类型的数据项组织为一个整体，不同之处在于两者中的成员在内存中的存储方式。**结构体的每一个成员在内存中独占一段存储单元，而共用体的所有成员在内存中共用一段存储单元**，如图 9.16 所示。被定义的共用体对象在某一时刻只能存放一个成员的值，如果一个共用体成员被赋值，则之前被赋值的共用体成员的值都会消失。共用体对象在内存中所占的内存空间大小等于占内存最大的成员所占的内存空间大小。

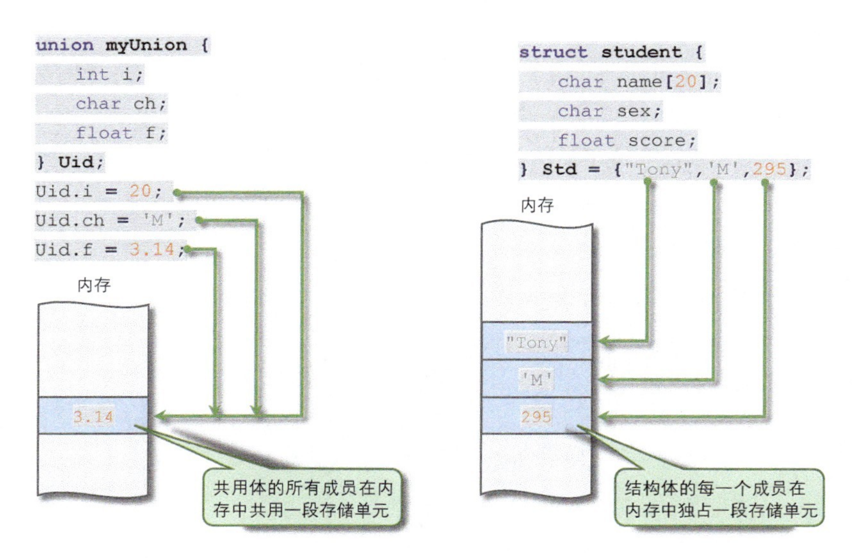

图 9.16　共用体和结构体成员在内存中的不同存储方式

因为声明共用体的关键字为 **union**，意为联合，所以共用体也被称为**联合体**。

共用体的声明格式如下：

```
union 共用体名
{
        成员类型 共用体成员名 ;
        …
        成员类型 共用体成员名 ;
};
```

共用体对象的定义方式与结构体对象类似，有以下几种方式。

（1）先声明共用体，然后定义共用体对象。例如：

```
union UserID                              // 声明共用体 UserID
{
    char   name[64] ;                     // 共用体成员：昵称
    char   rid[18] ;                      // 共用体成员：身份证号
    int    QQ ;                           // 共用体成员：QQ 号
```

```
    long long   iphone ;            // 共用体成员：手机号
};
UserID Uid;                         // 定义共用体对象 Uid
```

（2）直接在声明共用体时定义共用体对象。例如：

```
union UserID                        // 声明共用体 UserID
{
    char  name[64] ;                // 共用体成员：昵称
    char  rid[18] ;                 // 共用体成员：身份证号
    int   QQ ;                      // 共用体成员：QQ 号
    long long   iphone ;            // 共用体成员：手机号
} Uid;                              // 定义共用体对象 Uid
```

（3）直接声明共用体对象，而省略共用体名。例如：

```
union
{
    char  name[64] ;                // 共用体成员：昵称
    char  rid[18] ;                 // 共用体成员：身份证号
    int   QQ ;                      // 共用体成员：QQ 号
    long long   iphone ;            // 共用体成员：手机号
} Uid;                              // 定义共用体对象 Uid
```

注意：共用体成员不能定义为占内存空间不确定的数据结构类型，如 string 型。因此上面的昵称和身份证号不能定义为 string 型。

引用共用体成员和引用结构体成员的方式相同，也是使用成员运算符“.”。例如，引用共用体对象 Uid 的成员代码如下：

```
Uid.QQ = 18181818;                          // 为 QQ 号赋值
Uid.iphone = 13956781236;                   // 为手机号赋值
strcpy(Uid.name, "tony");                   // 昵称数组赋值
strcpy(Uid.rid,"999888199602131006");       // 身份证号数组赋值
```

编程案例

案例 9.8

编写程序，声明一个共用体，用于存储用户选择的登录 ID（昵称、身份证号、QQ 号或手机号）。根据用户选择的 ID 类型，输入相应内容并存入共用体成员，输出用户的登录 ID。

程序代码 9.8

```
01  /*
02      使用共用体存储用户登录 ID。
03  */
04  #include <iostream>
05  using namespace std;
06  int main() {
07      int i;
08      union UserID                        // 声明共用体 UserID
09      {
10          char  name[64] ;                // 共用体成员：昵称
11          char  rid[18] ;                 // 共用体成员：身份证号
12          int   QQ ;                      // 共用体成员：QQ 号
13          long long   iphone ;            // 共用体成员：手机号
14      };
15      UserID Uid;                         // 定义共用体对象 Uid
16      cout << "1- 昵称 2- 身份证号 3-QQ 号 4- 手机号 "<<endl;
17      cout << " 请选择 (1 ～ 4)：";
18      cin >> i;
19      switch (i) {
20          case 1:
21              cout<<" 输入昵称：";
22              cin >> Uid.name;
23              cout<<" 用户选择的 ID："<< Uid.name <<endl;
24              break;
25          case 2:
26              cout<<" 输入身份证号：";
27              cin >> Uid.rid;
28              cout<<" 用户选择的 ID："<< Uid.rid <<endl;
29              break;
30          case 3:
31              cout<<" 输入 QQ 号：";
32              cin >> Uid.QQ;
33              cout<<" 用户选择的 ID："<< Uid.QQ <<endl;
34              break;
35          case 4:
36          default:
37              cout<<" 输入手机号：";
38              cin >> Uid.iphone;
39              cout<<" 用户选择的 ID："<< Uid.iphone <<endl;
40              break;
41      }
42      return 0;
43  }
```

以上程序代码中，第 08 ～第 14 行声明一个共用体 UserID，该共用体拥有 4 个共用体成员；第 15 行定义一个 UserID 型的共用体对象 Uid；第 19 ～第 41 行的 switch 语句根据输入的 i 的值，将输入的数据存入共用体对象 Uid 的不同成员中并输出。

程序运行结果如图 9.17 所示。

```
1-昵称 2-身份证号 3-QQ号 4-手机号
请选择(1~4): 3
输入QQ号 : 18181818
用户选择的ID: 18181818

--------------------------------
Process exited after 17.66 seconds with return value 0
```

图 9.17　程序运行结果

案例 9.9

公司员工下班乘车可以选择出租车、公交车或地铁，也可以选择自驾。编写程序，设计一个交通工具的共用体，让员工选择交通工具，并输出员工选择的交通工具。

问题分析

声明 3 个结构体，分别表示出租车、公交车和地铁，它们都拥有两个成员，分别是 id 和 name。

声明一个表示用户选择的交通工具的共用体 Transportation，给它定义 3 个成员，分别定义为前面声明的 3 种结构体。

程序代码 9.9

```
01  /*
02      选择交通工具。
03  */
04  #include <iostream>
05  #include <cstring>
06  using namespace std;
07  int main() {
08      int i=0;
09      struct taxi  {             //声明结构体taxi
10          int id;
11          char name[64];
12      };
13      struct bus  {              //声明结构体bus
14          int id;
```

```
15              char name[64];
16          };
17          struct subway{              // 声明结构体 subway
18              int id;
19              char name[64];
20          };
21          union Transportation {  // 声明共用体 Transportation
22              taxi t;                 // 定义 taxi 型结构体对象 t
23              bus b;                  // 定义 bus 型结构体对象 b
24              subway s;               // 定义 subway 型结构体对象 s
25          };
26          Transportation trans;   // 定义 Transportation 型共用体对象
27          cout << "1- 公交车  2- 地铁  3- 出租车  0- 自驾 "<<endl;
28          do {
29              cout << " 请选择 (0 ～ 3): ";
30              cin >> i;
31              switch(i) {
32                  case 1: {
33                      trans.b.id = 1;
34                      strcpy(trans.b.name, " 公交车 ");
35                      cout << trans.b.name << endl;
36                      break;
37                  }
38                  case 2: {
39                      trans.s.id = 2;
40                      strcpy(trans.s.name, " 地铁 ");
41                      cout << trans.s.name << endl;
42                      break;
43                  }
44                  case 3: {
45                      trans.t.id = 3;
46                      strcpy(trans.t.name, " 出租车 ");
47                      cout << trans.t.name << endl;
48                      break;
49                  }
50                  default: cout << " 自驾 " << endl;
51              }
52          } while(i<=3);
53          return 0;
54      }
```

以上程序代码中，第 09 ～第 20 行分别声明表示出租车、公交车和地铁的结构体 taxi、bus、subway；第 21 ～第 25 行声明共用体 Transportation，并把它的 3 个成员分别定义为前面声明的 3 种结构体；第 26 行定义一个 Transportation 型的共用体对象 trans；第 28 ～第 52 行的 do-while 循环语句让用户循环输入交通工具，当输入的 i 的值大于 3

时，默认选择自驾，并退出循环；第 31 ～第 51 行的 switch 语句根据输入的 i 的值，将不同的交通工具名称存入对应的共用体成员中并输出。

程序运行结果如图 9.18 所示。

```
1-公交车 2-地铁 3-出租车 0-自驾
请选择(0~3)：3
出租车
请选择(0~3)：0
自驾
请选择(0~3)：2
地铁
请选择(0~3)：1
公交车
请选择(0~3)：8
自驾

--------------------------------
Process exited after 19.56 seconds with return value 0
```

图 9.18　程序运行结果

编程训练

练习 9.7

某网站收集了 *N* 个人的账号，账号类型有身份证号和 QQ 号两种。请编写程序，用恰当的数据结构保存信息，并根据身份证号来统计男性和女性的人数，以及计算 QQ 号的平均值（取整）。

输入：第 1 行为一个整数 *N*，范围为 [1,10000]；下面 *N* 行中的每一行有一个字符和一个字符串，第一个字符表示账号类型（i 表示身份证号，q 表示 QQ 号），第二个字符串是账号信息。

输出：一行，3 个整数，分别表示男性人数、女性人数、QQ 号的平均值。

输入样例：

```
6
i  330602199602131006
i  622301200105101O5X
i  339102200503028 25X
q  6013548
q  13022658
i  311602200810235283
```

输出样例：

```
2  2  9518103
```

9.3 枚举类型

枚举就是一一列举的意思。在 C++ 中，枚举类型是一些标识符的集合，从形式上看枚举类型就是将一组不同的标识符名称放在一对花括号中。用枚举类型声明的变量，其值只能是花括号内的这些标识符的值。

声明枚举类型的一般格式如下：

```
enum 枚举类型名 { 标识符列表 };
```

例如：

```
enum weekday { Sunday, Monday, Tuesday, Wednesday, Thursday,
Friday, Saturday };
```

enum 是声明枚举类型的关键字，**weekday** 是枚举类型名，花括号内就是该枚举类型的变量可以使用的标识符。

枚举类型还有另一种带整数赋值的声明形式：

```
enum 枚举类型名
   {
       标识符 [= 整型常数 ],
       标识符 [= 整型常数 ],
       …
       标识符 [= 整型常数 ]
   };
```

其中 **[= 整型常数]** 表示可选项，C++ 默认将枚举类型花括号内的每一个标识符都自动赋为一个从 0 开始的整型常数。例如：

```
enum weekday { Sunday, Monday, Tuesday, Wednesday, Thursday,
Friday, Saturday };
```

相当于：

```
enum weekday
{
    Sunday = 0,
    Monday = 1,
    Tuesday = 2,
    Wednesday = 3,
    Thursday = 4,
    Friday = 5,
    Saturday = 6
};
```

输出一个 weekday 型的枚举变量的值，实际上就是输出这些枚举标识符被赋予的整型常数。

在声明枚举类型时，可以自行修改标识符被赋予的整型常数。例如：

```
enum weekday
{
    Sunday = 7,
    Monday = 6,
    Tuesday = 5,
    Wednesday = 4,
    Thursday = 3,
    Friday = 2,
    Saturday = 1
};
```

另外，如果只给前面几个标识符赋整型常数，则编译器会自动给后面的标识符累加赋值。例如：

```
enum weekday { Sunday=7, Monday=1, Tuesday, Wednesday, Thursd
ay, Friday, Saturday };
```

相当于：

```
enum weekday
{
    Sunday = 7,
    Monday = 1,
```

```
    Tuesday = 2,
    Wednesday = 3,
    Thursday = 4,
    Friday = 5,
    Saturday = 6
};
```

声明一个枚举类型之后，就可以用它来定义变量。例如：

```
enum weekday { Sunday, Monday, Tuesday, Wednesday, Thursday,
Friday, Saturday };              // 声明枚举类型 weekday
weekday myRestDay;               // 定义 weekday 型的变量 myRestDay
```

上面的代码中，myRestDay 被定义为 **weekday** 型的枚举变量。

给一个枚举变量赋值，只能赋予其声明该枚举类型时花括号内的标识符之一。例如：

```
enum weekday{Sunday, Monday, Tuesday, Wednesday, Thursday,
             Friday, Saturday};
weekday myRestDay;               // 定义 weekday 型的变量 myRestDay
myRestDay = Saturday;            // 给变量 myRestDay 赋值
```

上面的代码中，枚举标识符 Saturday 被赋给变量 myRestDay，实际上是将声明枚举类型 weekday 时赋予 Saturday 的整型常数 6 赋给了 myRestDay，也就是说，如果输出 myRestDay 的值，将会输出整数 6。

如上所述，虽然给枚举变量赋值实际上是将一个整型常数赋给了它，但请注意，一个整数是不能直接赋给枚举变量的。不过，可以通过强制类型转换将整数转换为对应的枚举类型后，再赋给该枚举变量。例如：

```
enum weekday{Sunday, Monday, Tuesday, Wednesday, Thursday,
             Friday, Saturday};
weekday myRestDay;            // 定义 weekday 型的变量 myRestDay
myRestDay = 6;                // 整型常数不能直接赋给枚举变量
myRestDay = (weekday)6;       // 将整型常数强制转换为 weekday 型后再赋值
```

上面代码中的 `myRestDay = (weekday)6` 就相当于 `myRestDay = Saturday`。

编程案例

案例 9.10

编写程序，为枚举变量赋值。

程序代码 9.10

```
01  /*
02      为枚举变量赋值。
03  */
04  #include <iostream>
05  using namespace std;
06  int main(){
07      enum Weekday {Sunday, Monday, Tuesday, Wednesday, Thursday,
            Friday, Saturday}; // 声明枚举类型为 Weekday
08      int a=2, b=1;
09      Weekday myDay;          // 定义 Weekday 型的枚举变量 myDay
10      myDay = (Weekday)a;     // 将 2 强制转换为 Weekday 型后赋给 myDay
11      cout << myDay <<endl;
12      myDay = (Weekday)(a-b);
13      cout << myDay <<endl;
14      myDay = (Weekday)(Sunday + Wednesday); // 强制转换（0+3）
15      cout << myDay <<endl;
16      myDay = (Weekday)5;
17      cout << myDay <<endl;
18      return 0;
19  }
```

以上程序代码中使用了各种赋值方式，它们原理是一样的，都是通过强制类型转换将整数转换为对应的枚举类型以后，再赋给枚举变量。

程序运行结果如图 9.19 所示。

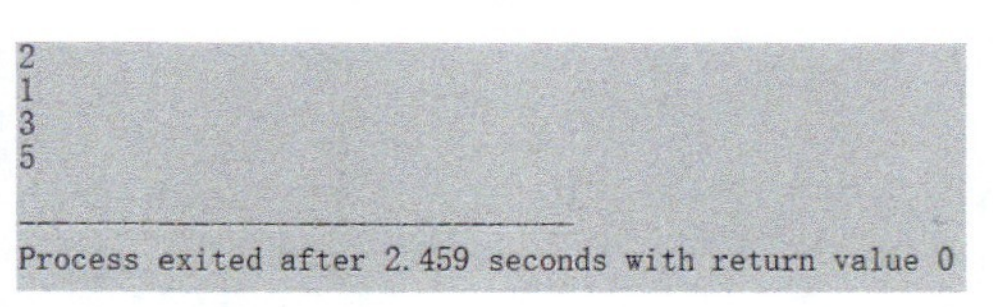

图 9.19　程序运行结果

从程序运行结果可以看出，直接输出一个枚举变量时，输出的并不是枚举类型花括号内的标识符，而是在声明枚举类型时赋给标识符的整型常数。如果要直接输出标识符，则一般通过 switch 语句以字符串的方式输出。

案例 9.11

编写程序，通过 switch 语句输出枚举标识符。

程序代码 9.11

```
01  /*
02      通过 switch 语句输出枚举标识符。
03  */
04  #include <iostream>
05  using namespace std;
06  int main(){
07      enum Weekday{Sunday, Monday, Tuesday, Wednesday,
             Thursday, Friday, Saturday};
08      Weekday myDay;
09      for(int i=0; i<7; i++) {
10          myDay = (Weekday)i;
11          switch(myDay)
12          {
13              case Sunday: cout<<"Sunday"<<endl; break;
14              case Monday: cout<<"Monday"<<endl; break;
15              case Tuesday: cout<<"Tuesday"<<endl; break;
16              case Wednesday: cout<<"Wednesday"<<endl; break;
17              case Thursday: cout<<"Thursday"<<endl; break;
18              case Friday: cout<<"Friday"<<endl; break;
19              case Saturday: cout<<"Saturday"<<endl; break;
20          }
21      }
22      return 0;
23  }
```

程序运行结果如图 9.20 所示。

```
Sunday
Monday
Tuesday
Wednesday
Thursday
Friday
Saturday

--------------------------------
Process exited after 1.25 seconds with return value 0
```

图 9.20　程序运行结果

编程训练

练习 9.8

编写程序，定义枚举类型“季节”的一个变量，输入一个 0 ～ 3

的整数，之后使用 switch 语句判断是什么季节，并输出一个表示当前季节的字符串。

练习 9.9

有一个 $N \times N$ 的二维网格，每格内有一个整数。现在给定开始坐标 (x,y) 和移动方向（上、下、左或右），一直移动到网格的边界，编写程序，计算移动路线上格子里的数字之和。

输入：第一行有 4 个整数，第一个整数 N，范围为 [1,1000]；第二和第三个整数是给定的开始坐标 x 和 y，表示从 x 行 y 列开始移动；第四个整数是移动方向，用 D 表示，其值为 0 表示向上，为 1 表示向下，为 2 表示向左，为 3 表示向右；下面 N 行中的每一行有 N 个整数，范围为 [-1000,1000]，表示二维网格中的数据。

输出：一个整数，表示移动路线上的数字之和。

输入样例：

```
5  2  3  1
2  1  5  4  2
3  6  2  1  4
5  2  1  4  8
8  5  9  2  7
7  2  9  3  4
```

输出样例：

```
21
```

9.4 结构体tm：日期和时间类型

9.4.1 C++ 中与日期和时间相关的类型及函数

C++ 没有提供专门的日期类型，它继承了 C 语言中用于日期和时间操作的结构体 tm 和各种函数。要在 C++ 程序中使用日期和时间相关的函数和结构体 tm，需要导入 **`ctime`** 头文件。

C++ 中最常用的与日期和时间相关的数据类型有 time_t 和 tm 两种，如表 9.1 所示。

表 9.1 C++ 中最常用的与日期和时间相关的数据类型

数据类型	说明
time_t	被声明为一种特殊的整数类型，表示自 1970 年 1 月 1 日以来的秒数
tm	被声明为一种结构体，把日期和时间以结构体的形式保存

tm 结构体被声明为如下形式。

```
struct tm
{
    int tm_sec;     // 秒，正常范围为 0 到 59，但允许至 61
    int tm_min;     // 分，范围为 0 到 59
    int tm_hour;    // 小时，范围为 0 到 23
    int tm_mday;    // 一个月中的第几天，范围为 1 到 31
    int tm_mon;     // 月，范围为 0 到 11
    int tm_year;    // 自 1900 年起的年数
    int tm_wday;    // 一周中的第几天，范围为 0 到 6，从星期日算起
    int tm_yday;    // 一年中的第几天，范围为 0 到 365，从 1 月 1 日算起
   int tm_isdst;    // 夏令时
   const char *tm_zone;      //当前时区的名字
};
```

C++ 中常用的处理日期和时间的函数如表 9.2 所示。

表 9.2 C++ 中常用的处理日期和时间的函数

函数	函数定义及功能
time()	time_t time(0); 该函数返回系统的当前日历时间，即自 1970 年 1 月 1 日以来的秒数。如果系统没有时间，则返回 -1
ctime()	char* ctime(time_t *time); 该函数返回一个表示当地时间的字符串指针，把秒数转换为字符串形式的时间。 字符串形式：day month date hours:minutes:seconds year\n\0
localtime()	struct tm *localtime(const time_t *time); 该函数返回一个指向表示本地时间的 tm 结构体的指针

续表

函数	函数定义及功能
asctime()	char * asctime (struct tm * time); 该函数返回一个字符串指针。把 tm 型数据转换为字符串形式的日期和时间。 字符串形式：day month date hours:minutes:seconds year\n\0
mktime()	time_t mktime(struct tm *time); 该函数返回日历时间（秒数），相当于 time 所指向的 tm 结构体中存储的时间
difftime()	double difftime (time_t time2, time_t time1); 该函数返回 time1 和 time2 之间相差的秒数
strftime()	size_t strftime(char *str, size_t maxsize, const char *format, const struct tm *timeptr); 该函数可用于格式化日期和时间为指定的格式

以上表格中的 day 表示星期，month 表示月份，date 表示日期，year 表示年份。

此外，因为以上函数中表示日期和时间的形参都被定义为指针，所以传入的实参都必须是地址。

9.4.2　当前日期和时间

在 C++ 中使用函数 time(0) 可获得当前系统的日历时间（自 1970 年 1 月 1 日以来的秒数），它是 time_t 型的日期和时间（整数），可以使用函数 ctime() 将其转换为字符串形式的日期和时间，也可以使用函数 localtime() 将其转换为 tm 型的日期和时间。

编程案例

案例 9.12

编写程序，输出字符串形式的当前系统的日期和时间。

程序代码 9.12

```
01   /*
02        输出字符串形式的当前系统的日期和时间。
```

```
03  */
04  #include <iostream>
05  #include <ctime>
06  using namespace std;
07  int main(){
08      time_t now = time(0);          // 基于当前系统的日历时间（秒）
09      cout << "自1970年1月1日以来的秒数：" << now << endl;
10      char* dt = ctime(&now);        // 把秒数 now 转换为字符串形式
11      cout << "字符串形式的本地日期和时间：" << dt << endl;
12      tm *ltm = localtime(&now);  // 把秒数 now 转换为 tm 型
13      cout << "tm型指针 ltm 的地址：" << ltm <<endl;
                                       // 输出指针 ltm 的地址
14      char* ldt = asctime(ltm);   // 把 tm 型的 ltm 转换为字符串形式
15      cout << "asctime() 函数返回的字符串形式的日期和时间："<< ldt
        << endl;
16      return 0;
17  }
```

以上程序代码中，第 08 行获取当前系统的日历时间（秒数）；第 10 行用函数 ctime(&now) 将其转换为字符串形式的本地日期和时间，并用指针 dt 指向它；第 11 行输出该字符串形式的日期和时间；第 12 行用函数 localtime(&now) 将秒数 now 转换为 tm 型的日期和时间，并用指针 ltm 指向它；第 13 行输出指针 ltm 指向的地址；第 14 行用函数 asctime(ltm) 将指针 ltm 指向的 tm 型的日期和时间转换为字符串形式的日期和时间；第 15 行输出该字符串形式的日期和时间。

程序运行结果如图 9.21 所示。

```
自1970年1月1日以来的秒数：1651644843
字符串形式的本地日期和时间：Wed May 04 14:14:03 2022

tm型指针ltm的地址：0x871030
asctime()函数返回的字符串形式的日期和时间：Wed May 04 14:14:03 2022

--------------------------------
Process exited after 1.596 seconds with return value 0
```

图 9.21　程序运行结果

编程训练

练习 9.10

编写程序，输入一个日期（年月日），将其转换为 tm 型数据并输出。

9.4.3 格式化日期和时间

在 tm 结构体中，有关日期和时间的信息都单独存储在对应的成员中，因此可以使用 tm 结构体的成员数据输出格式化的日期和时间。另外，还可以使用 strftime() 函数把 tm 型的日期和时间按指定的格式化规则存储在一个 char 型的字符数组中。

strftime() 函数的声明格式如下：

```
size_t strftime(char *str, size_t maxsize, const char *format,
                const struct tm *timeptr);
```

参数 str 是指向目标数组的指针，用来存储格式化后的日期和时间的字符串。

参数 maxsize 是 str 指向的目标数组的最大字符数。

参数 timeptr 是一个指向 tm 型日期和时间数据的指针。

参数 format 是一个包含普通字符和特殊**格式说明符**的字符串。这些格式说明符由函数替换为 tm 型指针所指定的日期和时间的对应值。C++ 中用于格式化日期和时间的特殊格式说明符如表 9.3 所示。

表 9.3　C++ 中用于格式化日期和时间的特殊格式说明符

格式说明符	替换为	实例
%a	缩写的星期名称	Sun
%A	完整的星期名称	Sunday
%b	缩写的月份名称	Mar
%B	完整的月份名称	March
%c	日期和时间表示法	Sun Aug 19 02:56:02 2012
%d	一个月中的第几天（01 ～ 31）	19
%H	24 小时格式的小时（00 ～ 23）	14
%I	12 小时格式的小时（01 ～ 12）	05
%j	一年中的第几天（001 ～ 366）	231
%m	十进制数表示的月份（01 ～ 12）	08
%M	分（00 ～ 59）	55

续表

格式说明符	替换为	实例
%p	AM 或 PM	PM
%S	秒（00 ～ 61）	02
%U	一年中的第几周，以第一个星期日作为第一周的第一天（00 ～ 53）	33
%w	十进制数表示的星期（0 ～ 6），星期日表示为 0	4
%W	一年中的第几周，以第一个星期一作为第一周的第一天（00 ～ 53）	34
%x	日期表示法	08/19/12
%X	时间表示法	02:50:06
%y	年份的最后两个数字（00 ～ 99）	01
%Y	年份	2012
%Z	时区的名称或缩写	CDT
%%	一个 % 符号	%

strftime() 函数的返回值是一个整数，如果格式化后的字符串小于 maxsize 个字符（包括字符串结束符），则会返回存储到 str 中的字符总数（不包括字符串结束符），否则返回 0。

下面的代码段是 strftime() 函数的用法举例。

```
char buffer[80];
time_t now = time(0);
tm *ltm = localtime(&now);
strftime(buffer, 80, "%Y-%m-%d %H:%M:%S", ltm);
printf("格式化的日期 & 时间 : %s\n", buffer );
```

上面的代码运行后，将输出下面的结果：

```
格式化的日期 & 时间 : 2021-11-15 19:45:25
```

编程案例

案例 9.13

编写程序，使用 tm 结构体数据输出格式化的日期和时间。

程序代码 9.13

```
01  /*
02      使用 tm 结构体数据输出格式化的日期和时间。
03  */
04  #include <iostream>
05  #include <ctime>
06  #include <iomanip>
07  using namespace std;
08  int main( ){
09      time_t now = time(0);      //基于当前系统的日历时间（秒）
10      cout << "自 1970 年 1 月 1 日以来的秒数：" << now << endl;
11      tm *ltm = localtime(&now);
12      cout << "tm 型指针 ltm 的地址：" << ltm <<endl;
                                   //输出指针 ltm 的地址
13      char* ldt = asctime(ltm); //把 tm 型的 ltm 转换为字符串形式
14      cout << "asctime() 函数返回的字符串形式的日期和时间："<< ldt << endl;
15      cout << "当前时间为："<< endl;//输出 tm 型 ltm 的各个组成部分
16      cout << "年：    " << 1900 + ltm->tm_year << endl;
17      cout << "月：    " <<    1 + ltm->tm_mon  << endl;
18      cout << "日：    " <<        ltm->tm_mday << endl;
19      cout << "星期：  " <<        ltm->tm_wday << endl;
20      cout << "时间：  "
21            << setfill('0')<< setw(2)<<ltm->tm_hour<< ":"
22            << setfill('0')<< setw(2)<<ltm->tm_min << ":"
23            << setfill('0')<< setw(2)<<ltm->tm_sec <<endl<<endl;
24      cout << "当前时间为：";
25      cout << 1900 + ltm->tm_year << "年";
26      cout <<    1 + ltm->tm_mon  << "月";
27      cout <<        ltm->tm_mday << "日";
28      switch ( ltm->tm_wday ){
29          case 0: cout<<" 星期日 "; break;
30          case 1: cout<<" 星期一 "; break;
31          case 2: cout<<" 星期二 "; break;
32          case 3: cout<<" 星期三 "; break;
33          case 4: cout<<" 星期四 "; break;
34          case 5: cout<<" 星期五 "; break;
35          case 6: cout<<" 星期六 "; break;
36      }
37      cout << " " <<setfill('0')<<setw(2)<<ltm->tm_hour
38           << ":" <<setfill('0')<<setw(2)<<ltm->tm_min
39           << ":" <<setfill('0')<<setw(2)<<ltm->tm_sec << endl;
40      return 0;
41  }
```

以上程序代码中，第 09 行获取基于当前系统的日历时间的秒数；第 11 行用函数 `localtime(&now)` 将其转换为 tm 型的日期和时间，并用指针 ltm 指向它；第 13 行用函数 `asctime(ltm)` 将 tm 型指针 ltm 指向的日期和时间转换为字符串型式（指针 ldt 指向它）。

第 16 ～第 23 行分别输出指针 ltm 指向的 tm 型的日期和时间数据的各个成员。

第 25 ～第 39 行输出格式化的指针 ltm 指向的 tm 型的日期和时间。

程序运行结果如图 9.22 所示。

```
自 1970 年1月1日以来的秒数 : 1651643973
tm型指针ltm的地址: 0x801018
asctime()函数返回的字符串形式的日期和时间 : Wed May 04 13:59:33 2022

当前时间为:
年 :    2022
月 :    5
日 :    4
星期 : 3
时间 : 13:59:33

当前时间: 2022年5月4日 星期三 13:59:33

--------------------------------
Process exited after 1.699 seconds with return value 0
```

图 9.22　程序运行结果

案例 9.14

编写程序，使用 `strftime()` 函数把 tm 型的日期和时间转换为字符串型的日期和时间。

程序代码 9.14

```
01  /*
02      使用 strftime() 函数格式化 tm 型的日期和时间。
03  */
04  #include <iostream>
05  #include <ctime>
06  using namespace std;
07  int main(){
08      time_t now = time(0);        //基于当前系统的日历时间
09      cout << "自 1970 年 1 月 1 日以来的秒数: " << now << endl;
10      tm *ltm = localtime(&now); //转换为 tm 型
11      cout << "tm 型指针 ltm 的地址: " << ltm <<endl;
```

```
12        /*-- 用函数 strftime() 把 tm 型的日期和时间 ltm 转换为字符串形式 --*/
13        char buffer[80];
14        strftime(buffer, 80, "%Z %Y-%m-%d %H:%M:%S %A", ltm);
15        cout <<" 格式 1: "<< buffer <<endl;
16        strftime(buffer, 80, "%x %X", ltm);
17        cout <<" 格式 2: "<< buffer <<endl;
18        return 0;
19    }
```

以上程序代码中，第 08 行调用 time(0) 函数获得当前系统的日历时间；第 10 行将其转换为 tm 型的日期和时间；第 14、第 16 行调用 strftime() 函数，将 tm 型的日期和时间转换为指定格式的字符串。

程序运行结果如图 9.23 所示。

```
自 1970 年1月1日以来的秒数 : 1651885814
tm型指针ltm的地址: 0x260a1ab17b0
格式1: 中国标准时间 2022-05-07 09:10:14 Saturday
格式2: 05/07/22 09:10:14

--------------------------------
Process exited after 0.8446 seconds with return value 0
```

图 9.23　程序运行结果

编程训练

练习 9.11

今年 5 岁的桐桐有一个存钱罐，从她出生那天起，爸爸每天都往里面放入 1 元钱。编写程序，输入桐桐的出生日期，输出当前存钱罐里有多少钱。另外，爸爸要求从明天开始，由桐桐代替爸爸，自己每天往存钱罐里放入 1 元钱，那么什么时候存钱罐里才会存有 5000 元？那时候桐桐几岁？

输入格式：“1900-10-11”，表示桐桐的出生日期。

输出格式：第 1 行为一个整数，表示当前存钱罐里面的钱数；第 2 行为“1900-10-11”格式的字符串型日期；第 3 行为一个整数，表示当存钱罐里存有 5000 元时桐桐的年龄。

第 10 章

文件：数据的外部存储

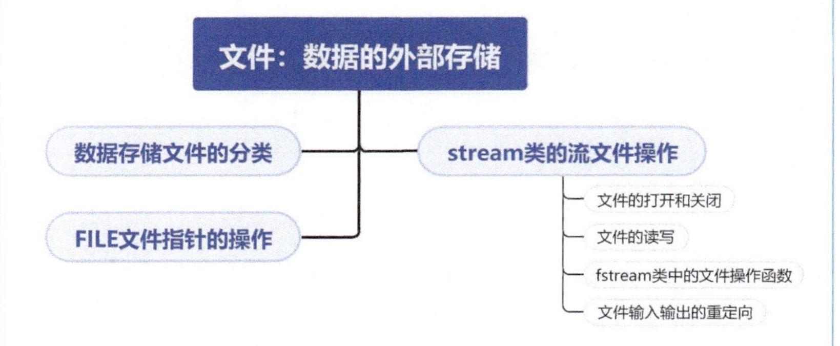

在现实工作和生活中，需要计算机处理的问题的数据量往往非常大，而且往往需要长时间保存原始数据和运行结果。那么，如何保存和使用这些数据呢？

通常用文件来保存和处理这些数据。文件通常都保存在计算机的外部存储器中，数据以文件的形式存放在外部存储器中，这样能够长久保存，还可以被其他程序调用，从而实现数据的共享，而且不受计算机内存空间的限制。外部存储器的容量可以很大，因而使用文件可以保存和处理大量的数据。

10.1 数据存储文件的分类

文件是存储在外部存储介质上的数据的集合。C++ 将文件看作由字符排列组成的一个序列，输入输出时也按字符的出现顺序依次进行，可以将其想象成由字符组成的河流。C++ 中的文件类型有**文本文件**（如 ASCII 文件）和**二进制文件**两种。C++ 在处理这两种文件时，都将其看作字符流，按字节顺序进行处理，因而 C++ 文件常被称为**流文件**。

文本文件和二进制文件的不同之处在于它们存储数字时的形式。如数字 123，其二进制数是 1111011，如果以二进制文件形式存储，则在存储介质中直接保存它的二进制数 1111011；如果以文本文件形式存储，则在存储介质中按顺序存储 3 个数字 1、2、3 的 ASCII 二进制数（分别为 110001、110010、110011），如图 10.1 所示。

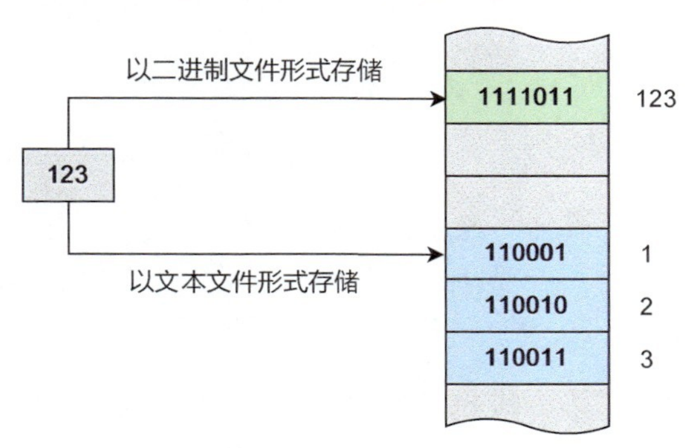

图 10.1　文本文件和二进制文件存储数字时的形式

通常情况下，图像文件和声音文件都以二进制文件形式存储在介质中。图 10.2 所示为内存中运行的程序对存储在外部存储介质（磁盘）上的文件的操作流程。

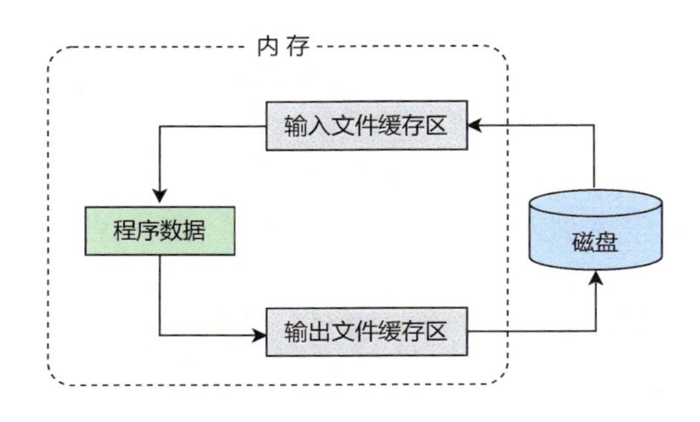

（a）程序与外部文件的交流

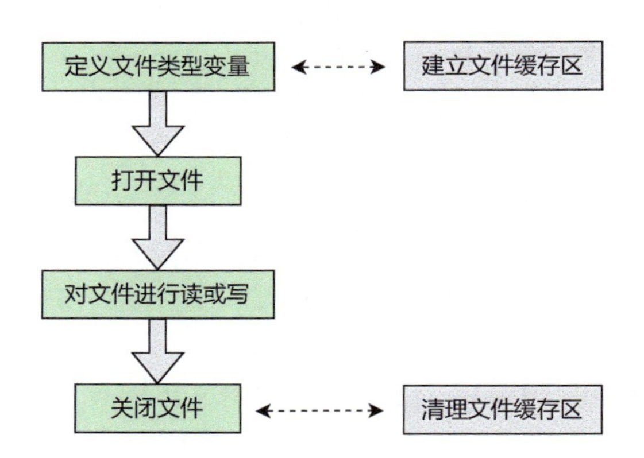

（b）程序内对文件的操作

图 10.2　内存中运行的程序对存储在磁盘上的文件的操作流程

C++ 程序处理流文件的方式有以下两种。

（1）stream 类的流文件操作。使用 fstream.h 头文件中定义的 fstream、ifstream、ofstream 等流文件类。

（2）继承自 C 语言的 FILE 结构体，可定义文件指针。

10.2 stream类的流文件操作

到目前为止，C++ 程序中用得最多的是 iostream 标准库，其中的 cin 和 cout 分别用于**从标准输入读取流**和**向标准输出写入流**。从文件读取流和向文件写入流，需要用到 C++ 中的另一个标准库 fstream，它定义了 3 个新的**文件流**数据类型（类），如表 10.1 所示。

表 10.1　fstream 标准库定义的 3 个文件流数据类型（类）

数据类型	描述
ofstream	该数据类型表示输出文件流，用于创建文件并向文件写入信息
ifstream	该数据类型表示输入文件流，用于从文件读取信息
fstream	该数据类型通常表示文件流，且同时具有 ofstream 和 ifstream 两种功能，这意味着使用它既可以创建文件，向文件写入信息，也可以从文件读取信息

在程序中要对文件进行操作，需要包含头文件 fstream，并且建立一个属于上面 3 种类型之一的文件流（建立文件缓存区），然后把要操作的文件和这个文件流关联起来（打开文件），具体方法如下：

```
文件流类型 文件流对象名 (" 文件名 ");
```

分别建立 ifstream 类的文件流对象 fin 和 ofstream 类的文件流对象 fout，并且将 fin 和文件 ab.in 建立关联，将 fout 和文件 ab.out 建立关联，即分别打开文件 ab.in 和 ab.out。代码如下：

```
ifstream fin("ab.in");     // 如果文件 ab.in 不存在，则 fin.fail() 的值为真
ofstream fout("ab.out");   // 如果文件 ab.out 不存在，则创建该文件
```

ifstream 类还提供了一个成员函数 `fail()`，用于判断由它定义的对象所关联的文件是否存在，如果文件不存在，则其成员函数 `fail()` 的返回值为真。例如：

```
if(fin.fail())               // 判断 fin 关联的文件是否存在
    cin >> A >> B;
else
    fin >> A >> B;
```

如果由 ofstream 类定义的对象所关联的文件不存在，则会创建该文件。

10.2.1 文件的打开和关闭

只有文件流对象与磁盘上的文件关联后，才能对该文件进行操作，这个关联过程就是**打开文件**。用 C++ 程序打开文件的方法有以下两种。

（1）在定义 ifstream、ofstream 和 fstream 类的文件流时代入相应的参数打开文件，语法格式如下：

```
文件流类型 文件流对象名 ("文件名", 打开方式 ); // 在定义文件流的同时打开文件
```

文件的打开方式是在 ios 类中定义的，有输入、输出、追加等，如表 10.2 所示。

表 10.2 文件的打开方式

模式标志	描述
ios::in	以输入方式打开文件，文件只能读取，不能改写
ios::out	以输出方式打开文件，文件只能改写，不能读取
ios::app	以追加方式打开文件，打开后可在文件末尾插入数据
ios::trunc	打开文件进行写操作，如果文件已经存在，则清除文件中的原有数据
ios::in|ios::out	以读写方式打开文件，文件可读可写

在定义文件流对象的同时打开对应的文件。例如：

```
ifstream fin("ab.in",ios::in);        // 打开文件 ab.in 进行读操作
ofstream fout("ab.out",ios::out);     // 打开文件 ab.out 进行写操作
```

（2）先定义文件流对象，然后使用 open() 函数打开文件，其语法格式如下：

```
文件流类型 文件流对象名 ;                    // 定义文件流对象
文件流对象名 .open(" 文件名 ", 打开方式 );     // 打开文件
```

文件流对象名是一个已经定义了的文件流对象。例如：

```
ifstream fin;                       // 定义 ifstream 类的文件流对象 fin
ofstream fout;                      // 定义 ofstream 类的文件流对象 fout
fin.open("ab.in",ios::in);          // 以输入方式打开文件 ab.in
fout.open("ab.out",ios::out);       // 以输出方式打开文件 ab.out
```

如果打开文件时没有指定打开方式参数，则编译器会使用默认值。上述 3 种类型的文件流对象默认打开方式如下：

```
ifstream 类   ios::in                  // 只能读取
ofstream 类   ios::out|ios::trunc      // 只能改写
fstream 类    无默认值
```

当 C++ 程序终止时，它会自动关闭并刷新所有流，释放所有分配的内存，关闭所有打开的文件。因此程序员应该养成一个好习惯，在程序终止前关闭所有打开的文件。

要**关闭文件**可使用 fstream、ifstream 和 ofstream 类的成员函数 close()，其语法格式如下：

```
文件流对象名 .close();                // 关闭文件
```

例如关闭文件流对象 fin 和 fout 关联的文件，代码如下：

```
fin.open("ab.in",ios::in);            // 以输入方式打开文件 ab.in
fout.open("ab.out",ios::out);         // 以输出方式打开文件 ab.out
            ...
fin.close();                          //关闭文件 ab.in
fout.close();                         //关闭文件 ab.out
```

10.2.2　文件的读写

在 C++ 编程中，通常使用**流提取运算符“>>”**从文件中读取信息，就像使用该运算符从键盘输入信息一样。唯一不同的是，读取文件时使用的是用 ifstream 或 fstream 类定义的文件流对象，而不是 cin 对象。

通常使用**流插入运算符“<<”**向文件写入信息，就像使用该运算符输出信息到屏幕上一样。唯一不同的是，写入文件时使用的是用 ofstream 或 fstream 类定义的文件流对象，而不是 cout 对象。例如：

```
ifstream fin("ab.in");   //定义 ifstream 类的对象 fin（读取文件流对象）
ofstream fout("ab.out"); //定义 ofstream 类的对象 fout（写入文件流对象）
fin >> A >> B;       //从文件流 fin（文件 ab.in）中读取数据并赋给 A 和 B
fout << A+B <<endl;// 向文件流 fout（文件 ab.out）写入数据
```

编程案例

案例 10.1

编写程序，通过键盘输入两个整数，并将其存入文件 ab.in 中。

问题分析

要将数据写入文件 ab.in，需要先定义一个 ofstream 类的文件流对象（如 fout），并与文件 ab.in 关联，然后使用流插入运算符“<<”将数据写入文件流对象 fout，即可完成将数据写入文件 ab.in 的操作。

程序代码 10.1

```
01  /*
02      将两个整数写入文件。
03  */
04  #include <iostream>
05  #include <fstream>                     //引入 ofstream 类
06  using namespace std;
07  int main() {
08      ofstream fout("ab.in");            //以默认的改写方式打开文件
09      int A,B;
10      cout<<"输入两个整数："<<endl;
11      cin >> A >> B;                     //从标准输入 stdin 中读取数据
12      fout << A <<" "<< B <<endl;        //向文件流 fout 写入数据
13      cout<<"数据已写入文件 ab.in！"<<endl;
14      fout.close();                      //关闭文件
15      return 0;
16  }
```

以上程序代码中，第 05 行包含头文件 fstream，引入 ofstream 类；第 08 行定义一个 ofstream 类的文件流对象 fout，并与文件 ab.in 建立关联，如果程序所在的目录中不存在文件 ab.in，则会自动创建该文件；第 11 行从键盘读取（从标准输入 stdin 中读取）两个整数并将其存入变量 A 和变量 B；第 12 行将变量 A 的值、一个空格和变量 B 的值写入文件流 fout 中（写入关联文件 ab.in）。

程序运行结果如图 10.3 所示。此时，在源文件所在目录下找到文件 ab.in，用记事本打开该文件，就会看到里面存入了两个整数 100 和 200。

```
输入两个整数：
100 200
数据已写入文件ab.in!

--------------------------------
Process exited after 7.04 seconds with return value 0
```

图 10.3 程序运行结果

案例 10.2

编写程序，从文件 ab.in 中读取两个数，计算这两个数的和并存入文件 ab.out 中。

问题分析

要从文件 ab.in 中读取数据，需要先定义一个 ifstream 类的文件流对象（如 fin），并关联文件 ab.in，然后使用流提取运算符“>>”将数据从文件流对象 fin 中读取出来并存入对应的变量中。

程序代码 10.2

```
01  /*
02      从一个文件中读取数据，求和并写入另一个文件。
03  */
04  #include <iostream>
05  #include <fstream>          //引入 ifstream 类和 ofstream 类
06  using namespace std;
07  ifstream fin("ab.in");      //以默认的只读方式打开文件
08  ofstream fout("ab.out");    //以默认的改写方式打开文件
09  int A,B;
10  int main()
11  {
12      if(fin.fail())          //判断文件 ab.in 是否存在
13          cin >> A >> B;      //从标准输入 stdin 中读取数据
14      else
15          fin >> A >> B;      //从文件流 fin（文件 ab.in）中读取数据
16      fout << A+B <<endl;     //向文件流 fout（文件 ab.out）写入数据
```

```
17        fin.close();                  // 关闭文件 ab.in
18        fout.close();                 // 关闭文件 ab.out
19        return 0;
20    }
```

以上程序代码中，第 07 行定义一个 ifstream 类的文件流对象 fin，并与文件 ab.in 建立关联；第 08 行定义一个 ofstream 类的文件流对象 fout，并与文件 ab.out 建立关联，如果程序所在的目录中不存在文件 ab.out，则会自动创建该文件；第 12 ～第 15 行的 if 语句判断文件 ab.in 是否存在，如果不存在就从标准输入 stdin 中读取数据，如果存在就从文件流 fin（文件 ab.in）中读取数据并存入变量 A 和变量 B；第 16 行将变量 A 和变量 B 的和写入文件流 fout（文件 ab.out）。

程序运行结束后，在程序所在文件夹用记事本打开文件 ab.out，就会看到里面存入了一个整数。

编程训练

练习 10.1

编写程序，已知文件 sum.in 中有不超过 1000 个的正整数，请计算它们的和并存入文件 sum.out 中。

输入（文件 sum.in）：一行，多个正整数，范围为 [1,1000]。

输出（文件 sum.out）：一个整数。

输入样例：

```
5 12 8 10 24
```

输出样例：

```
59
```

10.2.3 fstream 类中的文件操作函数

此外，fstream 类还提供了表 10.3 所示的几种常用成员函数，可以用来对文件进行操作。

表 10.3　fstream 类的常用成员函数

函数	功能描述
open(file)	打开指定文件 file
close()	关闭文件
get(ch)	从文件中读取一个字符，赋给字符型变量 ch
get(str,n,'\n')	从文件中读取 *n* 个字符并存入字符串 str 中，遇到 “\n” 时结束
put(ch)	将一个字符写入文件
write(str,n)	将一个字符数组的前 *n* 个字符写入文件
getline(buf,n)	读取 *n* 个字符并存入字符数组 buf 中，遇到回车符停止
eof()	判断是否为文件末尾，若是则返回 true
fail()	判断文件流是否损坏（不存在），若是则返回 true
ignore(ch)	跳过 *n* 个字符，参数为空时，表示跳过下一个字符
peek()	返回指针指向当前字符。如果是文件结束符，则返回 -1（指针不动）
seekg(n, 查找方向)	重置 ifstream 文件指针位置
seekp(n, 查找方向)	重置 ofstream 文件指针位置
tellg()	获取 ifstream 文件指针的当前位置
tellp()	获取 ofstream 文件指针的当前位置

其中 seekg(n, 查找方向) 和 seekp(n, 查找方向) 的第二个参数“查找方向”有以下 3 种取值。

- **ios::beg**（默认）表示从文件流的开头开始定位。
- **ios::cur** 表示从文件流的当前位置开始定位。
- **ios::end** 表示从文件流的末尾开始定位。

这些成员函数的使用方法如下：

```
文件流名称 . 函数 ;                          // 使用函数对文件流进行某种操作
```

例如：

```
ifstream fin("ab.in");
ofstream fout("ab.out");
char ch;
if(!fin.eof())                  // 判断是否为文件 ab.in 的末尾
    fin.get(ch);                // 从文件 ab.in 中读取一个字符并赋给 ch
else
    cin >> ch;
fout.put(ch);                   // 把字符变量 ch 的值写入文件 ab.out 中
```

编程案例

案例 10.3

编写程序，将一串字符写入文件 test.txt 中。

问题分析

先定义一个 ofstream 类的文件流对象 fs，并用 open() 函数打开文件 test.txt，然后使用 write() 函数将一串字符写入文件 test.txt 中。

程序代码 10.3

```
01  /*
02      将一串字符写入文件。
03  */
04  #include <iostream>
05  #include <fstream>
06  using namespace std;
07  int main() {
08      char str[] =" 吴菲儿  女  15\n";
09      fstream fs;             // 创建一个 fstream 类文件流对象 fs
10      fs.open("test.txt", ios::app); // 打开文件（和文件流 fs 关联）
11      int len=sizeof(str)/sizeof(char);// 获取字符数组 str 的大小
12      fs.write(str,len-1); // 向文件中写入 str 字符数组中的所有字符
13      fs.close();             // 关闭与 fs 关联的文件
14      return 0;
15  }
```

以上程序代码中，第 10 行使用 open() 函数以末尾追加的方式打开文件 test.txt；第 11 行获取字符数组 str 的大小；第 12 行使用 write() 函数将字符数组 str 中的所有字符写入文件 test.txt 中。

程序运行结束后，可在程序目录中找到文件 test.txt，用记事本打开查看并验证文件内容。

案例 10.4

文件 test.txt 保存了班级中所有学生的姓名、性别和年龄信息，编写程序，读取所有学生的信息并输出到屏幕上。

文件 test.txt 样例：

```
Tony boy 24
Mary girl 19
John boy 20
```

输出样例：

```
Tony boy 24
Mary girl 19
John boy 20
```

问题分析

编写程序，先定义一个 fstream 类的文件流对象 file，并关联文件 test.txt，然后循环使用 getline() 函数读取文件中的每一行数据，读取至文件末尾并输出。

程序代码 10.4

```
01  /*
02      读取并输出文本文件内容。
03  */
04  #include <iostream>
05  #include <fstream>
06  using namespace std;
07  int main(){
08      fstream file("test.txt",ios::in);// 创建 fstream 类文件流对象 file
09      if(!file.fail())                 // 确认文件流是否正常
10      {
11          while(!file.eof())           // 判断是否读取到文件末尾
12          {
13              char buf[128];
14              file.getline(buf,128);// 从文件中读取一行字符并存入 buf
15              if(file.tellg()>0)     // 判断文件指针是否为空（-1）
16              {
17                  cout << buf << endl;
18              }
```

```
19              }
20          }
21          else
22              cout << " 文件不存在！ " <<endl;
23          file.close();                       // 关闭文件
24          return 0;
25      }
```

以上程序代码中，第 11 ～第 19 行的 while 循环语句用于判断是否读取到文件末尾，如果没到，则用 getline() 函数从文件中读取一行字符，将其存入字符数组 buf 并输出；第 15 ～第 18 行的 if 语句用于判断当前文件指针的位置是否到文件末尾，如果当前指针在文件末尾，则 file.tellg() 的返回值为 -1，如果不在文件末尾，就输出 buf 并换行，这个 if 语句在程序中的作用是忽略文件末尾的空行。

程序运行结果如图 10.4 所示。

```
name sex age
Tony boy 24
Mary girl 19
John boy 20
吴菲儿 女 15

--------------------------------
Process exited after 1.742 seconds with return value 0
```

图 10.4　程序运行结果

编程训练

练习 10.2

编写程序，输入任意一个已经存在的文件名（如 test.txt），复制该文件并命名为“test.txt 副本”。

10.2.4　文件输入输出的重定向

cin 或 scanf 语句使用的输入设备是键盘，也称为**标准输入：stdin**。

cout 或 printf 语句使用的输出设备是显示器，也称为**标准输出：stdout**。

在 C++ 程序中，可以使用函数 **freopen()** 把标准输入 stdin 和标准输出 stdout 重定向到相关的文件，使原来的标准输入、标准输出变成文件输入、文件输出。例如：

```
freopen("rev.in","r",stdin);       // 重定向 stdin 到文件 rev.in
freopen("rev.out","w",stdout);     // 重定向 stdout 到文件 rev.out
scanf("%d",&N);               // 用 scanf 语句从文件 rev.in 中读取数据
cin >> N;                     // 用 cin 语句从文件 rev.in 中读取数据
printf("%d",a[i]);            // 用 printf 语句将数据输出到文件 rev.out 中
cout << a[i];                 // 用 cout 语句将数据输出到文件 rev.out 中
```

对文件重定向以后，就可以使用标准输入语句 cin 或 scanf 读取文件数据，使用标准输出语句 cout 或 printf 将数据写入文件。

编程案例

案例 10.5

文件 rev.in 内有 N 个不超过 100000 的正整数，编写程序，将这些正整数逆向输出到文件 rev.out 中。

输入（文件 rev.in）：第 1 行为一个整数 N，其范围为 [1,100000]；第 2 行有 N 个正整数，正整数的范围为 [1,100000]。

输出（文件 rev.out）：N 个正整数。

输入样例（文件 rev.in）：

```
5
30 10 5 8 90
```

输出样例（文件 rev.out）：

```
90 8 5 10 30
```

问题分析

先用 `freopen("rev.in","r",stdin)` 将标准输入流 stdin 重定向到文件 rev.in，再用 `freopen("rev.out","w",stdout)` 将标准输出流 stdout 重定向到文件 rev.out，接着直接用 cin 和 cout 语句输入和输出数据就可以了。

程序代码 10.5

```
01  /*
02      逆向输出数据到文件。
03  */
04  #include <iostream>
05  using namespace std;
06  int N, a[100001];
07  int main(){
08      freopen("rev.in","r",stdin);// 重定向 stdin 到文件 rev.in
09      freopen("rev.out","w",stdout);// 重定向 stdout 到文件 rev.out
10      cin >> N;     // 用 cin 语句从 stdin（文件 rev.in）中读取数据
11      for(int i=0; i<N; i++)
12          cin >> a[i]; // 用 cin 语句从 stdin（文件 rev.in）中读取数据
13      for(int i=N-1; i>=0; i--)
14          cout<<a[i]<<" ";
                // 用 cout 语句将数据输出到 stdout（文件 rev.out）中
15      return 0;
16  }
```

以上程序代码中，第 08 行将标准输入 stdin 重定向到文件 rev.in；第 09 行将标准输出 stdout 重定向到文件 rev.out；第 10 行的 cin 语句和第 11 ～第 12 行 for 循环语句中的 cin 语句都直接从文件 rev.in 中读取数据；第 13 ～第 14 行 for 循环语句中的 cout 语句直接将数据写入文件 rev.out。

程序运行结束后，可在该程序所在的目录中找到 rev.out 文件，用记事本打开并验证其中的内容。

编程训练

练习 10.3

文本文件 f01.txt 中保存着数量不大于 10000 个的整型数据。编写程序，通过输入输出重定向，将文件 f01.txt 中的数据按从大到小的顺序排列并保存为文件 f.txt。

输入样例（文件 f01.txt）：

```
5 9 10 23 59
```

输出样例（文件 f.txt）：

```
59 23 10 9 5
```

10.3 FILE文件指针的操作

C++ 还提供了一种继承自 C 语言的结构体——**FILE**，可用来定义文件指针。FILE 是在头文件 cstdio 或 stdio.h 中定义的，使用时程序要包含相应头文件。

使用 FILE 文件指针对文件进行操作，需要先定义一个 FILE 类型的文件指针，然后使用 FILE 的成员函数操作文件。定义文件指针的示例代码如下：

```
FILE *fp;                              //定义文件指针 fp
```

定义文件指针以后，就可以通过一系列函数来实现对该指针指向文件的打开、读取、写入等操作。表 10.4 所示为常用的 FILE 文件操作函数。

表 10.4　常用的 FILE 文件操作函数

函数	功能描述
fp=fopen("f01.txt","r")	以只读方式打开文件 f01.txt（fp 为先前定义的文件指针）
fclose(fp)	关闭文件指针 fp 指向的文件
fgetc(fp)	从文件指针 fp 指向的文件中读取一个字符
fputc(ch,fp)	将字符变量 ch 的值写入 fp 指向的文件中
fscanf(fp,"%d",&x)	从 fp 指向的文件中读取一个整数并保存到变量 x 中
fprintf(fp,"%d",x)	将整型变量 x 的值写入 fp 指向的文件中
rewind(fp)	将文件当前读写位置的指针重新定位到文件开头
feof(fp)	判断文件指针是否读写到文件末尾，若是则返回 1，否则返回 0

使用 FILE 文件指针打开文件就是将文件从外部存储器调入内存，并定义一个文件指针指向该文件，进而实现用指针对文件的读写操作，图 10.5 所示为使用 FILE 文件指针打开文件的示意图。

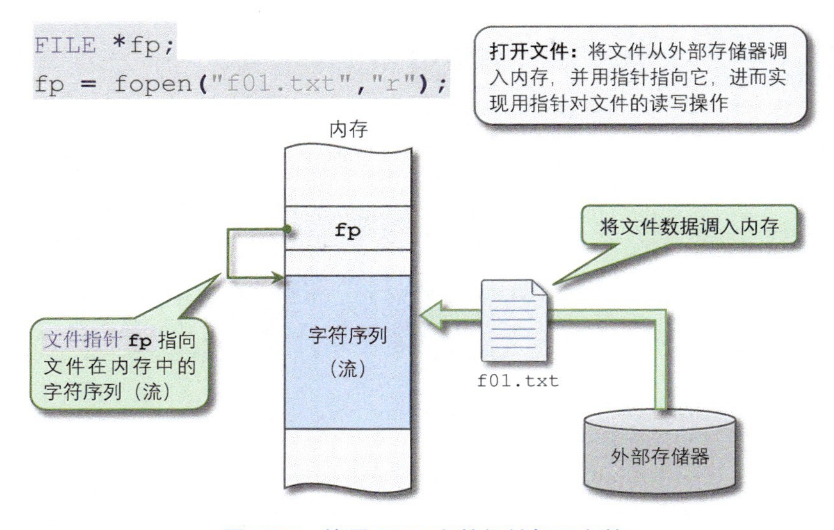

图 10.5　使用 FILE 文件指针打开文件

使用 **fopen()** 函数打开文件的方法如下：

```
FILE * 文件指针名 ;                              // 定义文件指针
文件指针 = fopen(" 文件名 "," 文件打开方式 ");    // 打开文件
```

例如，以只读方式打开文本文件 f01.txt，代码如下：

```
FILE *fp;                          // 定义文件指针 fp
fp = fopen("f01.txt","r");         // 打开文件 f01.txt
```

fopen() 函数用于返回一个指向文件对象的指针，当打开操作失败时，返回空指针 NULL。

表 10.5 所示为 fopen() 函数常用的文件打开方式。

表 10.5　fopen() 函数常用的文件打开方式

打开方式	说明
r	以只读方式打开文件，如果文件不存在或没有读取权限，则文件打开失败
w	以只写方式建立文件，如果文件已存在，则删除原有内容
a	以追加方式打开或建立文件，在文件末尾追加数据，不删除原有内容

续表

打开方式	说明
r+	以更新（读写）方式打开文件，可以输入也可以输出，文件必须已经存在
w+	以更新（读写）方式建立文件，可以输入也可以输出，若文件已存在，则删除原有内容
a+	以追加方式打开或建立文件，可以输入也可以输出，不删除原文件内容，在文件末尾写入

fgetc() 函数与 fputc() 函数用于实现对单个字符的读取和写入。fgetc() 函数每读取一个字符，文件当前读写位置的指针就自动移到下一个字符的位置（见图 10.6）。如果读取到文件末尾，则返回文件结束标识符 EOF（其值为 -1）。

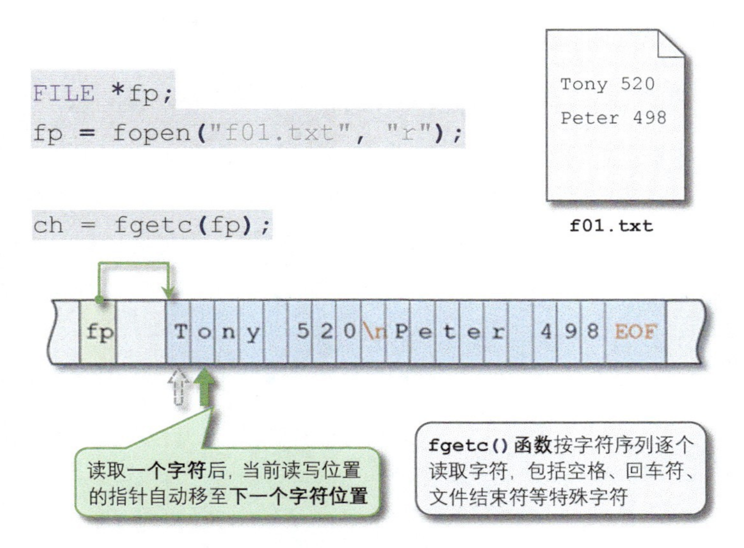

图 10.6　fgetc() 函数按字符顺序从文件中读取单个字符

用 fscanf() 函数与 fprintf() 函数可对文件的格式数据进行读写操作。fscanf() 函数与 scanf() 函数的用法极其相似，唯一的不同之处就是 fscanf() 函数多了一个文件指针参数，并且它是从文件指针指向的文件中读取数据，而 scanf() 函数则是通过键盘输入来获取数据。这两个函数的返回值为成功读取到的项目数。读取结束后，文件流当前读写位置的指针自动移至下一个数据位置（见图 10.7）。

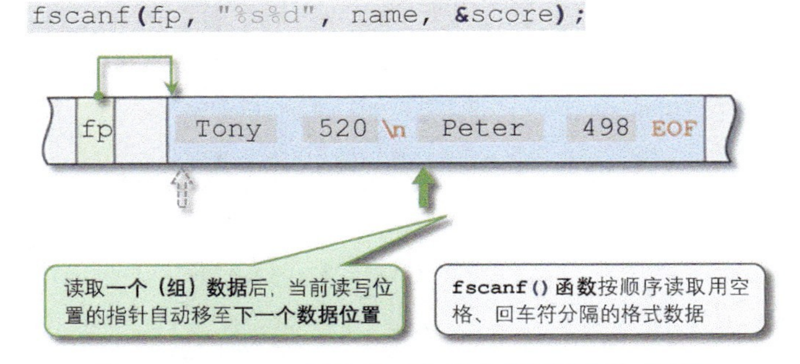

图 10.7　fscanf() 函数按顺序从文件中读取格式数据

编程案例

案例 10.6

编写程序，使用 FILE 文件指针将一串字符写入文件 test.txt。

问题分析

先定义一个 FILE 文件指针 fout，并用 `fopen()` 函数打开文件 test.txt，然后使用 `fprintf()` 函数将一串字符写入文件 test.txt。

程序代码 10.6

```
01  /*
02      将一串字符写入文件。
03  */
04  #include <iostream>
05  using namespace std;
06  int main() {
07      char str[] = "王小石 男 16";
08      FILE *fout;
09      fout = fopen("test.txt","a"); //以追加方式打开文件test.txt
10      fprintf(fout,"%s\n",str); //输出数据到文件流fout中
11      return 0;
12  }
```

以上程序代码中，第 08 行定义一个 FILE 文件指针 fout，第 09 行用 `fopen()` 函数以追加的方式打开文件 test.txt，第 10 行使用 `fprintf()` 函数将字符数组 str 输出到文件流 fout 中，即写入文件 test.txt。

程序运行结束后，可在程序目录中找到文件 test.txt，用记事本打开查看并验证文件内容。

案例 10.7

文件 test.txt 保存了班级中所有学生的姓名、性别和年龄信息。编写程序，读取所有学生的信息并输出在屏幕上，同时存入文件 test.out。

文件 test.txt 样例：

```
Tony boy 24
Mary girl 19
John boy 20
```

屏幕输出及文件 test.out 样例：

```
Tony boy 24
Mary girl 19
John boy 20
```

问题分析

需要定义两个 FILE 文件指针 fp1 和 fp2，fp1 以只读方式打开文件 test.txt，fp2 以只写方式打开文件 test.out。

程序代码 10.7

```
01  /*
02      读取文件内的格式数据。
03  */
04  #include <iostream>
05  using namespace std;
06  int main(){
07      char name[20],xb[5];
08      int age;
09      FILE *fp1,*fp2;
10      fp1 = fopen("test.txt","r");
11      fp2 = fopen("test.out","w");
12      if(!fp1)
13      {
14          printf(" 文件 test.txt 打开失败！ ");
15          exit(1);            // 结束程序
16      }
```

```
17      while(fscanf(fp1,"%s%s%d",name,xb,&age) == 3)
18      {                        //fscanf()函数返回读取到的数据项个数
19          printf("%s %s %d\n",name,xb,age);
20          fprintf(fp2,"%s %s %d\n",name,xb,age);
21      }
22      fclose(fp1);
23      fclose(fp2);
24      return 0;
25  }
```

以上程序代码中，第 17 ～第 21 行中的 while 循环语句按数据格式循环读取文件中的每行数据，同时输出到屏幕和文件流 fp2，其中的 `fscanf(fp1,"%s%s%d",name,xb,&age)` 函数的返回值为每次读取到的数据项个数，因此将它作为 while 循环语句的判断条件，如果它的返回值不等于 3，则说明已经读取到文件末尾了。

程序运行结果如图 10.8 所示。

```
Tony boy 24
Mary girl 19
John boy 20

--------------------------------
Process exited after 2.356 seconds with return value 0
```

图 10.8　程序运行结果

案例 10.8

期末考试结束后学校要对学生的考试成绩进行排序，班主任已经计算好了每一个学生的总成绩，并按学号顺序填好了一张成绩表，保存在文件 scoreIn.txt 中。编写程序，按总成绩从高到低的顺序输出名次表到文件 scoreOut.txt 中。

输入（文件 scoreIn.txt）：第 1 行为一个整数 n，表示学生人数（不超过 1000）；下面 n 行中的每一行包括用空格分隔的 3 个数据，分别表示学号、姓名和总成绩。

输出（文件 scoreOut.txt）：共 n 行，每行包括学号、姓名、总成绩和名次，数据之间用空格分隔。

输入样例（文件 scoreIn.txt）：

```
4
0001 linda 485
0002 peter 490
0003 mary 520
0004 tony 512
```

输出样例（文件 scoreOut.txt）：

```
0003 mary 520.00 1
0004 tony 512.00 2
0002 peter 490.00 3
0001 linda 485.00 4
```

问题分析

声明一个包含 4 个成员的结构体 student，并定义一个 student 型的数组对象 stu[1001]，用于保存学生的学号、姓名、总成绩和名次。从输入文件 scoreIn.txt 中读取一行数据，依次赋给对应的结构体成员，然后按总成绩从高到低的顺序对数组元素进行排序。输出时把结构体成员的值按要求的格式输出到文件 scoreOut.txt 中。

程序代码 10.8

```
01  /*
02      成绩排名。
03  */
04  #include <iostream>
05  #include <algorithm>
06  using namespace std;
07  struct student                              // 声明结构体 student
08  {
09      char id[5];                             // 学号（4 位）
10      char name[40];                          // 姓名
11      float score;                            // 总成绩
12      int num;                                // 名次
13  }stu[1001];                                 // 定义结构体数组 stu
14  FILE *fin, *fout;                          // 定义文件指针
15  bool cmpScore(student x, student y) { // 按总成绩从高到低排序
16      return x.score > y.score;
17  }
18  /*-- 主函数 --*/
19  int main(){
```

```
20        int i,n=0;
21        fin = fopen("scoreIn.txt","r"); //以只读方式打开输入文件
22        fout = fopen("scoreOut.txt","w");//以只写方式打开输出文件
23        if(!fin)
24        {
25            printf(" 文件 scoreIn.txt 打开失败！ ");
26            exit(1);
27        }
28        fscanf(fin,"%d\n",&n);                //读取学生人数
29        for(i=0;i<n;i++)                      //逐行读取学生信息
30        {
31            fscanf(fin,"%s%s%f",stu[i].id,stu[i].name,&stu[i].score);
32        }
33        sort(stu,stu+n,cmpScore);             //按总成绩从高到低排序
34        for(i=0;i<n;i++)                      //逐行输出到文件
35        {
36            stu[i].num = i+1;
37            printf("%s %s %.2f %d\n",
                      stu[i].id,stu[i].name,stu[i].score,stu[i].num);
38            fprintf(fout,"%s %s %.2f %d\n",
                      stu[i].id,stu[i].name,stu[i].score,stu[i].num);
39        }
40        fclose(fin); fclose(fout);          //关闭文件
41        return 0;
42    }
```

以上程序代码中，第 07 ～第 13 行声明 student 结构体，并定义 student 型的数组对象 stu[1001]；第 28 行从文件中读取学生人数 n；第 29 ～第 32 行的 for 循环语句循环 n 次，从文件中逐行读取学生信息并将其存入结构体数组元素 stu[i] 的成员中；第 33 行用 sort() 函数按照总成绩从高到低的顺序对结构体数组 stu 排序；第 34 ～第 39 行的 for 循环语句循环 n 次，先将 i+1 的值赋给 stu[i].num（为名次赋值），然后逐行输出 stu[i] 的成员的值。

程序运行结果如图 10.9 所示。

```
0003 mary 520.00 1
0004 tony 512.00 2
0002 peter 490.00 3
0001 linda 485.00 4

--------------------------------
Process exited after 0.8507 seconds with return value 0
```

图 10.9　程序运行结果

编程训练

练习 10.4

编写程序，从文件 sort.in 中读取 N 个不超过 1000000 的正整数，把它们递增排序后存入文件 sort.out。

输入（文件 sort.in）：第 1 行为一个正整数 N，其范围为 [1,1000000]；第 2 行为 N 个正整数，正整数的范围为 [1,1000000]。

输出（文件 sort.out）：递增排序后的 N 个正整数。

输入样例：

```
5
12 20 9 10 5
```

输出样例：

```
5 9 10 12 20
```

练习 10.5

编写程序，从文本文件 fin.txt 中读取学生的姓名、身高和体重的数据，分别计算并输出身高和体重的平均值，将结果保存到文件 fout.txt 中。

输入样例（文件 fin.txt）：

```
Linda 155 40.5
Mary 157 39.5
Tony 150 38.3
Sala 158 42.8
```

输出样例（文件 fout.txt）：

```
Linda     155.0    40.5
Mary      157.0    39.5
Tony      150.0    38.3
Sala      158.0    42.8
----------------------
average   155.0    40.3
```

参考文献

[1] 党松年，方泽波．教孩子学编程（信息学奥赛 C 语言版）[M]. 北京：人民邮电出版社，2019.

[2] 明日科技．零基础学 C++[M]. 长春：吉林大学出版社，2018.

[3] 柴田望洋．明解 C++[M]. 孙巍，译．北京：人民邮电出版社，2021.

[4] 中国计算机学会组，江涛，宋新波，朱全民．CCF 中学生计算机程序设计基础篇 [M]. 北京：科学出版社，2016.

[5] 谭玉波．C++ 从入门到精通 [M]. 北京：人民邮电出版社，2019.

[6] 快学习教育．零基础轻松学 C++：青少年趣味编程 [M]. 北京：机械工业出版社，2020.

[7] 矢泽久雄．计算机是怎样跑起来的 [M]. 胡屹，译．北京：人民邮电出版社，2015.

[8] 杉浦贤．程序语言的奥妙：算法解读 [M]. 李克秋，译．北京：科学出版社，2012.